U0186892

| 聚文化之力　铸时代之魂 |

润心之旅

西气东输世纪工程的精神脊梁

吴锡合 / 著

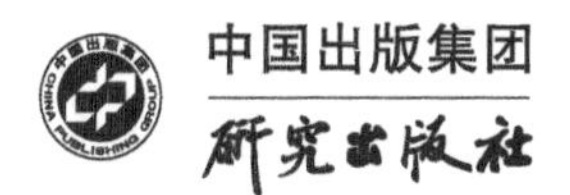

图书在版编目(CIP)数据

润心之旅：西气东输世纪工程的精神脊梁 / 吴锡合 著.
-- 北京 : 研究出版社, 2021.12

ISBN 978-7-5199-1118-8

Ⅰ. ①润… Ⅱ. ①吴… Ⅲ. ①天然气输送－长输管道－管道工程－概况－中国 Ⅳ. ①TE832

中国版本图书馆CIP数据核字(2021)第260359号

出 品 人：赵卜慧
责任编辑：张 琨

润心之旅：西气东输世纪工程的精神脊梁

出版发行：研究出版社
地　　址：北京市东城区华腾灯市口商务楼五层
电　　话：010-64217619　64217612（发行中心）
经　　销：新华书店
印　　刷：北京建宏印刷有限公司
版　　本：2021年12月第1版　2021年12月第1次印刷
开　　本：880毫米×1230毫米　1/16
印　　张：17.25
字　　数：300千字
书　　号：ISBN 978-7-5199-1118-8
定　　价：48.00元

世纪工程的精神文化力量

习近平总书记指出："能源产业要继续发展，否则不足以支撑国家现代化。"实现"两个百年"奋斗目标，离不开能源保障。西气东输工程是新世纪党中央国务院决策的西部大开发标志性工程，是促进国家能源革命的重大工程，是造福千家万户的福气工程，也是支撑国家实现现代化的重大项目。

西气东输工程与青藏铁路、西电东送、南水北调并称为我国新世纪四大基础设施建设项目，是一项集天然气建设、运输、销售于一体的超大型复杂工程。管道要穿越包括三山一塬、五越一网在内的戈壁、荒漠、高原、山区、平原、水网等各种地形地貌和多种气候环境，施工难度世界少有。这样一项庞大的系统工程，在这么短短几年的时间内完成大口径、长距离管道的敷设、投产，这在世界管道建设史上都是前所未有的。无论从上游气源勘探落实到终端市场开发以及配套项目建设，标准制定到施工设计，从试验示范到技术攻关，从工程建设到材料装备，从开工建设到商业供气，都创造了中国天然气管道史上的若干项"第一"。

伴随着西气东输一、二、三线建设，目前工程运营管道总长16000多千米，途经19个省（市、区）和香港特别行政区，供气范围覆盖了我国西北东部、中原、华东、华中、华南地区，并向华北、西南地区转供天然气，管网年一次管输能力超千亿方，下游用户超过600家，累计天然气管输商品量超7000亿立方米，占我国新增天然气消费量近50%。工程经过一线多支，织线成网，目前所辖管网横亘西东、纵贯南北、联通海外、服务万家，形成了"西气东输、南气北上、海气登陆"的多气源、多通道互联互通供气网络，打造了系统完备、安全高效的生产经营管控体系，发挥着国家油气管网“骨干枢纽”的重要作用，荣获“新中国成立六十周年百项经典暨精品工程”，并纳入党的百年伟大征程伟大成就。

这项工程之所以能够取得这些辉煌的成就，一方面主要是始终坚持以习近平新时代中国特色社会主义思想为指导，全面落实习近平经济思想，及习近平总书记关于“四个革命，一个合作”能源安全新战略重要论述，聚焦安全运行、生产经营和工程建设，坚持党建立企、安全固企、创新强企、市场兴企，践行“精准操作、精心维护、精细管理、精益服务”理念，坚定不移走高质量发展之路。另一方面主要是建设主体始终坚决贯彻落实党的“坚定文化自信”方针，坚持走企业文化自信之路。西气东输工程自建设伊始，建设主体就注重加强大党建建设，构建大宣传格局，发挥大文化培育，联合所有甲乙方建设者、产业链条承包商、上下游用户和地方政府以及管道沿线千家万户，汇聚到西气东输这面大旗下，不断培育凝练成了“创业、创新、团队、奉献”的西气东输精神，充分彰显了社会主义制度集中力量办大事的政治优势制度优势，充分展示了全心全意依靠人民群众的组织优势和力量基础，充分体现了宣传思想文化工作也是生产力的思想，实现了物质成果与精神文明成果的双丰收。

可以说，西气东输工程犹如一部恢宏的世纪交响曲，正是各方的密切配合，才奏出了时代的最强音，在祖国辽阔的版图上由西向东画上浓墨重彩的一笔。举世瞩目的西气东输工程本身就是中国精神、中国价值、中国力量的象征。这一工程的建成运营，极大地助力了中国蓝天保卫战和生态文明建设，有力地提升了国家能源装备国产化水平。可以说，这一重大工程承载着无数献身中国能源安全与清洁能源保障建设者的梦想，见证了一代代石油人矢志不渝砥砺前行复兴中华的使命担当。

作为西气东输2000年启动之初就投身伟大工程的众多建设者一员，吴锡合同志先后参与了工程伊始国内天然气大规模市场开发和具有国际水准的首批照付不议协议制定谈判，参加过项目对外招商谈判，见证了工程项目整个决策过程，参加了工程建设建设运营和安全管控，到新疆、浙江现场组织一线管理实践，可以说经历了西气东输工程筹备建设运营的全过程。

吴锡合同志所著的《润心之旅》，通过历年来撰写的系列论文与研究成果汇集，分文化润路、技润伟业、以润载道、墨润光阴四个部分，从一个独特的视野，用扎实的实践和较深的理论探讨，专题就宣传思想文化在工程建设建设运营中作用的发挥进行了系统研究实践，总结分析凝练了相关工作，既有理论探讨，也有管理实践，更加充分彰显了宣传思想文化工作是如何通过具体实践转化为现实生产力的，也印证了中国特色社会主义制度在推进经济社会发展的巨大政治优势和生命力，为其他工程建设提供了有益借鉴，值得每一位读者思考研究。

百年建党，百年征程。西气东输工程作为贯彻习近平总书记“四个革命一个合作”能源安全新战略的具体实践，坚持守正创新，全面迎接当今世界大数据人工智能信息化新技术革命与挑战，正在全力推进智慧站场智能管道智慧管网建设，陆续大力推进以基层站队特色文化为基点的宣传思想文化建设。

党的十九届六中全会强调：“中国共产党立志于中华民族千秋伟业，百年恰是风华正茂”。我们相信，随着中国第二个百年目标建设推进，西气东输将更好地践行习近平经济思想，将创造出更加辉煌的物质成果和更加灿烂的精神成果，将涌现出一批批更加优秀的英模人物，将产生更多优秀的文化艺术理论研究成果，从而为促进中国生态文明建设和中华民族伟大复兴的中国梦作出新的更大贡献！

周跃辉

二〇二一年十一月十五日

周跃辉：经济学家，中共中央党校经济学部教授，习近平新时代中国特色社会主义思想研究中心研究员。曾担任国家发展改革委经济运行局、政策研究室挂职干部等。

用情开启润心之旅

世纪伊始，有幸参与见证举世瞩目的西气东输工程，20载春华秋实，7300个夙夜前行，历经沧海桑田，着力围绕人在企业的解放和发展，聚焦宣传思想文化对人的作用发挥与生产力关系问题，用心记录着岁月风雨，用情开启了润心之旅，带着梦想一起飞跃时空。

日月依旧，斗转星移，今天回忆起过去的思考与奋斗，恍如今宵。为了记录昔日的心路，今天将历经的思考整理成文化润路、技润伟业、以润载道、墨润光阴四个部分，希望能够带着读者一起共飨那段时光，我们一起来体验新的心之旅、梦之魂。

心之志，业之基，文化润路，美业之旅，讲述了21世纪以来伴随着西气东输的成立、发展、壮大，探究中华文化、世界文明与现代实践的结合实践，从人性力量起源哲学的角度注入企业文化自信之路的形成，闪耀中华未来强盛之心力；趣之趋，力之衷，技润伟业，美物之旅，以自己实践研究，能够助力工程建设，讴歌民族实业兴国之尽力；举旗帜，创新局，以润载道，美育之旅，开创新局，要在守正、贵在创新、润物无声、以美育人、以文化人；性之质，情之渡，墨润光阴，美心之旅，融入激情燃烧的岁月与生活，用美托起时代新生的阳光。虽然正在圆当初的润心梦想，但点滴笔墨还很浅很淡，只希望在微薄中能够带给读者些许微光，让我们一起思考，一起经历短暂的人生心灵之路，共享美好与未来。

此书能够成行，非常感谢黄维和、黄泽俊、李文东、张文新、王世君、袁宗明等各位领导老师同事，是他们给予了我灿烂的时光思考与实践，特别是感谢妻子和儿子，是他们竭尽付出成就我能够专注去探索与思考。我希望用这册微薄的文字能够同读者一道开启新的润心旅程，让我们的思想一同飞翔在浩瀚的星空，感受文化，感受生命，感受生活。

吴锡合

二〇二一年十一月十五日

上篇 文化润路

心之志，业之基，文化润路，美业之旅，从人性力量起源哲学的角度注入企业文化自信之路的形成，闪耀中华未来强盛之心力。

中篇 技润伟业

趣之趋，力之衷，技润伟业，美物之旅，以自己实践研究，能够助力工程建设，讴歌民族实业兴国之尽力。

下篇 以润载道

举旗帜，创新局，以润载道，美育之旅，开创新局，要在守正．贵在创新．润物无声．以美育人．以文化人。

附录 墨润光阴

性之质，情之渡，墨润光阴，美心之旅，融入激情燃烧的岁月与生活，用美托起时代新生的阳光。

上篇　文化润路

心之志，业之基，文化润路，美业之旅，从人性力量起源哲学的角度注入企业文化自信之路的形成，闪耀中华未来强盛之心力。

1. 建设世界一流品牌的西气东输文化体系

西气东输是21世纪党中央、国务院决策建设的国家西部大开发标志性工程，是一条跨越东西、纵穿南北、连通海外、连接一带一路、展示中国力量的天然气骨干管网。西气东输管道公司在波澜壮阔的工程建设和生产运营管理不断加强企业文化建设，传承中华传统文化，弘扬石油精神，发扬时代精神，坚持社会主义国有企业发展政治方向，坚定文化引领、创新驱动，初步形成了“六个一”的文化体系：一套文化理念、一个传播机制、一些表现载体、一群代表人物、一批文化产品、一个“西气东输”的品牌。这些为公司贯彻落实党的十九大精神，迎接新时代，建设世界一流品牌西气东输文化体系奠定了坚实历史底蕴。

一、新时代新征程，突出问题导向，认清西气东输文化体系建设的精准方向

西气东输取得了巨大的物质精神成就，但按照党的十九大精神要求，我们也明显感觉到了在坚定社会主义文化自信、走西气东输文化自信之路中的差距。主要表现在：企业文化建设对公司管道安全平稳高效运行的助推作用尚不凸显，所能提供的精神支撑还很薄弱；各级管理者对企业文化建设和加强意识形态工作的重要性认识尚显不足，典型示范和引领作用还不突出；企业文化价值理念注入公司流程管控和再造过程的力度不够，亟待加强；企业文化建设还存在某些形式主义现象，框架性的、概念化的停留在上层的居多，而深层次的、具体的、渗透到基层的还比较少；企业文化产品与员工文化需求还不完全适应，持续推出精品力作的任务还相当艰巨；企业文化传播机制仍待完善加强；企业文化人才队伍急需扩充壮大；企业品牌的美誉度、知名度还有进一步提升的新空间、新渠道；特别是按照建设世界一流专业化管道公司对标要求，企业文化作为软实力建设的引领作用、标准与实践还存在较大差距。对照党的十九大报告，公司企业文化面临着几个新特点：

（一）新时代对西气东输企业文化建设提出新要求

党的十八大以来，以习近平同志为核心的党中央对扎实推进社会主义文化强国建设作出重大部署，将其纳入“五位一体”总体布局和“四个全面”战略布局，突出文化自信。党的十九大报告中指明：“文化是一个国家、一个民族的灵魂。文

化兴国运兴，文化强民族强”，“要坚持中国特色社会主义文化发展道路，激发全民族文化创新创造活力，建设社会主义文化强国”，向全党全国人民发出了“坚定文化自信，推动社会主义文化繁荣兴盛”的伟大号召。企业文化建设是社会主义文化建设的重要组成部分。没有企业文化的健康发展也就没有社会主义文化的兴盛。西气东输，作为集团公司的一分子，是极具代表性的国有大型骨干企业，作为企业员工承载梦想实现福祉和希望的平台，既承担着经济、政治和社会责任，也承担着建设社会主义文化强国的历史使命，创造属于自身及富于时代精神的企业文化是时代和人民赋予我们的光荣使命。

（二）深化供给侧结构性改革与能源新变革对西气东输企业文化建设提出新挑战

我国经济已由高速增长阶段转向高质量发展阶段，推动经济发展质量变革、效率变革、动力变革，提高全要素生产率，建设现代经济体系迫在眉睫，经济结构不断优化升级、从要素驱动和投资驱动转向创新驱动，能源消费的绿色低碳供给侧结构性改革刻不容缓；因为生态文明建设的需要，我国正大力加快推动能源生产和消费革命。随着新型城镇化进程不断提速和油气体制改革有力推进，中国天然气产业正迎来新的发展机遇。西气东输责无旁贷，成为我国倡导绿色环保，构建安全、高效、可持续的保障体系，成为优化能源结构、改善大气环境、提高人民生活质量的排头兵、先行者。公司既面临大有可为的重大战略机遇期，又面临诸多矛盾相互叠加的严峻挑战。应对矛盾挑战，把握发展机遇，这些都离不开企业文化价值的引领。企业文化建设具备特有作用，可以引导全体公司干部员工转变观念、推动创新，进一步凝聚人心、积聚力量，把企业发展的压力转化为每名员工的工作动力，不断增强企业发展活力。

（三）实现公司世界一流战略目标对西气东输企业文化建设提出新任务

西气东输 17 年砥砺前行，目前运营天然气管道 16800 多公里，站场 500 多座，管线途经 19 个省（市、区）和香港特别行政区，年管输能力超过 1200 亿方，资产超千亿，下游分输用户达 600 家，用气人口近 5 亿，已发展成为我国最大的天然气管网运营主体。公司天然气管网不断完善，管输能力持续提升，管理体系和运行机制日益成熟，科技创新能力持续增强，员工素质高，多项指标保持国内同行业前列，具备了向世界水平看齐的基础。但对标国际一流水平的管道企业，在多项指标上依然存在差距。企业文化软实力话语权不足，“文化兴企强企”没有凸显。这要求西气东输勇于担负集体公司“排头兵”重任，以改革创新精神统筹谋划、扎实推进企业文化建设，发挥企业文化理念引领、凝心聚力、攻坚克难、提振信心的独特作用，补齐短板，为深化改革和管理创新营造有利条件和浓厚氛围，为最终实现全球天然气管输行业的文化话语权而不断努力。

（四）推动文化繁荣对西气东输企业文化建设提出新目标

培育和践行社会主义核心价值观，建设丰富多彩的文化品牌是对我们提出的新目标。公司党委贯彻落实集团公司党组重塑良好形象要求，制订印发《西气东输管道公司党委关于弘扬“石油精神”深化重塑形象工作服务公司稳健发展的实施意见》，持续推进形象品牌建设需要继续弘扬石油精神，确保队伍优良传统不丢、肩上红旗不倒、作风本色不变，需要企业文化建设；大力强化品牌意识，提高企业知名度和美誉度，努力打造中央放心、公众认同、员工满意的西气东输品牌形象，需要企业文化建设；创作更多优秀文化作品，履行文化职责，强化阵地意识，“讲好西气东输故事”，需要企业文化建设；选树模范典型人物，唱响主旋律，弘扬真善美，凝聚正能量，也需要企业文化建设。西气东输事关一带一路国家战略，推进国际人文交流和文化交流举足轻重，是全面展示中国管道事业发展和能源结构调整、技术进步的窗口，西气东输国际品牌建设更加需要走文化自信之路。

二、新使命新目标，准确把握基本思想和原则，确立西气东输文化发展目标

党的十九大报告明确提出了三步走战略目标，公司总体文化发展也要与其相一致。作为清洁低碳、绿色发展、深化供给侧改革的能源基础体系支撑，公司文化的建设发展必须先行先成，不忘本来、引领未来。基于西气东输的历史底蕴和基础优势，根据过去传统企业政治文化挂帅引领，到我们现在处于安全文化为核心的严格依法治企管理阶段，到未来西气东输商业品牌价值形成阶段的发展规律，确立西气东输文化建设三步走，第一阶段已经基本完成；现在处于第二阶段的定位是根据党的十九大报告确定了管道是推进现代化经济体系建设的基础体系支撑和基础设施网络定位，具有公共物品属性和公共服务属性，是供给体系的重要组成部分，要求我们必须首要将安全生产作为核心地位，建设以安全文化为核心的西气东输文化体系是公司建成世界一流专业化管道公司的坐标方位；第三个阶段是根据党的十九大报告指引的文化自信方向，以贯彻新发展理念，以绿色发展为理念，推进西气东输安全绿色环保品牌建设，培育具有国际影响力和商业价值属性的软实力。

（一）西气东输文化体系建设的指导思想及目标

要继续高举中国特色社会主义伟大旗帜，以马克思列宁主义、毛泽东思想、邓小平理论、“三个代表”重要思想、科学发展观、习近平新时代中国特色社会主义思想为指引，以“四个全面”战略布局和“五大发展理念”为引领，全面落实党的

十九大做出的战略部署，增强“四个意识”、坚定“四个自信”，坚持以“为企业谋发展、为员工谋福祉”为使命，以社会主义核心价值观为统领，传承和突出“石油精神”核心地位，全面落实集团公司决策部署，对标国际一流水平管道公司，创新发展出一套符合新中国时代特征、具有油气行业鲜明特色和彰显西气东输企业特点的企业文化体系，到建党百年时为初步建成世界先进水平管道公司提供强大的价值引领力、文化凝聚力和创新驱动力，到2030年前将西气东输打造成具有国际商业价值的文化品牌。

——党委发挥领导作用充分体现。党的十九大以来一系列方针政策深入人心，紧紧围绕服务中心工作，公司党的建设全面加强，党的基层组织建设作用突出，社会主义方向更加坚定，党组织在公司治理结构中的法定地位更加巩固。

——文化理念成为共识共为。要以安全文化建设为核心，实现自文化建设到文化管理的飞跃升级，企业文化真正成为公司全体员工共识共为，内化于心、外化于行、固化于制，理念内涵不断丰富，助推体制改革和生产经营的能力大大增强。

——基层文化建设富有活力。全面启动基层站队标准化建设，以“五个一”为载体，基层站队特色文化建设呈现“百花齐放、百舸争流”的新局面。

——传播网络机制不断完善成熟。企业文化组织架构向基层延伸，“两报两网两微一刊”等宣传阵地更加巩固，外宣活动更加丰富多彩，“讲述好西气东输故事，传播好中国石油声音”的能力大大增强。

——文艺精品创作再上台阶。继续大力实施文艺精品创作工程，完成《西气东输管道公司志》的编纂、出版工作，系列专题片《西气东输》不断更新，系列丛书不断刊行，组织开展文化艺术创作活动，精品力作“五个一工程”等国家奖项取得零的突破。

——文化人才队伍能力明显提升。建立健全一套培育、交流、指导、检查、评价的长效机制，企业文化建设与管理人才队伍不断壮大，素质大幅提升，能力明显加强。

——文化课题研究硕果累累。以重要时间节点作为工作坐标，重点推进文化课题研究工作，形成一批“弘扬传统＋勇于担当＋创新创效＋社会责任”等多方面、有分量的研究成果。

——绿色环保商业价值品牌初具国际影响力。始终不渝、毫不放松地推进“西气东输”品牌宣传建设，服务引领建设世界先进水平专业化管道公司，“西气东输”绿色环保品牌走出国门，在国际同行范围形成一定知名度和美誉度。

（二）要始终按照党的十九大精神推进文化体系建设要求，西气东输文

化体系建设遵循的主要原则：

——坚定正确的政治方向。要牢牢把握意识形态工作的领导权，意识形态决定文化前进方向和发展道路。西气东输企业文化建设首先要坚持中国特色社会主义思想特别是习近平新时代中国特色社会主义思想在意识形态领域的指引地位，坚定正确的政治方向，始终以社会主义核心价值体系为引领，加强思想道德建设，旗帜鲜明地弘扬“石油精神”，树立正确的企业核心价值观，形成符合市场经济规律、适应企业发展阶段、具有行业和企业特色的价值理念体系。

——坚持以人为本。以人民为中心的发展思想，以人为本是现代企业经营管理最核心的理念， 也是西气东输企业文化建设的切入点和着力点。切实将企业发展的战略目标与全体员工日益增长的对美好生活的需要统一起来。要把人的因素摆在企业文化建设的突出位置，突出人的解放和全面发展，充分调动全体员工的积极性、主动性、创造性。努力营造“尊重知识、尊重人才、尊重劳动、尊重创造”的良好氛围。上下一心，以文化人，促进员工价值再创造，让员工有存在感获得感、幸福感，实现人企和谐共赢。

——坚持创新驱动。创新是引领发展的第一动力，创新文化是建设现代化经济体系的重要战略支撑。要把创新作为推动西气东输企业文化改革发展的第一动力。大力推进管理创新和科技创新，着力培育创新人才，依靠创新驱动引领发展。既要继承中国石油企业文化的优良传统，又要结合当前改革和生产经营的实际，更要着眼于公司未来发展的需要， 积极借鉴国内外先进企业的管理思想和文化理念，突出“五大发展理念”的相互作用，用发展的观点、创新的思维对现有的企业文化进行整合、提炼和创新，在继承中创新，在深化中提升，使企业文化建设更加符合时代发展和形势任务的要求。

——坚持统筹协调。企业文化建设是一项长期复杂的系统工程，要突出目标导向和问题导向，突出系统性、整体性和协同性，既要处理好全局与局部、共性与个性的问题，在贯彻落实集团公司企业文化统一性的基础上，培育塑造符合西气东输实际的企业文化；又要弥合顶层设计与文化落地的缝隙，切实将文化规划纳入企业发展战略，将融入生产经营管理流程再造的全过程；还要注意员工个性与团队建设的协调，在塑造同一企业文化的同时，不忘彰显先进个体的典范作用，统筹安排，制度保障，分步实施，稳妥推进。

三、新追求新作为，创新驱动绿色发展，建设服务和谐美丽中国的西气东输文化体系

党的十九大报告明确指出要贯彻新发展理念建设现代化经济体系，推进供给

侧结构性改革，坚定文化自信，繁荣社会主义文化，加强生态文明体制改革，建设美丽中国，这些为公司推进文化建设指明了方向。公司文化体系建设可以概括为“1511”，即1个核心文化、5个专项文化，1个保障文化、1个品牌文化构建起具有西气东输特色的文化体系。核心文化是以安全绿色文化为核心；5个专项文化是以创新文化为动力助安全上水平，以人本文化为根本固安全，以制度文化夯基础保安全，以和谐文化为追求促发展，以基层特色文化植根基激活力；1个保障是政治文化把方向作引领；1个品牌文化是熔铸具有国际影响力的西气东输商业价值文化品牌。

（一）全力推进安全生产绿色发展核心文化建设

党的十九报告指出，加强水利、铁路、公路、水运、航空、管道、电网、信息、物流等基础设施网络建设。天然气管道作为基础设施网络，不但具有公共物品属性和公共服务属性，是推进供给侧改革的重要组成部分，而且也是提高供给侧体系质量的基础条件，对加快提高天然气管网现代化水平，构建互联互通的全国骨干能源体系，对国民经济发展和更好满足人民群众需要具有基础性支撑作用。作为专业化的管道运输企业，贯彻落实供给侧质量变革的要求，紧紧围绕确保管道安全平稳高效运行这一核心的目标和任务展开，安全生产、绿色发展是公司的生命线，安全绿色核心文化建设是公司文化体系建设的首要任务。公司安全绿色文化构建要坚持环保优先、安全第一、质量至上、以人为本的理念，树立安全“高于一切、重于一切、先于一切、影响一切”的理念，不断完善、探索实践出一整套QHSE（质量、健康、安全、环保）管理体系。

一是必须坚持夯实安全环保基础不动摇，紧紧围绕“追求‘零伤害、零污染、零事故’，在质量、健康、安全与环境方面确立达到国际同行先进水平”的QHSE战略目标。二是以基层站队标准化为重点，结合公司管理实际，根据《公司基层站队标准化管理手册》，优化基层管理流程，规范岗位操作行为，通过公司和管理处两级示范站队有序推广；扎实开展《公司基层站队标准化管理手册》宣贯培训，广泛发动全员积极参与手册修订和推广实施，边改边学，不断强化员工“上标准岗、干标准活”的自觉意识；规范“一票两卡”编制和使用，提升“一票两卡”执行力，推进岗位作业标准化，落实“写你所做，做你所写”，做到“只有规定动作，没有自选动作”。保持考核力度不放松，确保标准化建设高标准，生产运行管理高水平，筑牢现场安全生产的基础。三是以提升风险辨识、风险管控、应急处置“三种能力”为目标，加强安全培训，开展岗位练兵，鼓励员工参加国家注册安全工程师考试，切实提升员工的安全技能和水平。四是以QHSE履职能力建设为抓手，全面推进安全环保责任制落实，实现考评工作标准化、信息化、硬兑现。

五是继续组织开展年度主题活动，扎实开展“安全生产月”“安全生产周”“青年安全生产示范岗”等专项活动，以“站队长论坛”为平台，深入学习贯彻新《安全生产法》《环境保护法》和集团公司相关文件。六是以“安康杯”竞赛为主要载体，建立健全安全文化的宣贯机制和培育机制。七是通过案例教育、主题宣讲、对外交流等多种形式，交叉配合，营造安全生产环境氛围，形成“没有安全环保就没有一切”的全员共识。八是通过开展规范的国际安全评级、体系内审、外审活动，持续深化完善QHSE管理体系，保证体系规范有效运行，确保管道安全平稳高效运营。九是推行清洁生产、绿色发展，强化生产过程受控，做到低碳绿色、经济高效。要利用5年时间，实现公司安全绿色文化的“三级跳”，使安全生产、绿色发展成为全公司员工的自觉行为和价值观，为企业创新发展凝聚新的动力。

（二）建设助力安全生产绿色发展的创新文化

创新是引领发展的第一动力，科技是第一生产力，创新是建设现代化企业的核心竞争力和战略支撑。创新驱动创新发展既是公司夯实安全生产的重要手段，也是培育公司文化软实力的硬支撑。西气东输只有坚持创新驱动，持续创新，全面创新，才能与时俱进，不断攀升，一步步地做强做大做优做精，实现企业发展战略目标。

一是持续提升科技创新引领能力。当今信息技术、制造技术、新材料、新能源技术等已经带动了绿色、智能等群体性重大技术变革，大数据、云计算、互联网同机器人、智能控制技术融合加快并跨越式发展，管道装备制造、技术开发、生产集成大规模应用，智能化管道发展已经迫在眉睫。公司要大胆前瞻，着眼长远，制订科技创新发展战略与目标，抢占创新先机。立足生产所需，抓住生产经营中的技术瓶颈问题，开展科技攻关，服务安全生产。继续强化对知识产权创造、保护和应用，加快技术成果转化。加强与科研院所、高等院校等开展多种形式的联合与协作，形成更为完善的研究组织体系。提升科技项目的管理，实现项目管理的科学化、规范化、程序化和制度化。注重高端技术人才的引进和培养，大力提升全方位自主创新能力。以信息化建设，推动公司全方位的管理创新。

二是持续提升管理创新增效能力。效率变革是推进管理创新的重要目的。要全面推进理念、制度、管理革新，把复杂的事情简单化，把简单的事情标准化，把标准的事情信息化，将基础管理体系打造为规范行政管理的第一载体。重点是专注生产运行和工程建设两大主业，不断提高管道专业化运营水平，以资产创效能力的提升对冲经营环境下行压力；主动应对管输价格改革，不断寻求安全和效益的最佳平衡点，加快形成新形势新条件下最优化、可持续的盈利模式；强化“合规高于经济利益”的价值理念，正确处理合规管理和效率提升的关系，实现秩序与活力的有机统一。精准发力内部改革，着力打造资源共享、精干高效的生产组织模式，推动实现队伍素质和劳动效率的双提升；优化两级机关职能，建立责权匹配、决策科学、运行顺畅、执行有力的内部管控体系；稳妥推进“三项制度”改革，加快建立能上能下、优胜劣汰的选人用人机制，能进能出、畅通灵活的市场化用工机制，能增能减、导向清晰的薪酬分配机制，实现公司层面的有效激励和管理处层面的精准激励。

三是着力打造万众创新文化氛围。大力倡导创新文化，深入开展公司科学技术课题申报和研究，形成一批具有较高水位和国际领先的核心科学技术和措施，深入开展每年一次的群众性“创新创效”活动，大力宣传在科技创新中取得突出成果的个人和集体。把握改革开放 40 周年、全面建成小康社会、中国共产党成立 100 周年等重要契机，围绕宣传思想、企业文化、基层建设、群团工作等确定研究课题，形成“弘扬传统 + 勇于担当 + 创新创效 + 社会责任”等多方面课题研究成果，为公司企业文化建设提供思想支撑和智力支持；围绕西气东输人讲好西气东输事，大力推进一批重点题材作品的创作，打造一批歌颂先进模范的微视频、微电影、书籍作品等，打造具有西气东输特色的软实力。

四是培育创新人才成长机制。建立创新项目评审、人才评价、产权保护、成果奖励等政策制度，注重保护企业改革发展中的新生事物，对突破原有制度或规定，但不违反党纪国法，有利于降低企业成本、提质增效，有利于资源节约利用和保护生态环境，要坚决支持鼓励，积极促进规范和完善，大力推动形成新的制度规范。对制约和阻碍国家和集团公司政策措施贯彻落实，制约和阻碍改革推进和提高绩效等体制机制性问题，要及时反映，大力推动完善制度和深化改革。从而培育和造就一批具有国际水平的创新团队，引领公司创新文化的发展，助力公司安全生产绿色发展。

（三）建设以工匠精神劳模精神为引领的人本文化

人是生产力中最活跃的因素，人才是实现民族振兴、赢得国际竞争主动的战略资源。工匠精神劳模精神是引领公司安全生产绿色发展的重要精神源泉。公司要以技术创新、技能比武、创新创效、科学研究等为载体，加快六大实训基地建设，培育出更多的专门技术人才，培育一批率先成才的能工巧匠；要以劳模选树宣扬等方式，建设劳模工作室，推动形成公司英模群体，打造典型示范引领。通过工匠、劳模机制的建设，大力弘扬追求卓越的创造精神、精益求精的品质精神、用户至上的服务精神，从而建设一支知识型、技能型、创新型劳动者员工队伍，营造公司劳动光荣社会风尚和精益求精的敬业风气，助推安全生产绿色发展。

社会主义核心价值观是当代中国精神的集中体现，凝结着全体人民共同的价值追求，是培养什么样的新时代新人的根本标准和要求。培育以诚信为主的具有社会主义核心价值观的员工队伍，是全面建成小康社会、实现中华民族伟大复兴梦想的基本要求，是推进公司安全生产绿色发展的思想基础。一是要将加强员工思想道德建设与企业文化常规宣教活动密切结合，引导员工自觉将诚信等社会主义核心价值观作为行为准则，自觉践行“四德”，充分发挥家庭的基础性作用，并与企业秉承之价值观相连接。二是选树典型，持续宣传典型的事迹，发挥党员模范的示范作用，将典型的诚信信条、理念人格化，为员工树立学习的榜样。三是将诚信等价值观融入企业规章制度和流程再造管理，纳入公司绩效考核指标，摸索建立起一套崇尚“多劳多得、按劳分配”的“诚信劳动”分配机制，发挥法律制度政策的保障作用。四是遵循市场经济规律，恪守合同和承诺，牢固树立诚信可靠、负责任的大企业形象。五是始终坚持“诚实守信、精益求精”的质量方针，杜绝品质瑕疵，为下游用户提供优质产品和满意服务。

增进民生福祉是发展的根本目的，要让改革发展的成果更多更公平地惠及全体人民。要将公司安全生产绿色发展带来的经济增长、效益提增、劳动生产率提高，惠及公司员工收入增长和报酬的提高中，使员工有获得感。要充分发挥社会保障民生安全网社会稳定器的作用，及时充足完成员工的医疗保险、养老保险、大病帮扶、工伤保险和扶贫帮困，提高员工福利待遇，让员工切实感受到企业的安全工作无忧生活，有安全感。要坚持把员工健康放在安全生产绿色发展的优先考虑，将员工的健康范畴从传统的疾病防治扩展到生态环境保护、体育健身、职业安全、意外伤害和食品安全领域，通过员工之家建设为员工提供健身场所，通过协会建设为员工提供健心组织，通过文化艺术创作提供健康心情，通过心理辅导提供健康咨询，通过体检和职业健康体检提供健康体魄，通过环境监测和水质检测提供健康环境，通过食品管控确保健康饮食，通过节日慰问提供温馨心情，通过医疗保险提供健康安全，让员工在公司实施健康中国战略中有归属感、幸福感。要通过落实人才强企战略，畅通人才成长通道，提升员工队伍素质，让员工在快速成长成才过程中有成就、成长感。

通过人本文化的建设，要充分发挥人力资本的积极作用，不但让员工有获得感、幸福感、安全感，不断满足员工日益增长的美好生活需要，更要激发员工投身西气东输安全生产绿色发展的积极性、主动性和创造性。

（四）建设守法合规的法制文化

法制兴则国家兴，法制强则国家强。以良法促发展、保障善治，创造更高水平的社会主义国有企业制度文明，是企业治理体系和治理能力现代化的必然要求，是公司服务经济发展、建设和谐社会、助力生态文明建设更高水平安全绿色环保企业的重要保障。各级领导干部和全体党员要带头尊法、学法、守法、用法，守底线、当模范、做表率，强化对法律制度的追求、信仰、执行，形成真正用法治思维和法治方式想问题、办事情的思想自觉和行为习惯，打造西气东输的以安全生产绿色发展为核心的守法合规制度文化。

一是加强普法教育，提升法律制度意识。弘扬法治精神，加强法治教育，每年在公司范围内认真开展“七五”普法教育，根据中央有关要求，组织开展“八五”普法教育，规范开展尊法学法守法用法的法治文化活动，利用新媒体、新技术创新普法手段，向全体员工进行国家法律法规和行业、企业规章制度的宣传教育，强化法治思维，增强法律制度意识。二是融筑安全生产绿色发展的基础管理体系。全面系统地整合公司现有技术标准、内控管理、法律风险防控、规章制度等体系以及其他管理要求，构建完善一套简洁高效、全面覆盖、一贯到底、易于理解和执行的一体化基础管理体系，作为公司业务管理和业务操作的“基本法”。加强对基础管理体系的跟踪修订，让管理效率切实提升。三是促进合规经营。落实中油管道公司资产整合要求，尽快理顺机制流程，切实做到“工作不挂空挡、责任不留死角”。不断健全完善依法合规管理体系，进一步明确各层级、各岗位的合规管理责任，加大违规违纪行为的问责惩治力度，坚决防止“破窗效应”。围绕工程建设、物资采购、项目招投标等重点领域，持续开展效能监察，强化问题责任追究，深化审计成果应用。四是营造法治文化氛围。法贵必行。西气东输依法治企必须与企业文化建设相结合，弘扬社会主义核心价值观，推动宪法至上、法律面前人人平等理念深入人心，用中华传统法律文化精神、大局观、义利观、诚信观、秩序观、礼法观等融入正义观，通过有正能量、有感染力的法治故事，丰富员工法制文化和员工法制素养，促进干部员工人人知法、人人遵章、人人守纪，保证各项法律法规和制度的贯彻执行，把依法治企落到实处。最终实现公司治理体系完善，决策机制科学民主，权力运行规范有序，市场规则合理运用，经营行为诚信合规，制度执行到位，监督问责有力的现代化法治文化企业。

（五）建设助力绿水青山绿色发展的和谐文化

建设现代化是人与自然和谐共生的现代化，提供更多优质生态产品满足人民日益增长的优美生态环境需要是实现现代化的重要内容。天然气作为21世纪清洁高效的能源，是助力国家建立绿色低碳循环发展经济体系，推进能源生产和消费革命，构建清洁低碳、安全高效能源体系，实现绿色发展的重要支撑。西气东输作为中国天然气骨干管网运营专业化企业，推动建设绿色发展和谐发展的文化价值体系，是实施大气污染防治、打赢蓝天保卫战、还自然以宁静、和谐、美丽，践行中华民族永续发展千年大计的使命担当。

一是构建企业与自然的和谐。树立和践行绿水青山就是金山银山的发展理念，始终秉承“输送清洁能源，奉献和谐社会”的企业使命，贯彻和执行节约资源和保护环境的基本国策，继续花大力气建设环境友好型、资源节约型企业，从工程项目设计开始就努力构建安全、高效、可持续的保障体系，有效管控各类环境风险，杜绝工程建设和生产过程重特大安全环保事故。开发清洁能源和环境友好产品，加强节能降耗和污染减排，最大限度地降低经营活动对环境的影响，创造生产作业与环境的和谐，为促进社会经济转型发展和满足人民日益增长的美好生活需要贡献力量。

二是构建企业与社会的和谐。和谐是社会主义现代化强国构成的基本要素。重视公司与管道沿线地方政府和谐关系建设，加强公共关系管理，密切企地沟通协调，合作开展日常管道保护工作；重视公司与管道沿线地方社会和谐关系建设。以“青年志愿者”“扶贫捐助”活动为载体，建立公司与当地部队、养老院、学校等单位建立紧密联系，持续开展管道保护宣传进小学、进社区、拥军慰问、走进养老院等形式多样的活动，打造独具特色志愿者文化，树立企业的良好形象；坚持每两年一届的“青年文明号”创建活动。对接上海市文明办和上海市经信委文明办要求，自觉以“全国文明单位”更高标准要求自己，继续开展各类精神文化建设工作，推动企业社会责任落实和公益活动开展。

三是构建和谐的劳动关系。倡导真诚向善、共济共赢、团结和睦的和谐理念，把引导员工忠诚企业、担当奉献，与实现好、维护好、发展好员工群众利益有机结合；以职代会为载体践行人民当家做主制度，推进企业民主管理民主监督的落实；以兴趣协会为重点，推动员工，尤其是基层员工的和谐生活建设，鼓励各类协会遍地开花，着力打造“和谐型”站队、“职工之家”；坚持党建带工建、带团建，注重发挥群团组织的作用，定期组织健康检查和心理咨询，小型多样、扎实推进“安全和谐”系列文体活动，大力推动公司各所属单位丰富的文体协会建设，为公司健康和谐发展注入生机和活力；高度重视信访维稳工作，切实解决员工群众合理诉求，及时化解各种矛盾，努力确保员工收入合理增长，让公司发展成果更多更公平惠及员工群众，进一步提升干部员工的幸福感、获得感。

绿色是企业的目标和品牌，和谐有序是绿色发展的前提。西气东输要把构建和谐团队和履行“三大责任”有机结合，促进企业与员工、企业与社会、企业与环境以及员工之间的和谐友好，从而更加有力助力美丽中国建设。

（六）建设富有活力的基层站队特色文化

建设文化强国，必须坚持中国特色社会主义文化发展道路，激发全民族文化创新创造活力。文化兴企强企是公司始终坚持的重要方针。公司现有 170 个基层站队是西气东输安全生产的基础，是企业文化建设的“神经末梢”，是文化落地生根的关键所在。

一是持续做好基层站队特色文化建设。要结合时代特色和基层站队特征，按照《公司基层站队特色文化建设实施指导意见》的要求，按照坚持彰显石油精神、问题基层务实导向、地域特色、群众性、时代性实践性、典型案例支撑的原则，激发全体基层员工的文化创造活力，实施基层站队特色文化建设。在2017年公司基层站队特色文化建设的基础上，围绕“五个一”载体建设情况，进行互访互评，坚持优中选优，组织评比，持续做好特色文化评审工作。持续做好基层站队特色文化创建站队成果研究和提炼，加强宣传和交流，实现“核心理念统一引领、站队文化群体支撑、多样载体展示推广”的文化体系建设总体部署，让各站队呈现“百花齐放、百舸争流”新局面，最终形成国际一流、富有特色、充满活力、特点鲜明的西气东输基层站队文化，从而激发全体员工投身西气东输安全生产绿色发展活力。

二是持续做好基层支部堡垒文化建设。党的基层组织是确保党的路线方针政策和决策部署贯彻落实的基础，发挥好基层支部的战斗堡垒作用和党员先锋模范作用，永葆党员先进性和纯洁性，创新方式方法，服务公司安全生产绿色发展是公司面临的重要挑战。要以提升组织力为重点，在基层落实党的领导；以组织覆盖力为前提，发挥组织优势；以提升群众凝聚力为基础，让基层成为员工的主心骨；以发展推动力为目标，围绕中心服务中心任务；以自我革新为保证，创新支部工作方式方法。通过基层特色支部建设，切实担负好教育党员、管理党员、监督党员和组织员工、宣传员工、凝聚员工、服务员工的职责，创出服务西气东输安全生产绿色发展的基层特色政治文化。

（七）建设全面从严治党的西气东输政治文化

我们党是为人民谋幸福的政党，社会主义最本质的特征是坚持党的领导，坚持党对一切工作的领导。提高党把方向、谋大局、定政策、促改革的能力和定力，为国有企业党的工作开展指明了方向。西气东输作为国有骨干企业重要组成部分，坚持政治文化建设，以共同的目标聚精会神、以共同的思想基础凝心聚魂、以共同的实践汇智聚力、以党的领导强基固本，是筑牢公司安全生产绿色发展的根和魂。

一是学习宣传、贯彻落实党的十九大精神。党的十九大在政治上、理论上、实践上取得了一系列重大成果，就新时代坚持和发展中国特色社会主义的一系列重大理论和实践问题阐明了大政方针，就推进党和国家各方面工作制订了战略部署，是我们党在新时代开启新征程、续写新篇章的政治宣言和行动纲领。要结合

“不忘初心、牢记使命”主题教育活动，主要通过两组中心组学习、干部培训和征文体会等方式，开展结合企业实际的理论课题研究，持续在学懂弄通做实党的十九大精神上下功夫。

二是围绕公司安全生产绿色发展中心任务，持续加强党的建设。在政治建设上，强化“四个意识”，坚定“四个自信”，按照《中国共产党章程》和《关于新形势下党内政治生活的若干准则》的要求，推进思想政治建设制度、组织制度、干部人事制度等方面的制度创新，完善“三会一课”、民主生活会、组织生活会、谈心谈话、民主评议党员等基层组织建设制度，落实党管干部。在思想建设上，持续深入开展“两学一做”学习教育，认真落实中心组学习制度，采取专题研讨、座谈交流、专家授课等形式，打造研究型、开放型学习平台，强化理论武装；着力加强意识形态工作，强化互联网主阵地管控应用，建设网上群众路线、网络空间共同精神家园，增强意识形态主流意识、话语权、主导权；通过开展“形势、目标、任务、责任”等主题教育实践活动，引导广大员工认清困难挑战，自觉转变思想，提升能力；通过开展社会主义核心价值观等系列思想教育主题活动，切实提升员工的个人品德、家庭美德、职业道德、社会公德意识，营造良好的思想道德生活工作氛围。在组织建设上，切实履行党建工作第一责任人职责，班子其他成员要切实履行“一岗双责”，坚持和完善“双向进入、交叉任职”的领导体制；优化基层党组织设置，保证党组织健全率100%；创新型“三型”党组织和“六个一”党支部建设为载体，完成党建信息系统平台建设，充分发挥基层党组织战斗堡垒作用。在作风建设上，提通过宣传学习革命传统、弘扬石油精神等教育，推进机关基础管理体系落地及办事制度执行，开展两级机关驻站跟班活动，加强考核测评等方式，从思想上、行动上切实提高员工的服务意识和服务本领。在纪律上，有效落实“两个责任”，持续深化“三转”，建立与企业考核等挂钩、切实可行的责任追究制度，实行“一案双查”。毫不松懈落实中央八项规定精神，健全完善作风建设长效机制，以零容忍态度惩治腐败，根本遏制“四风”回潮。有效运用“四种形态”，落实“三个区分开”，标本兼治，容错纠错，实现党内政治生态根本好转；深入开展公司党内巡察工作，确保“高标准、全覆盖”。

（八）建设安全低碳绿色环保的品牌文化

构筑尊崇自然、绿色发展的生态体系，形成节约资源、保护环境的空间格局和绿色发展方式生活方式，坚定走生产发展、生活富裕、生态良好的文明发展道路，建设美丽中国，为人民创造良好生活环境，推动构建人类命运共同体，是党的十九大提出的明确目标。西气东输作为清洁能源供应基础网络体系，设施连通海内外，不但是承载着两个一百年奋斗目标、促进国家经济发展能源变革生态文明建设、实现中华民族伟大复兴的主战场，而且事关一带一路国际合作，落实建设持久和平、普遍安全、共同繁荣、开放包容、清洁美丽世界国际战略，具有深远的国际影响力。打造安全开放绿色环保品牌文化，是贯彻落实党的十九大战略、展示中国精神、中国价值、中国力量的重要载体。

打造安全开放绿色环保品牌文化，是西气东输建设世界一流专业化管道运营公司的核心价值软实力。文化品牌是企业文化的载体，文化是凝结在品牌上的企业精华，也是对渗透在品牌经营全过程中的理念、意志、行为规范和团队风格的体现。未来的企业竞争是品牌的竞争，更是品牌文化之间的竞争。展现和发展西气东输的品牌文化，势必成为公司与国际先进水平比肩看齐的先决条件，需要借助内、外延伸的手段拓宽传播路径。

在对内传播上，以载体建设、教育宣贯和保障机制为手段，实现内宣工作的常态化。通过建设公司总部企业文化展厅、中卫压气站等系列站队特色文化展室和中国石油企业精神教育基地建设，推动企业文化网上展厅，特色基层站队文化场地建设等，运用现代多媒体、VR 等展示手段，充分展示一线员工精神风貌、工作业绩和公司成立以来取得的成就和文化软实力。充分发挥公司“两报两网两微一刊”宣传阵地优势，以生动事例和模范人物宣讲，加强对员工西气东输品牌形象和品牌理念的宣传，激励、引导全体员工对西气东输品牌文化的认同感和荣誉感，从而更好地投身于公司安全绿色发展实践。

传播力决定影响力。创新传播手段、开辟传播平台、拓展传播渠道、建立传播体系是打造西气东输品牌的政治方向、舆论导向、价值取向和增强凝聚力、向心力、影响力的重要手段。一是大力宣传西气东输在能源结构调整清洁生产绿色发展中取得的巨大经济成就，西气东输带来的巨大社会环境效益，科技创新和管理创新成果，展现出的文化软实力等。二是在借助传统中央地方新闻媒体平台网络的同时，重点提升新媒体的传播力度，持续推进传统媒体和新媒体的融合，将公司资源向官方微信、官方微博等新媒体倾斜，建立健全西气东输网络评论员队伍，创新宣传工作格局，把握正确舆论方向，增强话语权，传递正能量，打好主动仗。三是做好突发事件媒体应对，主动建立与管道沿线地方政府网络舆情部门的合作关系，加强网络舆情监测。做好媒体应对的案例分享，加强对突发事件的舆论引导，做到“早报告、早控制、早处置”，尽力避免媒体炒作和公众误解。有针对性地制订新闻媒体应急演练计划，开展模拟演练，增强基层员工的心理素质、应急技能和快速反应能力。四是持续组织开展“媒体走进西气东输”活动，组织主流媒体走进西气东输专题采访活动，开展好在天然气管道安全运行保障、冬夏季天然气保供等媒体广泛关注、关系社会生产生活的重要事件进行专题采访，及时让社会公众了解西气东输的管理理念和运营状况，增强西气东输品牌的知名度和可信度。五是发挥西气东输独特的管网连接优势，推动西气东输品牌走出国门，适时择机参加国际展会，积极主动开展国际人文技术交流，“讲述好西气东输故事，传播好西气东输声音”，推动企业实施“引进来”和“走出去”的战略，使西气东输品牌效应不断积聚，吸引力和辐射力不断增强，美誉度和知名度不断提高，助推公司提质增效、稳健发展，让西气东输安全低碳绿色环保的品牌形象产生国际影响力，最终实现西气东输与国家管网建成中国特色世界一流能源基础设施运营商相匹配的较高商业价值品牌。

（撰写于 2018 年）

2. 改革创新需要以人为本的一流企业文化

当今世界已经进入知识经济的时代，如何适应时代的发展，着眼全球与未来，探索管理的规律，创造一流的企业核心竞争力，打造世界一流的公司，争创立于不败之地的百年企业，是我们每名优秀企业管理者需要认真思考的问题。

面对激烈的国际人才竞争，党的十八大提出“广开进贤之路，广纳天下英才”的号召，实现“两个一百年”奋斗目标、实现中华民族伟大复兴的中国梦需要富有活力和创造力的人才和群体走在时代前列。

针对新时期新世纪建设的西气东输工程，结合公司“实现安全环保，提高经济效益，增进民众福祉”的发展价值取向，实现运行管理营销“三个高效”和稳步推进体制、绩效、管控模式的“三个创新”目标，引入世界最新管理理念和管理方式，结合中国国情，着眼企业发展的现实与未来，探索并创造独特的企业核心竞争力，是公司融入世界一流公司，建设运营好西气东输能源大动脉的首要问题。

一、企业文化是 21 世纪企业管理的核心

当今世界已经从农业经济、工业经济、商品经济进入知识经济的时代，企业管理也适应经济时代的要求从经验管理进入科学管理和文化管理世纪，企业竞争的核心也因时代的不同各不相同。在高度发达的今天，企业硬件的较量已经逐渐开始淡化，如果说 20 世纪 60 年代竞争的核心内容在于技术，70 年代在于管理，80 年代在于营销，90 年代在于品牌。那么继技术竞争、管理竞争、营销竞争、品牌竞争之后，21 世纪企业竞争的核心将在于企业文化，它决定着企业未来战略方向、经营理念、管理水平和员工素质，是企业可持续发展的内生动力。当今世界经济和文化的相互交融，对企业提出了新的更高的要求，产品要有丰富的文化含量，服务要有较高的文化品位，经营要有突出的文化特色，管理者要有全面的文化素质，战略规划要有浓厚的文化基础，而这些都将转变为对提高企业竞争力有决定性作用的新型经营管理模式。一个好的企业文化氛围建立后，决定着企业成员的思维方式和行为方式，所带来的是群体的智慧、协作的精神、新鲜的活力和可为企业的改革创新和发展提供源源不断的精神动力。

二、西气东输员工现状需要企业文化管理

员工是企业的主体。企业文化要在一定条件下让员工接受、理解与认同，就要真切地体现“人本管理”的内涵。2010年，公司提出构建“人文关怀”和“心理疏导”这一政工课题，量身设计了关于理想信念、社会公德、家庭美德和职业道德等8大项内容的39道问题，通过问卷、访谈、对比研究、业绩考核评估以及家庭成员访谈等多种形式持续3年对百名青年员工的思想状况展开深入调研进行摸底和分析。通过数据采集对比发现，已成为管道企业发展的主体力量的青年员工在生活和生产实践中表现出勃勃生机和巨大发展潜能，他们重视职业与理想的实现，心系企业的制度与发展前景，他们对于职业理想存在明确的方向，注重理想、自我价值在职业中的实现。一半以上的员工认同团结互助、创新竞争、爱岗求实、诚信守业的职业道德，其中诚信守业认可度近九成最高。同时也了解到新时期社会环境下，员工对于职业生涯中重视方面的侧重点也与改革发展初期老一代石油建设者有明显的不同，新一代思想更加活跃，接受企业的改革创新的意识更为强烈，近80%注重企业福利、薪酬分配、发展环境，他们对个人利益诉求更直接，希望得到公平公正的待遇，希望劳动得到尊重和认可。总的来说，新员工选择石油管道行业更多的是作为职业选择，而职业中的工作环境、薪酬分配是企业员工工作热情度的主要影响因素。按照马斯诺关于人性的生理、安全、归属、自尊、自我实现5个层次需求的发展理论，目前新时期新员工还徘徊在底层的基本需求中，更需要与企业未来发展有机地相结合，满足自尊、自我实现等高层次的精神需求。

不管是人才个体的成长，还是人才群体规模化的过程，都是在企业这个平台中实现的。企业的改革创新面对的是资本、技术、管理、劳动等生产要素的参与分配，而这时我们要确立企业的最终目标不只是创造利润而是创造价值的基本思想，树立“以人为本”优先发展的战略思路，有效地解决好由着重对“物”的管理向以人为本对“人”的管理思维模式的转变，通过管理过程使每名员工从目前需要树立基本的责任感阶段向具有使命感高级阶段的思想转变，从而激发出全部的主观能动性创造性工作，开创性地将“人”与“物”两大要素的管理做到和谐统一并相互促进与发展，这将会给企业未来的改革创新带来的无限的生机与活力。

三、以人为本的企业文化是西气东输基层建设团队管理的核心所在和未来方向

在基层建设中，坚持以人为本，就是要以“人”这一要素为主线，在按照已经基本将西气东输硬件建成世界一流水平的物质文化的基础上，再切实加强精神文化、行为文化和制度文化的建设，这样就真正建成了西气东输独具特色的核心

竞争力，形成西气东输一流的企业文化，而最终创造出一流的成果。

（一）坚定理想信念，构筑高品位的精神文化来引领改革创新

企业的精神文化是指企业在生产经营中，受到一定社会文化背景、意识形态影响而长期形成的一种精神成果和文化观念，包括企业精神、企业经营哲学、企业道德、企业价值观念、企业风貌，为企业的上层建筑，是企业文化的核心，是现代意识与企业个性相结合的一种群体意识，是企业全体或多数员工共同一致、彼此共鸣的内心态度、意志状况和思想境界，而西气东输在建设和运行管理过程中形成了以艰苦奋斗的创业精神、和谐奋进的团队精神、与时俱进的创新精神、实事求是的科学精神、任劳任怨的奉献精神为主的五种高品质的企业精神。在基层生产生活实践中，我们就是让员工们形成决策者主导的这种共同的价值观，围绕充分发挥思想引领作用来坚定团结奋斗的共同理想。这在一定程度上必须有坚实的政治理论基础，坚持和发展中国特色社会主义、实现中华民族伟大复兴的中国梦，推动用文化建设企业的核心价值体系、坚持围绕中心服务大局的基本定位，以前瞻思维和长远眼光，处理好改革发展效益的价值追求，在履行好三大责任的基础上，更好满足员工对于改善生产生活条件、实现个人价值的合理期盼。

（二）坚定目标追求，用行为文化打造优秀员工来融入改革创新

打造优秀员工的建设目标是要求我们每名员工由以个体为基础实现从价值体系、行动目的、行为活动到物质成果、由精神层次向创造物质层次的“人性”主观能动性引导、释放、创造过程。这个过程就是要以企业组织设计、员工工作岗位分析的企业发展远景和个人发展规划相结合，将制订员工培养计划、技能学习和经验传授等作为成长性教育的主要内容，注入立足岗位、敬业爱岗、先进典型等企业精神活力，再通过物质奖励与精神奖励的微刺激，通过实际操作、动手能力的锻造，不断培养解放思想、脚踏实地、雷厉风行、率先垂范、追求卓越的优秀个人品质，全方位地打造一个员工从生产实践中所共生、共享、共传播，也就是形成“我们来自五湖四海，我们走向五湖四海”的理想境界和文化创造传播机制。当然在促进员工发展的同时也同样在塑造企业自身，推动企业在改革创新中与员工一起创造一种从生产、行为、团队到发展的行动过程，在文化环境中打造优秀的管理体系、管理群体，优秀的员工个体。

（三）规范行为习惯，用制度文化来保障改革创新

制度文化的建设以经营理念及组织行为的规范，通过引导、约束而逐渐形成的共同价值观及行为模式，直到最后形成一种形为习惯，它是企业文化中人与物、人与企业运营制度的中介和结合，是对组织机体运行秩序的维系。我们西气东输作为管道运输企业，具有世界一流水平的生产设施，其产品的特殊性使我们生产的重心

放在所有的设备与设施的管理上，不但要管住与管好，更要管出效率、效益与水平，这就需要我们要在企业内部围绕目标建立行为规范、制度体系，建设一套不断制造诱因的激励机制与工作体系。在我们看来，企业改革创新目的不只是于服务于实体经济，更是要扫除体制机制障碍，建立有利于激发人才创新活力的管理体制和机制，这就要引导我们企业管理者，重视各项制度执行中的基层反馈，接受企业员工和服务对象的意见、批评和建议，及时做好有关制度的调整。同时要倡导企业的民主管理制度和民主管理方式，鼓励员工参与到企业各项制度的制订工作中来，完善公开制度，增加工作透明度，让员工知情、参政、管事，使厂务公开工作更广泛、更及时和更深入人心，最终建立起全体员工的心理契约，让员工在这套体系中正常运转，帮助员工在企业中形成良好的心理状态、工作满意度、进行工作参与和组织承诺，实现员工工作心理状态由他律转化为自律和自主，这样才能确保生产安全、适应管道事业的需要，也才能符合企业改革发展的需要。

（四）成果公平共享，用物质精神成果来激励改革创新

享有创新发展的成果本身就能产生一种动力，这就是企业要改革创新更多的投入惠及员工的最终目的所在。在现实生活与生产实践中，使用行政晋级、奖金奖励等表现形式过于单一，只能有取得一时的效果。这就需要我们在注重在安全保障能力不断增强、安全生产状况持续改善、各类风险有效控制，员工群众生命安全和身体健康得到切实保障的基础上，确保员工平安幸福地享有企业发展所带来的经济发展和社会进步的成果，满足员工对健康安全环保的基本需求。当然，没有差别就没有动力，差别过大也会失去动力，要将公平的理念深植于企业改革发展之中，超前谋划薪酬分配机制，实行工作目标考核、全员岗位绩效考核来带动劳动报酬增长，践行“收入凭贡献”的分配理念，充分发挥工资的激励和约束作用，在人力资源、技术、管理等生产要素上按贡献参与分配。向管理要效益，利用完善各类奖惩实施细则，积极拓展员工收入渠道，坚持公平与效率相统一的原则，确保分配起点公平、过程公平、结果公平，尊重员工劳动，维护员工权益，将公平共享推向更深更广。只有解决好发展成果与人人公平享有的矛盾，人人享有发展成果才有可能成为现实。

创新企业发展，坚定企业发展的信心，运用企业文化的主导力、整合力，不断扩大全员的思想的认同，真正在企业中建立起相对经济力、相对政治力而言的一种强大内在驱动的文化力，这就是我们实施“以人为本的”的企业文化战略的未来方向，更是我们奋力迈出改革创新的新步伐，描绘伟大中国梦的西气东输画卷的美好愿景。

（发表于 2014 年）

3. 以基层站队特色文化推动企业可持续协调发展

党的十八大在中央关于五位一体的总体部署中，其中有一项重要部署就是文化建设。习近平总书记在2014年北京文艺座谈会上已明确指出，文运即国运。他在2016年的国有企业党的建设工作会上再次强调，要坚持党对国有企业的领导不动摇开创国有企业党的建设新局面。这一系列部署和重要讲话，充分说明了党中央对继承中华传统文明、吸收世界先进文化、创造新世纪新文明的战略眼光和部署，为公司作为国有企业推进改革创新和可持续发展指明了方向。

历史看，文化是人类文明进步的首要特征。对企业具体来说，推进文化建设就是推进企业文化建设。因为对一个成功的现代企业来说，企业的目标不只是利润，而是创造价值。企业文化是企业的核心竞争力，文化是企业持续发展的思想基因和精神血脉，是企业基业长青的“根”和“魂”，文化管理是21世纪企业管理的发展趋势和最高境界。

现实看，针对新时期新世纪建设的西气东输工程，如何实践奉献能源、创造和谐的企业宗旨，秉承石油传统，推进绿色发展，实现输送清洁能源、奉献和谐社会的企业使命，建成世界水平管道公司等一系列先进理念和目标；如何将无形理念转化为真正的有形实践，紧紧围绕公司安全平稳高效运行这一中心，做到接地气、重实效，突出基层问题导向、突出改革抓手、突出严实要求，遵从市场法则和顺应社会发展进步趋势，追求“实现安全环保，提高经济效益，增进民众福祉”的目标，并结合中国国情，探索、创造独特的公司企业核心子文化，是我们公司建成世界一流公司，建设运营好西气东输能源大动脉的首要问题和挑战。

按照文化建设主要研究及发展规律，主要包括器物类物质文化、活动类行为文化、规范类制度文化、群体意识意志价值类精神文化的基本分类和要求，在同时继承中国文化基因的主要精神特质（“天人合一”的思想；“天行健，君子自强不息”的进取精神；中国近代的“民主与科学”思想），搞好公司企业文化必须在弘扬传统中继承和创新。重点方向就是要在遵照儒家伦理价值文化的基础上，遵从道家的哲学思想，辅之以佛家的心灵之光，借鉴西方近代文明成果，遵照社会主义核心价值观构架，按照公司统一部署，充分结合基层站队工作实际，采取切实措施弘扬大庆铁人精神和西气东输精神，构筑起从无形理念到有形管理的文化管理实践，才能建成以人为本的朝气、和气、正气、大气的企业文化，进一步推动公司可持续发展，创造出公司百年老店的灵魂和精髓。具体表征为必须坚持推进站队子文化建设，即：劳动价值子文化、安全子文化、法制子文化、创新创业子文化、团队子文化、廉洁子文化、行为子文化和政治子文化。

一、要推行“劳动赢得尊重，生命活有尊严”的劳动价值子文化建设

这是在人类发展进步过程中必须遵从的首要原则，是促进公司员工开展工作和进行价值创造的原动力所在。当今社会员工市场经济意识活跃、新生代员工报酬意识突出、自我个性及价值取向发展需求强烈，如何适应社情、国情、企情、个性需求的时代发展，结合公司新时期党建工作新任务新目标，构建适应市场经济条件下的公司站队企业文化提出了挑战。如果不明确提出从“劳动赢得尊重、生命活有尊严”这一最为朴素人性的劳动价值文化建设作为着力点和出发点，是不可能激发出员工内存奉献动力的。

一是建立基层站队岗位劳动价值计分标准，体现各岗位各员工劳动价值的数量。要建立了包括安全生产、党政工团等各项业务的站队计分参考标准，各站队员工每天按照标准自行申报自己的劳动工作量，由站队长按日核定和公示，每月统计、每季汇总作为员工岗位劳动奉献价值总量。

二是建立事故事件处罚细则和突出事件奖励标准，管控岗位劳动价值的质量。要组织两级机关专业人员每周到现场服务指导和监督各项工作的完成情况，每周通过绩效分值和经济手段进行表扬和惩罚并公开通报，分解落实到各站队具体员工头上，实现纠偏，确保岗位劳动价值的质量。

三是建立兑现劳动价值兑现报酬体系，体现对岗位劳动价值的尊重。各站队员工的各项劳动价值将按照一定周期作为季度考核奖惩、评选选优、干部竞聘资格审查、职称评审、专项奖励、岗位调整等首要参考依据，大张旗鼓地宣扬表彰身边共产党员先进事迹和模范人物，鼓励先进，鞭策落后，建设公平公正透明的正向激励机制，形成劳动赢得尊重的基本价值浓厚氛围。

四是将公司各项目标任务分解融入站队岗位目标，形成大目标与具体工作的细化融合，构建对劳动奉献价值总体追求的共同认知，推进站队员工个人自我劳动自我肯定自我发展可持续价值取向的形成。

二、要推行“安全责任重于泰山”的安全子文化建设

这是公司企业文化建设的重要基础，是公司物质文化建设的重要载体。重点

是要开展风险识别、强化风险管控、夯实应急基础，重在完善体系标准构建、严格执行操作。

一是强化基层站队标准化建设，包括规范制度标准化、设备设施标准化、视觉形象标准化、员工行为标准化，推进一票两卡制度执行。

二是严肃监督评估，通过 QHSE 量化审核会诊和日常监督检查进行工程质量、工作质量纠偏。实行小时巡、日落实、周安排、月分析、季考核、年总结的执行落实机制，追求从设计、建设、运营、管理完整系统的风险预控管理，实现从要我安全到我要安全的转变。

三、要推行“合规合法”的法制子文化建设

这是企业生产经营管控的行为依据，是公司制度类文化建设的重要内容。要以合规、高效、透明为理念，将生产、工程、安全环保、经营项目、干部劳动薪酬、财务资产等制度办法梳理整合，修订完善，注重信息技术手段应用，强化培训，使员工做到理解熟悉、执行到位，最终达到依法合规、设计科学、注重环节过程控制、记录及时准确充分，让员工养成诚信守法的思维习惯。

四、要推行“积极进取”的创新创业子文化建设

这是促进员工价值再创造平台建设，是公司文化建设重要的正能量。要以增长才干、奉献智慧为理念，修订完善创新创效办法；强化五小技术创新，兑现落实隐患识别奖励政策，提倡节能减排、降本增效合理化建议；倡导规范标准制度、管理环节优化改进；促进信息科技和地方信息平台利用，通过小信封、微信、GPS 等信息技术途径改进管理手段和提高管理效率；落实区域化等管理方案等高效管理体制变革和实施；倡导员工善于总结历史经验并参加各种研究，结合实践发表论文，推广创新管理经验；倡导弘扬优良作风，选树典型，以身边事倡自身行，提倡艰苦奋斗，推进责任担当，发挥创业奉献精神。要让员工在生产工作创新中成才、在创业中实现智慧价值。

五、要推行“和谐奋进”的团队子文化建设

这是公司文化建设中对工作生活氛围的营造。公司基层站队员工 80% 以上都生活工作在站队，和谐奋进的家园文化是凝聚员工、鼓舞士气的活力所在。要以互助友爱、民主和谐为理念，通过每日一题、每周一练、每月分析、取证培训、作业分享、经验交流、外出参观、读书活动等营造学习型站队，促进员工对知识

的渴求和素养提升；要通过 JSA 安全分析、作业票制、隐患识别管控、安全检查审核营造安全型站队，促进员工对生命的尊重；要通过设备设施维护保养、生活工作环境美化、三废达标排放等营造清洁型站队，促进员工形成社会环保和公德意识；要通过节能降耗、修旧利废等营造节约型站队，促进员工形成勤俭敬业意识；要通过站务公开、困难互助、工作互相支持、心理咨询活动、联谊活动、文体活动开展等营造活力的员工之家，促进员工认同和谐站队建设。要通过硬件和软件的建设，最终实现基层站队员工携手创造共建、共管、共保安全、共成才的生活家园。

六、要推行“科学严谨”的廉洁子文化建设

这是公司文化建设中对管理行为监督和声誉风险的防范。要以设计科学、管控有效为理念，通过利用点面案例进行教育警示；要规范制度细节，严密管理环节，严肃集体决定事项和分环节控制，利用信息技术手段进行制度环节控制；要严肃监督厂务公开、效能监察、审计跟踪、巡视检查，信访及意见反馈，违纪违规惩处进行执纪监督，营造风清气正、廉洁气顺的团队氛围，从源头上预防对公司文化品牌的声誉损害风险。

七、要推行“品德高尚、作风正派”的行为子文化建设

这是公司文化建设中对员工人格再塑造。要以有信念、有纪律、有品德、有作为为理念，追求培养具有人格魅力、个人幸福、个人进步的正能量员工。要以基层站队标准化手册员工行为准则为基础，营造积极向上的活动氛围，关注员工的个人品德（勤于读书学习修炼，弘扬优良传统，发挥正能量，不违法违规）、家庭美德（真、善、美，尊老爱幼，夫妻恩爱，任劳任怨，对社会负面媒体报道正确分析看待，正确家风提倡）、职业道德（敢于负责，敢于担当，忠诚履职，诚实劳动，分工合作，共同拼搏）、社会公德（积极参加公益活动，发表正向言论，遵守法律法规，做社会文化的引领者与践行者），通过读书活动、演讲比赛、劳动竞赛、文体活动、捐助活动、参观活动、阵地教育、表彰先进等子形式营造良好的人文成长和生活氛围。

八、要推行“大局大气大视野”的政治文化建设

这是公司文化建设的政治背景及先决条件，是贯彻国有企业党建工作要求的现实要求。要以培养具有大局意识、大气开放、视野开阔的政治意识的基层站队长为重点。通过开展形势目标责任主题教育活动和各项专题教育活动为主线，做

好一岗双责责任体系及制度的落实规范，强化宣传教育和培训，要以落实党章和贯彻若干准则为依据，制订落实公司党委工作部署和要求计划，健全基层站队党的组织，促进党员作用发挥，宣传活动有声有色，实现党的政治工作与公司中心工作紧密结合融合，确保党的工作围绕中心、生产经营工作体现路线方针、员工生活认同政治。要通过落实民主管理、民主监督工程及活动有效开展，开通员工合理诉求、利益、权利渠道，切实丰富基层站队员工文体活动，充分发挥员工之家凝心聚力作用。要健全基层团的组织，以站队长论坛、青年文明号、杰出青年评选、安康杯劳动竞赛、青年辩论赛等形式，保障青年权益，关爱青年心理及家庭健康，服务青年服务青工服务基层。总之，要通过切实的宣教、贴心的服务、有感的关爱，培育青年的大局大气大视野的政治意识和胸怀，通过政治文化建设，既围绕大局、服务中心，又培育青年、塑造青年，从而促进公司文化建设可持续发展。

（撰写于 2015 年）

4. 加强企业宣传思想文化群团工作凝魂聚力

一、公司宣传思想文化工作成果及现状

（一）构建思想政治工作长效机制

持续开展党的基本理论学习，特别是党的十八大以来，组织深入系统学习习近平总书记系列重要讲话精神、治国理政新理念新思想新战略，结合创先争优活动、党的群众路线教育实践活动、“三严三实”专题教育、“两学一做”学习教育，引导广大党员干部牢固树立“四个意识”，坚决落实集团公司党组的决策部署。组织深入学习习近平新时代中国特色社会主义思想，用好《习近平谈治国理政》第一卷、第二卷，《习近平新时代中国特色社会主义思想》，纪实文学《梁家河》等教材，坚持学用结合，组织开展推动公司高质量发展大讨论，统一思想，凝心聚力。

党的政治建设是党的根本性建设，决定党的建设方向和效果。保证全党服从中央，坚持党中央权威和集中统一领导，是党的政治建设的首要任务。公司党委宣传部牢牢抓住《西气东输管道公司党委意识形态工作责任制实施办法》，将意识形态工作纳入党建工作责任制、纳入重要议事日程、纳入领导班子、领导干部目标管理，强调意识形态工作极端重要，切实加强思想政治工作。

公司党委以“讲政治”的庄严使命充分认识从思想上建党，把强化“四种意识”作为首要任务，严格落实两级中心组学习制度，采取“走出去、请进来”等方式，采取专题研讨、座谈交流、专家授课等形式，实现时间、人员、内容、效果“四落实”，中心组学习得到加强。

主题教育活动深入人心，每年初结合围绕学习贯彻落实公司“三会”精神，公司利用 3 个月的时间，开展主题教育，引导干部员工认清形势，落实目标，牢记任务，履行责任。每年扎实开展重塑中国石油良好形象活动，在 6 月的活动周上组织开展劳模宣讲等专题活动，大力弘扬石油精神，“苦干实干”“三老四严”深入人心。

党的十八大以来，公司党委在理论研究取得较丰富的成果，公司党委围绕中心任务贯彻落实国家战略方针，坚持创新驱动、坚持文化引领、融合思想政治建

设，构建西气东输具有中国特色国有企业文化的探索实践。文章先后在《石油政工研究》《上海支部生活》、集团公司迎党的十九大丛书《学习明方向》发表，展现了西气东输管道公司党委坚定信心，攻坚克难、干事创业的决心。

（二）企业文化逐渐发挥引领作用

在公司工程建设时期，中国石油传统精神得到全面体现和升华，中国石油企业文化得到新的诠释和发展。西气东输企业文化在传承与创新石油特色文化基础上，在工程建设、生产运营，以及之后市场开发与销售过程中，孕育新生。2006年起，公司着手企业文化理念的整理和提炼；2008 年，企业文化建设按照体系化、规范化推进；发展至今，公司企业文化理念体系已经初步成型。

2005 年，公司开启站场形象标准化建设。2015 年，将所有需要基层站队执行推进的各项工作职责和内容标准化，融合成以视觉形象手册、基础管理制度手册、设备设施管理手册、岗位操作管理手册、员工之家 5 大分册、1 个总则为遵循的基层站队标准化管理手册，全面规范了从人与物、人与人、物与物、内外各方的管理状态和标准，统一了标准、统一了操作、统一了形象标识、统一了效果。

建设企业精神教育基地，2007 年集团公司命名建立首批中国石油企业精神教育基地，公司所属轮南压气站（2012 年划转西部管道分公司）、靖边压气站和上海白鹤站荣膺其中。当前，公司向集团公司申报了中卫站、郑州站、大铲岛站等一批精神教育基地。作为宣传中国石油企业文化的重要场所，这批基地在展示企业形象、传播企业文化、弘扬企业精神等方面发挥了示范作用。特别是上海白鹤站，作为公司的形象展示窗口，近年共接待地方政府、社会团体、外宾、新闻媒体参观和石油企业员工交流学习 300 余次，受到社会各界好评，成为宣传和展示中国石油企业文化和西气东输优良传统的教育基地，2015 年荣获“全国青年文明号”。

稳步开展基层站队特色文化建设。2017 年，公司下发《中国石油西气东输管道公司基层站队特色文化建设实施指导意见》，18 个基层站队申报创建。目前，山西沁水站已初步建成理念清晰、内涵丰富、支撑厚实的特色文化，中卫站、高陵站、郑州站、武汉维抢和蚌埠站初具规模。

精神文明建设成果丰硕，公司连续四届获得上海市文明单位，2017 年获得全文明单位。公司大力弘扬社会主义核心价值观，加强企地建设，西气东输宝石花志愿者服务队在管道沿线亮明身份，重塑形象，赢得驻地赞誉。

（三）宣传格局基本形成

建立了《关于加强新闻宣传工作的意见》及 7 个附属性管理办法，涉及新闻发言人管理、新闻宣传队伍建设、专项经费管理、稿酬奖励发放、新闻宣传载体管理、表彰、影像资料管理等内容，进一步规范新闻宣传工作，促进新闻宣传工作开展。构建“两报两网两微一刊”7大宣传载体，其中《中国石油报西气东输专版》自2007年起每月一期、每期一版，共出版126期；《石油商报西气东输导刊》自2002年起为每周一期，共发行788期；西气东输局域网主页2006年底正式上线运行，累计发布各类稿件2.9万条；《西气东输》双月刊（现调整为季刊）自2008年起每两个月出版一期，累计印发57期；《西气东输网络电视》系统自2007年7月建成，在集团公司《中国石油报道》栏目播出稿件共计43篇，有17条节目分别荣获“中国石油电视大赛”一、二、三等奖；“中国石油西气东输”微信公众号于2015年4月30日正式上线运行，推出微信专题263期，共计468条，累计阅读人次达到26.4万人，关注人数15900人；西气东输官方微博2017年4月正式开通以来推送消息42期，累计阅读量超过8万人次。建立新闻宣传工作者队伍，公司有特约记者、通讯骨干，站队均有通讯员，基层通讯员达到350人；举办十一届新闻宣传工作培训班，表彰新闻宣传先进集体26个、先进站队74个、优秀通讯员343名；组建公司网评员队伍共计45人，累计完成集团公司网评任务54次，累计转发评论700余条。

对外宣传有序开展。围绕“媒体走进西气东输”主题活动，每年明确专题，开展如“西气东输万里行”“齐心迎世博·绿色动脉行”“中国石油气化江苏新闻发布会”“福建媒体走进西三线”“媒体走进如东—海门—崇明岛管道”、香港回归20周年广东媒体赴广东大铲岛站采访等专项外宣活动，形成了主线明确、多点开花的良好局面，既展示了西气东输良好形象，也在当地政府、群众中树立了良好口碑。2018年继续组织各所属单位开展专题策划，郑州、山西、长沙、苏浙沪等单位与当地媒体、中央驻地方媒体深度结合开展外宣；联合所属单位开展“媒体开放日＋公众开放日”活动，增加科普教育，增进相互了解；围绕改革开放40周年，通过3个典型故事讲述西气东输与上海制造的故事，取得了十分好的宣传效果。围绕冬季保供、迎峰度夏开展专题宣传。面对去冬今春天然气供应短缺、社会舆论压力大的局面，重点围绕公司勇挑保供重担、有效应对突发冰冻雨雪低温天气、一线员工坚守岗位默默奉献进行广泛宣传，全力保障设备安全平稳高效运行。在夏季，针对防汛抗讯、持续高温、环焊缝隐患治理的严峻压力，组织各所属单位邀请媒体走进一线，突出新媒体宣传，发挥自媒体作用，真实记录报道安全生产、管道保护中的辛勤付出。邀请媒体通过“新春走基层”“现场直播”等方式，大力宣传西气东输“心系民生”“全力保供”的责任担当，同时展示了西气东输人扎根基层，“温暖万家”坚守奉献的感人事迹。公司先后接受过新华社、新华网、人民日报、工人日报、解放日报、中央电视台、中央人民广播电台、江苏卫视、东方卫视、广东卫视、宁夏卫视、湖南卫视等 60 家媒体的采访，配合中央电视台英语频道“一带一路”报道组赴上海金山站采访，广东电视台“喜迎香港回归 20 周年”报道组赴大铲岛站采访；今年中央电视台以“于无声处 青春正好”为题对银川管理处采访甘塘作业区巡线员贾智忠进行采访。

建立舆情监测与新闻应急处置。加大舆情监测与新闻应急处置管理，有效处置了几起典型舆情事件（银川管理处“冬季保供舆情事件”“金华站放空立管阻火器碎裂吹出导致媒体介入事件”），特别是深圳“12•20”滑坡灾害舆情处置，实现了“四个转变”，即：从单纯救援抢险到舆情应对与救援抢险两手硬的转变；从单纯对外舆情应对到内外并重讲好石油故事的转变；以单纯传统媒体传播为主，向新媒体和传统媒体交互融合的转变；从单纯的以前方应对为主到前后方同步、上下联动的转变。针对 7•28 管道渗漏事件，主动作为，提前研判，针对不同情况准备相应新闻通稿，及时管控住抢险现场信息外泄，在实战中检验了公司舆情管控机制和运行情况。今年 1 月 1 日，公司网络舆情监控平台正式上线运行，7 天 24 小时抓取互联网中与西气东输有关的媒体报道，以及微博、微信、贴吧、论坛等自媒体发布的相关信息，及时掌握舆情动态。

按照“每天有动态、每周有声音、每旬有专题、每月有外宣”的宣传要求，围绕公司“三会”、安全生产、工程建设、运营管理以及劳动竞赛等重点工作，分别专题策划了党的十九大精神宣传专栏，专题策划“弘扬石油精神，追梦西气东输”“弘扬石油精神，感动西气东输”劳模专场报告会，成功举办“中国石油•为梦想加油”开放日——西气东输站活动。组织开展纪念改革开放 40 周年、西气东输投产 15 周年宣传活动，通过制作公司机关楼层展板，分别在无锡应急演练和南京集团公司技能竞赛中开展微信微博网页平台的新媒体直播尝试，制作公司新版宣传片、《创新闪耀西气东输》，启动公司人物故事宣传片，完成公司网页改版并试运行等，全面讲好西气东输故事，传播好中国石油声音。

（四）群团工作彰显活力

公司工会大力推动职代会制度常态化，至今公司已经召开了五届职代会，较好地保障了员工参与企业治理，维护了员工合法权益。大力推行厂务公开，构建和谐站队。公司始终崇尚楷模精神，弘扬先进风尚，组织劳模评选及先进事迹报告，引导全体员工不断提升思想境界和行为标准。参加全国“安康杯”竞赛，连续 5 年获得上海市“安康杯”竞赛优胜单位和 5 届全国“安康杯”竞赛优胜单位，有力地促进了公司安康文化构建，推动了安全生产工作保持良好水平。重视困难职工帮扶，在重要传统节日期间开展慰问。丰富员工业余生活，每年举办员工运动会，12 个文体协会开展富有特色的活动，增强了员工活力。

公司共青团加强组织建设，形成公司—所属单位—基层站队为构架的三级团组织体系，规范换届改选，保障团的工作正常化。每年开展“安全生产、青年争先”主题活动，加大共青团品牌活动建设力度，着力开展站队长论坛、创新创效、演讲比赛、主题辩论赛、“青”字号等特色活动，切实“服务发展、服务青年”，不断增强共青团活动吸引力、影响力。

二、存在的问题

对照公司高质量发展要求，直面发展动力的质量和水平，还存在以下明显不足和问题。

（一）应用习近平新时代中国特色社会主义思想武装头脑还不够深入，效果还不够明显，学习成果还不够突出，还存在中心组学习、员工教育还不深入，效果质量不突出，与公司党建考核要求还有差距，在学习方法、途径、手段上还缺乏有效措施。特别年轻干部的政治素养和政治觉悟有待大力提升，用政治指导实践的能力还比较弱。

（二）对意识形态工作的重要性认识尚显不足，加强意识形态管控的手段和措施不够多，依靠传统思维方式为主，没有与“互联网＋”、大数据、人工智能的新技术、新媒体有效融合。

（三）企业文化价值理念注入公司流程管控和再造过程的力度不够，亟待加强。企业文化人才培育和梯队建设仍缺乏长期规划，企业文化人才短缺和能力不足的问题依然突出，基层单位的企业文化人才更显薄弱，急需扩充壮大。

（四）公司先进、劳模等典型选树还停留在评比过程，还没有把先进典型、劳动模范是培养出来作为行动理念，典型人物发挥价值引领的作用不够突出。公司表彰体系还有待完善。

（五）新闻宣传工作下沉不够，发掘基层典型人物的力度不够，在大胆探索、应用喜闻乐见的新闻宣传措施和手段上还亟待提高。

（六）群团工作融入中心的力度广度深度还不够，在如何充分发挥活力上新途径新方法值得更加深入探索和实践。

三、主要措施

为了深入贯彻创新协调绿色开放共享的发展理念，落实“本质安全、卓越运营”的方针，推进公司发展基础高质量、业务发展高质量、运营水平高质量和发展动力高质量的总体部署，按照部门职责和要求，结合公司实际，紧紧围绕“发展动力高质量”核心任务提升工作水平，按照“思想武装＋人才激励＋价值引领＋

宣传聚力＋群团助力＋理论研究”的思路，重点要做好“五个高质量”。

（一）切实提升政治思想学习的深度，推进思想武装的高质量，为公司高质量发展夯实思想引领基础

1. 推进干部队伍思想武装的高质量。

深刻精准理解习近平新时代中国特色社会主义思想，是每名年轻干部在新时代准确把握政治方向，提高政治站位，提升对工作前瞻性、预见性和判断力的思想基础，事关干部的政治理论素养和政治水平，事关能否引领落实公司高质量发展各项部署的关键。

坚持领导带头，将学习习近平新时代中国特色社会主义思想作为一项长期性、战略性工作来抓，按照中心组学习制度和支部规定，从着力夯实学习基础、提升学习能力、发挥学习效果的角度出发，研究制订公司《深入学习贯彻习近平新时代中国特色社会主义思想若干规定》，明确学习的内容学习质量学习要求。

提高学习质量，实现全面覆盖公司两级党委理论学习中心组把学习贯彻习近平新时代中国特色社会主义思想作为第一位任务，发挥示范带动作用，既要集体研讨，也要请进来与走出去，开拓视野，提升学习效果。各基层党组织要通过“三会一课”把习近平新时代中国特色社会主义思想作为党员教育的基本内容，重点理解五大发展理念，结合西气东输实际深刻理解经济改革中质量动力效率变革的思想、生态文明建设思想、能源革命思想等，形成学习常态，创新方式方法，提升学习质量和效果。

坚持深研细读，领会核心要义。带着信念学，带着感情学，带着责任学，读原著、学原文、悟原理，深入领会贯穿其中的马克思主义立场观点方法，用其中的理论思想方法深刻思考指导安全生产、管理运营和工程建设，自觉运用到解决工作中遇到的实际问题上，增强思想性、主动性、创造性，提高思想理论的质量和水平。

带着问题学习，聚焦问题思考，针对推动公司高质量发展中遇到的难题，敢于直面问题、直面挑战，从习近平新时代中国特色社会主义思想中找指针、找方法、找路径，不断提高推进“本质安全、卓越运营”业务本领，用学习到的思想分析问题、解决问题、超前预判、提升质量，做到信念过硬、政治过硬、责任过硬、能力过硬、作风过硬。

2. 切实提升员工队伍思想政治教育的高质量。

精心组织主题教育活动，将“形势、目标、任务、责任”主题教育作为常态化制度化组织实施，做到了公司发展目标和任务深入人心、面临形势深入人心，业绩指标工作部署深入人心。围绕中心，组织演讲、辩论，不断增进对公司政策、

业务的认知与理解。大力弘扬社会主义核心价值观，持续开展以“苦干实干”“三老四严”为核心的石油精神宣贯，持续深化重塑良好形象活动周活动，组织先进典型事迹报告会。

持续完善“三会一课”，用好党建平台开展网上学习，定期开展知识竞赛、网上答题。鼓励员工围绕热点撰写学习提纲、课件，在基层站队组织开展每周一课，组织员工登台授课，提升学习效果。

3. 切实提升对意识形态工作的管控质量。

深入落实意识形态工作责任制，认真落实党管意识形态原则，明确公司各级党组织领导班子、领导干部的意识形态工作责任，加强意识形态阵地建设和管理，积极推进公司党的思想政治建设，扎实开展党委理论中心组学习，努力建设学习型领导班子，为公司高质量发展提供强有力的思想保证、精神动力和舆论环境。

继续坚持“三个纳入”，压紧压实主体责任。管好宣传、培训教育、会议及社团和文化体育场所“四个阵地”，彰显“国企姓党”根本原则。强化构建公司党委意识形态工作责任制，牢固树立四个意识；构建舆情管理机制，舆情管控水平持续提升；构建协同机制，凝聚团结奋进正能量，巩固意识形态工作成果。

各级党组织要梳理管道沿线利益相关方，建立风险、隐患台账。研究员工特点，建立谈话交流机制，做好政策解释，及早化解矛盾，鼓励员工积极发声，健康生活。

（二）构建公司英模培育选树体系，建设先进模范人物的高质量，为公司高质量发展夯实典型引路基础

以党管干部党管人才为指导，高度重视英模培育选树工作。英模是公司活的价值，是公司价值的人格化，是公司员工学习的方向和榜样，是引领公司高质量发展的领军人物和骨干人才。构建公司英模培育选树体系，是落实发展动力高质量的重要人才基础。

建立公司英模群体培育体系，从员工成长计划、工作任务分配、急难险重挑战、学习培养、对外交流、多岗位锻炼、组织领导、创新创效、工作绩效评估等培育路径和方法，让有使命感责任心积极进取的员工纳入培育范围，规划路径、规划时间、设计目标、分配任务，建立充足的英模群体后备人才队伍。

建立公司英模群体激励机制，梳理修订完善公司表彰制度，建立站队、管理处、公司及省部级表彰激励体系，以全国五一劳动奖章、大国工匠、百面红旗、工人先锋号等为目标，形成分级、分层、分项、分阶段的荣誉和物质表彰奖励机制，让想干事、会干事、干成事的员工价值得到认可，扩大英模群体成长的基础，厚植英模群体成才土壤。

建立公司英模群体宣传机制，通过各种方式和途径总结挖掘人物故事，提炼故事价值内涵，开展英模先进事迹报告会、演讲会、专题宣传等，用活的人物和事迹展示英模的先进价值，形成展示人、鼓舞人、激励人的运转机制，推动更多更好的英模人物涌现成长，凝聚起推动公司高质量发展的不竭力量。

（三）构建完善的公司企业文化体系，充分发挥文化价值引领的高质量，为公司高质量可持续发展提供动力

以习近平新时代中国特色社会主义思想为指导，以强化党委的政治核心、基层党支部战斗堡垒作用和党员先锋模范作用为重点，以适应推动公司高质量发展，对标世界先进水平管道公司，建设富有公司特点的文化制度体系和品牌载体，实现公司从文化建设到文化管理的升级。全面加强新闻宣传、新媒体传播、思想政治教育、员工之家、企业文化交流等“五个阵地”建设，发挥凝魂聚力作用，增强员工文化自觉、自信和自强。

坚持以石油精神为统领，面向建成世界先进水平管道公司目标，结合公司推动高质量发展部署和安排，提炼创新符合公司新形势的公司企业文化理念体系，编印新版《企业文化手册》。着力推进企业文化岗位实践、企业文化故事传播、社会责任履行等文化实践项目，形成一批企业文化建设管理经典案例，组织开展一系列文化艺术创作活动，丰富宣贯措施，加大宣贯力度，推动企业文化建设深入人心。

加强基层建设，以基层站队“五个一”载体为抓手，完善特色文化站队评价标准，构建基层站队特色文化软实力；以加强基层站队三基工作、“五型”站队创建和精细化管理为抓手，构建基层站队标准化建设硬实力。择优重点建设中国石油精神教育基地。

（四）牢记新时代新闻宣传工作的使命担当，推进宣传思想工作高品质，为公司高质量发展凝聚力量

以举旗帜、聚民心、育新人、兴文化、展形象为使命任务，构建满足公司高质量发展需求的新闻宣传工作。

加大培训培养力度，打造一支高素质、高水平的新闻宣传队伍，形成站队、所属单位、公司三级新闻宣传队伍；与社会媒体建立广泛深入联系机制，吸收优秀媒体工作者为公司外宣支持保障力量。

提高新闻宣传品质，新闻宣传要深入基层、深入生活、深入群众，真正贴近一线、贴近生活、贴近员工，积极主动在基层一线深入调研、采访，挖掘见人见事见精神的典型案例，内宣达到凝心聚力，外宣具备展示公司形象、提高美誉度的重要作用。扩大新闻宣传载体和渠道，以重塑形象周、公众开放日、气化城市为主题，实现新闻宣传的广泛性、覆盖性，在冬季保供、重点工程、防洪防汛等重大时点开展具有影响力的滚动宣传，充分展示公司良好形象。

抓住当前信息“碎片化”“快餐化”“浅阅读”的特点，制作短小精悍有特点的视频、短片，撰写有深度的短文章，提高宣传质量。

（五）切实持续做好群团工作，发挥群团组织党联系群众、联系青年的桥梁纽带作用的高效率，为公司高质量发展激发活力

坚持公司工会和共青团是党领导的群团组织，着力加强政治性、先进性、群众性，深入开展思想政治教育，延伸意识形态工作，按照习近平总书记指出的，做好群团工作，必须毫不动摇地坚持中国特色社会主义群团发展道路，全面把握“六个坚持”的基本要求和“三统一”的基本特征。即坚持党对群团工作的统一领导，坚持发挥桥梁和纽带作用，坚持围绕中心、服务大局，坚持服务群众的工作生命线，坚持与时俱进、改革创新，坚持依法依章程独立自主开展工作。群团自觉接受党的领导、团结服务所联系的群众、依法依章程开展工作相统一。

持续做好职代会工作，发挥职代会效能，提升职工参与企业治理能力，切实保障职工合法权益。深化“安康杯”竞赛持续构建更加有效的“安康文化”，不断提升安全生产水平，促进员工由要我安全向我要安全、我会安全的积极转变。提升“互联互通工程建设”劳动竞赛水平，细化竞赛内容，激发大家投身高质量工程建设的热情和活力。加大文体协会管理力度，进一步丰富员工文体生活，增强员工活力；加大对员工的人文关怀，持续做好困难帮扶和节日慰问。以基层站队“玻璃房”建设推广为契机，持续落实三级厂务公开民主管理制度。

加大青年员工思想政治教育，深入学习习近平新时代中国特色社会主义思想，学思践悟，指导实际工作。加强基层组织建设，完善团建制度和规范，在不具备团支部建设的单位推动成立青年工作委员会，确保引导青年、组织青年、服务青年的职能有效发挥。深入落实围绕中心、服务大局的方针，丰富“安全生产，青年争先”主题实践活动形式和内容，推动“青字号”工程由评选转为创建，加强过程管控，引导团员青年为公司安全发展作贡献，立足岗位建功成才。进一步加大创新创效评比力度，推动优秀项目推广应用。

（六）加强思想政治课题研究，推进实践探索和理论研究的高质量，为公司高质量发展提供理论支持

组织建立思想政治工作研究课题组，吸收公司党群工作专业人员，聘请专家学者作为课题组顾问，形成任务明确、组织灵活的理论研究结构，围绕宣传思想文化工作，确立系列课题，分批分期集中开展研究工作，以此提高公司党建思想政治工作水平，鼓励广大党员干部积极参与党建思想政治工作研究，形成一批理论成果丰硕、提高公司核心竞争力、激发员工内生动力的切实推动公司高质量发展的优秀课题成果。

先期已完成了公司《西气东输管道公司企业文化体系提升研究》课题研究工作。借此，进一步完善公司企业文化手册，提炼总结形成更全面、更丰富的西气东输企业文化理念，并对应不同需求形成企业文化手册分册，更好地发挥传播宣传的作用；进一步完善正在创建特色文化的站队的文化理念、基础支撑，形成一系列具有典型代表、广泛认可、强烈共鸣的基层特色文化。

为进一步做好公司英模选树、培养实施方案的执行，组织开展公司英模集体和个人培养研究课题，确定培养、评价标准，明确评估方法，建立培养程序，分类指导，分级实施。

加强宣传工作研究，探索符合高质量发展需求的新闻宣传规律。

加强工会、共青团工作融入中心、融入公司高质量发展新方法新模式研究，探索新时代企业群团工作新规律。

（撰写于 2017 年）

5. 构建基层站队特色文化提升全员认同感成就感

西气东输管道公司经过17年的快速发展，管道总里程已达11892千米，途经16个（省、区、市）和香港特别行政区，管网一次管输能力达1036亿立方米/年，下游用户达357家，覆盖160多个城市、3000多个大中型企业。截至2017年9月，公司向下游用户供气超过3600亿立方米，将天然气在我国一次能源消费结构占比从初期的3.5%提高到6%，近4亿人口从中受益。为更好地服务我国经济社会发展，持续作出更大的贡献，公司确立了建设世界先进水平管道公司这一战略目标。为确保公司尽早建成并持续保持世界先进水平管道公司，构建广大员工广泛参与、认同感强、自觉形成并一以贯之的企业文化成为一项新的课题。为此，公司党委统筹决策，创新性地开展"基层站队特色文化建设"专项工作，围绕"责任、担当、奉献"的核心价值理念，不断丰富石油精神内涵，延展中国石油企业文化，确保重塑中国石油良好形象落地生根，推动公司提质增效稳健发展。

一、具体措施

（一）重设计，构方向

公司党委根据发展形势和发展需求，确立了公司"十三五"期间企业文化建设规划，并研究通过了《中国石油西气东输管道公司全面推进特色企业文化建设实施方案》和《中国石油西气东输管道公司基层站队特色文化建设实施指导意见》。明确在基层站队特色文化建设中，强调坚持彰显石油精神为基本原则，核心是将"责任、担当、奉献"这一公司核心理念与"苦干实干""三老四严"有机融合，形成新时期西气东输特有的企业文化内在要求；结合公司点多线长面广、各站队情况各有不同的实际，提出四条导向性原则，即坚持问题基层务实导向原则、坚持地域特色原则、坚持群众性原则和坚持时代性实践性原则，为站队特色文化理念提炼、内涵诠释及延展留足空间；最后要求特色文化站队创建都要有典型案例支撑原则，确保"特色"耳目一新，理念普遍认可，内容真实感人，受众强烈共鸣。

（二）重融合，讲实效

基层站队是公司完成各项生产经营任务的基本单元，基层站队特色文化来源于安全生产，服务于安全生产，是公司价值文化发展的根基。公司坚持创新，注重将站队标准化和特色文化建设相融合，坚持特色文化建设服务站队标准化建设，站队标准化建设突出展现基层站队特色文化。基层站队统一执行以视觉形象手册、基础管理制度手册、设备设施管理手册、岗位操作管理手册、员工之家构成的标准化管理手册，从而确保人与物、人与人、物与物、内外各方的管理状态和标准得到统一规范。同时，按照特色文化建设六原则要求，开展以“五个一”为载体的成果展示创建，通过制作一本站队宣传册（页）、建设一个（面）文化展示室（墙）、拍摄一部专题视频、培养一名文化宣讲员、树立一名模范员工来集中展示特色文化，增强特色站队员工的自豪感和使命感。

（三）重特色，聚力量

公司站队数量较多，以所属单位为单元，集中力量创建1~3个特色站队，首批参与特色文化建设的基层站队共有18个，均按照指导原则提炼了站队特色文化理念；如中卫作业区结合安全生产要求确立了“军企共建保安全，长促共融助生产”理念，沁水压气站队结合本站压缩机组数量多且类型复杂确立了“不畏艰难、团结协作、无私奉献的太行精神”理念；高陵站队结合首座全国产化机组压气站确立了“国货有我更自信、我有创新更自强的创新担当文化”理念；郑州压气站队结合多年安全平稳高效运行及创新创效成果确立了“履职尽责敢担当、争做创新领头羊的尽责文化”理念；大铲岛压气站结合自身唯一的海岛压气站承担着为香港供气的重要经济和政治责任而确立了“坚守海岛献青春、连通深港保供气的海岛奉献文化”理念。各站队均围绕特色文化理念进一步明确创建措施、进度计划。

公司召开党群座谈会，特色文化创建单位交流创建心得体会，分享创建经验，公司领导听取创建成果，并对深入做好特色文化建设提意见提要求，切实推动建设工作见质见效。参与创建的特色站队同时也代表了所在管理处在安全生产、经营管理、地域文化等方面的特色，逐步打造成相应管理处的精神文明教育基地；同时，公司从中选择一批具有典型特点的站队，作为公司的精神文明教育基地和窗口单位，并适时推荐成为集团公司精神文明教育基地。通过自下而上申报创建，自上而下分类指导的形式，全方位推动公司基层站队特色文化建设，形成文化就在身边，时时有文化引领的良好局面。

（四）重宣传，播文化

为推动特色文化建设，公司以“弘扬石油精神、重塑良好形象”活动周为契机，公司分片区组织开展了4场“弘扬石油精神、追梦西气东输”劳模专场报告会。旨在用身边鲜活的故事教育感染员工、用真情实感凝聚力量，引导全体干部员工自觉维护企业形象，争做石油精神践行者和企业形象的建设者；各级员工聆听后积极发表感言，深受鼓舞，并通过公司微信公众号进行交流，以在更加广泛的范围内进行交流员工所思所想所感。结合特色文化创建进展，通过公司网页、微信公众号发布创建风采，传播企业文化就在身边，树立人人都是企业文化的践行者，人人都是中国石油良好形象的塑造者和维护者。

（五）重载体，注活力

公司围绕企业文化要素，不断丰富、固化企业文化活动项目，形成持久深入人心的品牌活动，确保基层站队可以结合自身实际有效践行公司企业文化，并形成自身特色。每年组织开展安康劳动竞赛，已经连续 5 年获得安康杯竞赛全国优胜单位；每年举办安康战队长论坛，近百人济济一堂分享先进经验；每年开展群众性创新创效活动，累计征集创新创效项目和合理化建议 410 件，多人多项参加上海市产业青年创新大赛获奖，也切实解决生产一线面临的实际问题；每年开展“青年安全生产示范岗”“青年岗位能手”、青年文明号、青年志愿者等活动，打造了青字号品牌。广泛开展职代会提案工作、厂务公开、扶贫帮困、健康疗养、“小菜地”种植竞赛活动，充实完善“流动书箱”和职工书屋，每年举行员工运动会，创建摄影书画球类等各种协会，丰富员工文化创造，构建了西气东输企业文化大平台，极大地丰富和延展了西气东输精神，实现了西气东输基层站队文化建设百花齐放、百舸争流。

二、效果意义

基层站队特色文化建设更好地讲述西气东输故事，传播西气东输声音，是培育西气东输血肉、展示西气东输人自信的重要手段。公司 18 个基层站队作为创建试点主体，相关管理处广泛动员，约有 500 人参与到特色文化理念的提炼、总结中，形成特色鲜明的文化理念，真实生动地描写了基层生产生活实际，更加贴近员工；通过总结提炼，促进员工梳理站队在落实公司各项生产经营活动中取得的成绩，员工个人自觉行为养成的过程，更加深刻认识到自身在推动公司安全平稳运行中发挥的重要作用，也更加坚定了广大员工走好重塑中国石油良好形象的光荣之路，激发了员工干事创业的激情，为圆满完成江南水网漂管、受损管道突发事件政企实战联合应急演练、及时发现并处置深圳 12•20 管道泄漏事故等保障安全生产事件提供强大精神动力。按照“五个一”要求，宣传册、展示室、专题视频、宣讲员、模范员工都展示了员工在日常工作生活中如何落实安全生产责任。形成了以王学军、李明洲、谭海川等为代表的典型人物，培养了一批带头学特色文化、宣讲文化的文化宣讲员，推动以绩效考核为基础的诚信价值文化、以安全生产为核心的安全文化、以规范执行为准则的法制文化、以共创家园为内涵的和谐团队文化、以员工价值再创造为追求的创业创新文化、以公正透明公平为目标的廉洁文化、以弘扬“四德”为传统的员工行为文化、以正气大气朝气为追求的政治文化等为构成要素的企业文化融入日常工作生活生产中，构建起了承接公司宏观价值体系基因与血脉，培育发展了富有生机和活力的基层站队文化血肉。

三、效果评价

本质上，企业文化是在严格执行公司各项规章制度过程中促使全体员工形成的自觉行为，也在潜移默化中对企业的成长壮大发挥着巨大的效用，是企业发展最持久的决定因素，它为企业员工提供价值导向和软约束，是企业发展的精神支柱。公司开展基层站队特色文化建设正是围绕六项指导原则，发掘各站队在保障安全平稳高效运行中形成的特色品格，并通过站队员工的主动总结和自我认知形成了特色文化理念，从而提升员工对公司价值、公司战略的认同感，对公司产生更加强烈的归属感，助推公司建设世界先进水平管道公司。

（撰写于 2019 年）

6. 弘扬石油精神凝聚新时代干事创业的精神力量

党的十八大以来，以习近平同志为核心的新一届党中央对中国石油工业发展高度关注，特别是对弘扬石油精神给予过充分肯定和重大指示。2016 年全国两会期间，习近平总书记在参加黑龙江代表团审议时指出，大庆就是全国的标杆和旗帜，大庆精神激励着工业战线广大干部群众奋发有为。6 月，习近平总书记做出重要批示，强调石油精神是攻坚克难、夺取胜利的宝贵财富，什么时候都不能丢，要求结合“两学一做”学习教育，大力弘扬以“苦干实干”“三老四严”为核心的石油精神，深挖其蕴含的时代内涵，凝聚新时期干事创业的精神力量。总书记的重要指示批示，饱含着对百万石油人的亲切关怀，寄托着对重振石油工业雄风的殷切期望。

以“苦干实干”“三老四严”为核心的“石油精神”是石油工业的优良传统，是石油工业发展的安身之本、方向之舵、力量之源，也是百万石油人共同奋斗的思想基础。主动积极地传承“石油精神”，持续加强作风建设，带领队伍不断攻坚克难、夺取胜利，这也是新形势下对石油企业党员领导干部的现实要求，也是我们广大干部践行“三严三实”、重塑良好形象的重要体现。

一、坚持“两学一做”常态化，持续强化党性修养，始终保持传承“石油精神”的责任感和使命感

2016 年以来，党中央在全体党员中深入开展“两学一做”学习教育，要求全体党员践行“四讲四有”。在推进“两学一做”学习教育中，通过专题学习、专题研讨、讲专题党课、及时召开专题组织生活会等多种形式，进一步强化了“四个意识”，坚定了理想信念。今年，将按照党组织制度要求，坚持“两学一做”学习教育制度常态化，通过集中学习常态化、个人自学常态化、教育培训常态化、专题调研常态化，把政治理念学习列入重要的议事日程，筑牢思想信念，强化党性修养。特别在领导干部个人自觉上，要努力拓宽学习渠道，结合岗位工作需要等实际情况，严格落实“三个一”，即一个学习计划、一本学习笔记、一篇学习总结，不断加强个人理念学习，要结合工作生产管理实际进行思考，做到学思践悟、学做结合、知行合一，切实提高思想理论水平。通过学习，核心是坚定共产主义理想信念，始终保持共产党员的先进性和纯洁性，坚决向以习近平同志为核心的党中央看齐。要增强使命感和责任感，将学习到的思想理论结合中国石油工业发展状况，始终保持传承“石油精神”的积极性和主动性，着力打造铁人式干部员工队伍，使“石油精神”成为西气东输员工队伍的思想主脉和行为方式；始终做到忠诚干净担当，政治本色不变、优良传统不丢、奋斗精神不减，凝聚新时期“确保管道安全平稳高效运行”的强大精神力量。

二、筑牢石油文化根基，强化价值认同，为弘扬“石油精神”、重塑良好形象提供思想支撑

坚持“抓生产从思想出发，抓思想从生产入手”，深入汲取石油工业发展史的优秀文化基因，秉承和发扬大庆精神铁人精神、西气东输精神，为弘扬“石油精神”、重塑良好形象提供思想支撑。同时，准确把握队伍思想状况，注重人文关怀和心理疏导，将解决思想问题与解决实际问题相结合，使思想政治工作贴近实际、贴近基层、贴近员工。

一是认清新形势下传承“石油精神”的根本要求。按照集团公司党组的部署，重点突出一个“干”字，唱响“我为祖国献石油”的主旋律；体现一个“实”字，坚持科学求实、脚踏实地不浮躁，当老实人、说老实话、办老实事；落实一个“严”字，坚持全面从严、严抓严管不放松，始终以严格的要求、严密的组织、严肃的态度、严明的纪律对待工作，努力锻造对党忠诚、对事业负责的铁人式员工队伍。

二是开展形式多样的学习宣讲活动传播石油精神。通过开展形势任务目标责任主题教育活动、组织弘扬“石油精神”巡回报告会、“站队长论坛”“安康杯”主题辩论赛等活动，共同营造“与企业同发展、为企业增光彩”的浓厚氛围。特别要强化传统意识，不断深化大庆精神铁人精神等传统石油精神再学习再教育，聚焦“苦干实干”“三老四严”，结合新时期新时代员工特点，开展站队特色文化建设，深挖石油精神时代内涵，使石油精神接地气、助行动，成为每名员工特别是青年员工一代的思想主脉和行为方式，融入其行为的自觉性。

三是选树表彰奖励先进典型展塑石油形象。传承和创新中国石油特色企业文化，深入学习石油英模事迹，用人物的典型示范推动石油精神的传承发展是当前及今后一个时期的重要载体和任务。价值靠人事体现、精神靠模范传播。要注重面向生产一线和基层员工，选树一批叫得响、呼声高、有号召力的先进典型，树立可亲、可敬、可学的鲜活模范，给予隆重表彰，进行突出奖励，开展劳模精神宣讲，用身边人生动事讲述西气东输故事，营造并引领企业良好风气。

三、践行“四合格四诠释”，强化责任担当，不断丰富“石油精神”内涵

“四合格”即“政治合格、执行纪律合格、品德合格、发挥作用合格”，这是“两学一做”学习教育确立的合格党员的标尺，也是对新时期对党员干部的新要求。“四诠释”即“用担当诠释忠诚，用实干诠释尽责，用有为诠释履职，用友善诠释正气，树立担当、实干、有为、友善的新风尚”。党中央对“四个诠释、四合格”的提出，既是集团公司党组推进全面从严治党、强化作风建设的具体要求，也是推动“两学一做”学习教育常态化制度化的重要举措。要把践行“四合格四诠释”融入具体工作中，切实增强政治意识、核心意识、大局意识和看齐意识，切实坚定中国特色社会主义的道路自信、理论自信、制度自信和文化自信，强化责任担当，把严的要求和标准落实到党的建设各个方面，树立忠诚干净担当的新形象，以优异成绩迎接党的十九大召开。

一是提高思想认识，在政治核心上“硬”起来。始终坚定理想信念，站稳政治立场，坚决维护以习近平同志为核心的党中央权威。各企业必须坚定不移地把加强党对国有企业的领导作为重大政治原则，把加强企业党的建设放在更加突出位置，从政治和全局高度统筹谋划、全面推进。要充分认清从严治党的基本要求，深刻理解抓思想从严、抓管党从严、抓紧执纪从严、抓紧治吏从严、抓作风从严、抓反腐从严的深刻内涵，在深化企业改革中必须坚持党的建设同步谋划、党的组织及工作机构同步设置、党组织负责人及党务工作人员同步配备、党的工作同步开展，切实发挥好公司党委的政治核心作用和基层党支部的战斗堡垒作用。

二是强化纪律约束，在党风建设上“严”起来。我们党是靠崇高理念和铁的纪律组织起来的马克思主义政党，严格遵守党的纪律是每名党员的基本义务。作为党员干部，我们必须带头加强个人道德修养，严于律已、宽以待人，抵制歪风邪气，坚定不移地把维护党中央权威、维护党中央的核心和全党的核心落实到行动中去。要坚决执行《关于新形势下党内苦干政治生活准则》《中国共产党党内监督条例》《中国共产党廉洁自律准则》《中国共产党纪律处分条例》等，树立红线和底线思维。要坚决贯彻党组决策部署，认真落实集团公司党组《关于落实全面从严治党要求加强党的建设的意见》《严守纪律严明规矩的若干规定》等制度要求，严格执行八项规定，坚决反对四风，推进制度落实，严格管理监督，带头把纪律和规矩挺在前面，促进企业党风建设持续好转。特别要在大是大非面前立场坚定，在改革发展稳定中敢于碰硬，面对急难险重任务冲得上、豁得出、打得赢。

三是切实强化担当，在责任履行上“实”起来。“担当、实干、有为、友善”

为我们领导干部提出的实实在在的要求。切实履行责任担当，始终保持干事创业的激情，坚持“三老四严”等石油战线优良传统作风，要求我们必须立足工作岗位，埋头苦干，锐意进取，勇于实践，发扬钉钉子精神抓工作落实，不断开创各项工作新局面，推动改革发展取得新成效。在2015年的“12.20”深圳滑坡事故抢险、2016年“7.20”中卫管道抢险等多个紧急关头，公司领导班子带头扑在抢险一线，全体抢险员工克服长途集结、连续作业、时间紧急、交叉作业等诸多困难，圆满完成了突发事故应急抢险任务，赢得了集团公司内和社会各方的良好评价，这就是公司干部员工切实履行职责的具体表现，也是我们今后需要持续发扬的精神财富。

“石油精神”虽然产生孕育于过去艰苦年代石油大会战时期，但是已经成为中华民族精神的重要组成部分，成为石油企业的传家宝和石油文化的灵魂所在，也与当前全面从严治党要求高度契合、深度融合，是中国石油持续发展的强大根和魂。面对改革发展的新任务，我们每名领导干部必须牢固树立“石油工人心向党、坚决听党话跟党走”思想信念，大力弘扬石油精神，扎实开展“践行四合格四诠释，弘扬石油精神，喜迎党的十九大”岗位实践活动，带头“撸起袖子加油干”，凝聚新时期干事创业的精神力量，以更加振奋的精神状态积极投身于“输送清洁能源。奉献和谐社会”的伟大实践，坚决维护西气东输安全平稳高效运行，为中国石油稳健发展作出新贡献。

（撰写于2017年）

7. 加强思想政治工作为工程建设提供强大精神动力

经过两年多、数万参建者的挥汗建设，西气东输工程一线全长近 4000 千米的钢铁管道横贯于华夏热土。这条西起新疆轮南油田东至上海白鹤镇的“能源大动脉”，将以年供 120 亿立方米天然气的强大实力，支撑起中国新型能源结构的巍巍大厦。

西气东输工程不仅为共和国建设了物质意义上的长途输气管线，也为中华民族留下了宝贵的精神财富。西气东输管道公司党委在党建、思想政治工作和企业文化建设上，始终坚持“建一流西气东输工程，创一流精神文明成果”的方针，以工程建设为中心开展党的工作，全面加强党的思想、组织、作风建设，充分发挥党委的政治核心、党支部的战斗堡垒和党员的先锋模范作用；全面加强宣传思想政治工作，充分调动广大参建员工的积极性；全面加强精神文明建设和企业文化建设，为实现工程建设目标提供了强大的精神动力和政治保障。

党的十六大报告指出，要全面建设小康社会，加快推进社会主义现代化，必须毫不放松加强和改善党的领导，全面推进党的建设新的伟大工程。党的十六届四中全会强调，要以保持党同人民群众的血肉联系为核心，以建设高素质干部队伍为关键，以改革和完善党的领导体制和工作机制为重点，以加强党的基层组织和党员队伍建设为基础，努力体现时代性、把握规律性、富于创造性，并提出：要“努力探索新方法，加强和改进思想政治工作”。西气东输工程党建、思想政治工作和企业文化建设，是与西气东输工程共生共存的又一座历史丰碑。

一、加强党员干部队伍建设 不断提高科学管理水平

党的十六届四中全会向全党提出了加强党的执政能力的重大课题，并提出提高科学管理水平的要求。中国石油天然气集团公司党组也提出：“西气东输工程既是西部大开发的标志性工程，又是我们石油工业发展的一个新的里程碑；既要把它干成一流工程，又要产生出精神精品，为物质文明、政治文明、精神文明协调发展做出成绩来。”

在西气东输工程建设过程中，全体参战企业和单位的党组织，按照集团公司

党组的要求、按照西气输管道公司党委的统一部署，切实加强了领导班子建设和党员干部队伍建设，不断提高科学管理的水平。

奋战在西气东输工程战线上的各级党组织认识到，为政之要，唯在得人，必须实践“三个代表”，建设一流队伍。用党的理论创新成果武装全党，是保证全党步调一致夺取新胜利的思想基础；只有用科学的理论武装党员干部，不断提高思想政治素质，才能做到坚定理想信念、站稳政治立场，明确前进方向。广大干部职工认识到，发展社会主义市场经济，加快推进社会主义现代化，对党员干部的理论素养提出了新的更高的要求，只有打牢理论根底，才能奠定忠实履行职责的基础，做到执行党的方针政策不动摇；同时，加强理论武装工作，首要的任务是用“三个代表”重要思想武装党员干部；用“三个代表”重要思想武装党员干部头脑，要围绕主题，把握灵魂，抓住精髓，狠抓落实。

在理论学习和实践中，广大党员干部结合党的十六大报告，不断提高思想认识水平。十六大报告指出：“共产党员必须发挥先锋模范作用，牢固树立共产主义远大理想和中国特色社会主义坚定信念，脚踏实地地为实现党在现阶段的基本纲领而奋斗。”建设一流队伍，必须提高业务素质，增强工作本领；必须加强学习，提高党员干部的思想文化素质为业务素质。列宁说：“只有用人类创造的全部知识财富来丰富自己的头脑，才能成为共产主义者。”面对新形势、新任务，党员干部整体素质应该有一个大的提高。坚持在实践中锻炼干部，提高党员干部的工作能力和实际本领。建设中国特色社会主义的伟大实践，为广大党员干部提供了施展才智的广阔舞台。提倡广大干部党员到一线去、到基层去，到职工群众最需要的地方去。

为使党建工作强有力地服务于西气东输工程，西气东输管道公司党委坚持把党建工作的着力点放在加强班子和党员处以上干部队伍建设上。首先从学习理论入手，以贯彻中央关于兴起学习“三个代表”新高潮的通知为契机，把学习与工程建设紧密结合起来，党委中心学习组带头学习，还分阶段有计划地在党员、干部中举办学习辅导；邀请中央党校专家讲课，公司领导班子全体成员和所有处以上干部还撰写了学习体会，这些体会文章在石油报刊专门开设的《“三个代表”在西气东输》栏目上发表，历时 3 个多月，起到了很好的交流作用。通过学习，党员、干部认识有了新高度，为班子和干部队伍建设奠定了思想基础。

西气东输工程是党中央、国务院的重大决策，是西部大开发的重大举措，是中国石油集团建设具有国际竞争力的跨国企业集团的标志性工程，也是体现执政为民、富国利民的造福工程。大家把建设好西气东输作为政治任务，不断增强责任感和紧迫感。领导班子团结作战，深入前线，靠前指挥，及时协调解决工程建设中随时出现的矛盾和问题。在2003年成功地组织了抗击非典、抗洪抢险、江河穿越及东段投产；进入2004年后，根据安全生产需要，坚持抓基层、打基础，促工程建设，落实安全运行和安全施工，2004年上半年各方面工作又取得了新的进展。党委在关键时刻很好地发挥了政治核心作用，保证了工程建设的优质、安全，按期顺利推进。

西气东输工程建设的实践证明，只有切实加强党的组织建设，才能为提高党的执政能力提供强有力的保证。党的组织状况如何，特别是党员干部的队伍状况，直接决定着执政能力的强弱，决定着执政的成效；只有党的组织健全，党的干部队伍富有生机活力，党的执政能力才能不断增强。因此，加强党的执政能力建设，必须大力加强和改进党的组织建设，巩固党的执政的组织基础；建设好党的组织和党员队伍，党的基层组织建设，主要是解决扩大党的工作覆盖面和增强基层党组织的战斗力两大问题。只有进一步理顺党组织和党员的管理体制，改进党组织的设置，才能增强企业党组织的吸引力、凝聚力和战斗力。

二、高度重视企业文化建设 提炼凝定西气东输精神

2001年11月，中国加入世贸组织。国有企业面临着机遇和挑战。专家指出，只有那些具有核心竞争力的国有企业才能胜出、不退出或者有所为。什么是企业的核心竞争力？企业文化构成了企业核心竞争力的重要部分。

著名的国际管理咨询公司麦肯锡研究发现，凡业绩辉煌的企业，企业文化的作用都十分明显，优秀的企业文化是世界500强企业得以成功的基石。良好的企业文化具有强烈的凝聚功能。它可以改善人与人之间的关系，激发员工的士气，充分企业的潜能。它所带来的是群体的智慧、协作精神、新鲜活力，形成企业的内聚力、向心力。良好的企业文化也是生产力。世界上没有两片相同的叶子，那么，世界上也没有相同的企业文化；文化贵在个性，而个性的核心就是创新。

西气东输工程是我国管道建设史上的创举，不仅创造了多项世界一流和国内之最，而且在企业文化创新上取得了重要的收获，特别是总结和提炼出了西气东输精神。在工程建设的过程中，西气东输管道公司党委认真贯彻《集团公司企业文化建设纲要》，把西气东输工程建设的过程作为西气东输企业文化创建的过程。

三、西气东输精神的主要表现

顾全大局的团结、团队精神；艰苦奋斗、争先夺冠的拼搏精神；实事求是，尊重科学，依靠科技打胜仗的精神；与时俱进，开拓创新，积极接受新事物的精

神；坚持“政治是经济工作生命线”的精神；坚持质量第一，坚持高标准、严要求的精神；面向一线，热心为基层服务的精神；关心群众生活和群众利益，热心为群众办好事、办实事的精神。在探索中，人们意识到，西气东输的精神的主体就是诚信团结、创新夺冠、艰苦奋斗、开拓奉献。它以诚信团结为基础，以艰苦奋斗、开拓奉献为核心，以创新夺冠创一流的精神为导向，既充满了石油行业的豪情壮志，又体现了新形势下的正确人生观。同时，体现了当代石油人的理想和信念，也体现了西气东输工程广大建设者面对市场竞争的意志和追求。

西气东输管道公司党委正确处理西气东输精神与石油企业文化的关系、正确处理与大庆精神铁人精神的关系、正确处理西气东输精神与中华民族精神的关系。通过深入实践、研究和探索，凝定成了西气东输精神的基本内涵：

一是艰苦奋斗的创业精神。西气东输工程是中国管道建设史上前所未有的宏大工程，是一个全新的工程。在工程建设过程中，全体建设者继承发扬特别能吃苦、特别能战斗、特别能忍耐的优良传统和大庆精神，战胜了无数个困难，闯过了道道难关，充分展示了中国石油人的风采。

二是顾全大局的团队精神。把西气东输工程建设成为世界一流的输气管道，是全体建设者共同的目标，也是中国石油的大局。这把业主和承包商团结在一起，共同实现工程建设目标，西气东输管道公司党委明确提出：“我们都是中国石油人，我们的名字叫西气东输。”发挥了中国石油大团队精神。

三是与时俱进的创新精神。西气东输工程借鉴了国际现代项目管理经验，坚持继承与创新相结合，大胆实践，构建了全过程、全方位的项目决策、控制、执行、监督体系，突出科技迎新和管理创新，抓精神文明建设，努力探索以项目管理为纽带，实施大党建、大宣传、大团结的工作模式。

四是实事求是的科学精神。西气东输工程采用世界上最先进的技术、工艺，依靠科技铸就世界一流的输气管道。参与工程建设的有各管道设计院、数十家科研院所、上千名科技人员，展开数百项科技攻关，实现了管道工艺和技术的新突破。项目管理遵循“创造能源与环境和谐”的科学发展观，坚持尊重自然、回报社会，把西气东输工程建成反映当今世界科学技术水平的高科技工程。

创新思想政治工作和精神文明建设，推进企业文化建设，是西气东输工程企业文化建设的重要收获。广大干部职工充分认识到，适应企业现代化管理的要求，把思想政治工作、精神文明建设与企业文化建设统一起来，是培养“四有”职工的有效途径，是把国有企业的政治优势转化为市场竞争优势的重要举措；西气东输精神的提炼正是对中国石油企业文化的丰富、对大庆精神的发展。

四、遵循党建工作传统和规律 创新思想政治工作新方法

思想政治工作和精神文明建设要具有鲜明的时代感。西气东输工程建设中，各企业单位，认真贯彻落实以人为本的理念，体现尊重人、关心人、理解人、帮助人和培养人的理念，深入开展内容丰富、形式多样、职工群众喜闻乐见的精神文明创建活动和主题教育活动，不断深化创建文明企业、文明班组、争当文明职工等项工作，使党建和思想政治工作既遵循规律性，又充满创造性。

西气东输管道公司党委与时俱进、勇于创新，在国家重点工程建设中创造党建工作的新模式。西气东输广大参建者之所以能攻紧啃硬、屡战屡胜，其中一条极其重要的经验就是与时俱进、勇于创新，加强工程建设中的党建和思想政治工作，不断为队伍提供强有力的精神动力和思想保证。西气东输工程适应国家重点工程的特点，创新党建工作组织，强化对党建工作的统一领导，健全工作制度、形成工作规范，明确工作标准。同时，围绕工程建设目标，创建党建工作内容。与此同时，通过弘扬企业精神和经营理念，教育和激励职工在重点工程建设中发挥主力军作用；以丰富多彩的活动为载体，创新党建工作形式。

加强党的建设和思想政治工作事关重大。研究表明，人均 GDP 达到 1000~3000 美元这个阶段，对发展中国家来说，往往是一个经济高速增长的黄金时期，同时也是社会矛盾凸现的时期。正确把握这一时期的特点，适时进行政策调整，经济社会就会快速发展；反之，就可能出现所谓的“拉美现象”，即登上了这个台阶后，经济在一段时间内停滞不前，社会矛盾突出，甚至加剧两极分化和社会震荡。我国正处在这样一个时期，如何做到趋利避害，实现经济持续快速协调健康发展，成为我党亟须解决的问题，也是对党的执政能力的一个重大考验。我们党在坚持发展是硬道理的基础上，又提出坚持以人为本，全面、协调、可持续发展的发展观。这一科学发展观的提出，是党科学认识经济社会发展规律的结果，也是党的执政能力增强的表现。在这样的政治背景下，西气东输工程的党建和思想政治工作被提到了十分重要的工作日程。

“壮志自有管道人”“决战百日各尽心”。西气东输工程实行了新的管理体制，参建队伍来自祖国的四面八方。为了夯实基础，公司党委从实际出发，重点从思想、组织、制度三个方面的建设抓起。

抓思想建设，理论学习雷打不动。公司坚持用马克思主义、毛泽东思想、邓小平理论和“三个代表”重要思想武装广大党员干部的头脑，通过多种形式广泛开展西气东输工程重大意义的宣传教育，以增强广大职工的荣誉感，珍惜参建机会，坚定必胜信心，保持思想上的先进性。

抓基层党支部建设，提供组织保证。工程建设以来，公司党委始终坚持“四同时”，即党支部与行政机构同时组建，党务干部与行政干部同时配备，党建工作目标与工程施工任务同时下达，党支部工作与行政工作同时考核。凡参与西气东输工程建设员工中的党员，包括临时借聘、运行劳务及当地聘用人员中的党员，都要求接转关系，纳入党组织管理，做到了基层党支部健全率、党务工作者配备率和党员管理覆盖率 3 个 100%。

抓制度建设。根据集团公司和本单位实际，及时建立健全了各项行之有效的规章制度。初步形成在公司党委统一领导下，党政工团齐抓共管的“大政工”工作格局。在党支部建设方面，制订了关于建立党支部活动台账和党员登记表制度、落实“三会一课”和民主评议党员制度，开展优秀党员评比办法等。在党员干部管理方面，公司建立了党政职务管理体系，进一步深化岗位联络工作和用人机制，加大在职干部的绩效考核和后备干部的培养力度、不断加强干部队伍建设。为加强廉政建设，党委制订了党风廉政建设责任制、廉政建设责任制考核办法、党风廉政监督员制度等，还结合实行了中外合作监理制、政府监督制，充分发挥有股份公司派出人员参加的联合监督办公室的作用，对项目建设中党员管理干部实行全方位、全过程监督，从源头上预防腐败。

为了夯实基础，公司注意重心下移，把抓好基层队伍建设作为重点。以“创先争优”为主线，以基层支部为单元，围绕工程中心开展立功竞赛活动，促使党员整体素质明显提高。我们还坚持开展党支部达标和优秀党员评比活动，促使党员先锋模范作用和党支部战斗堡垒作用得到有效发挥。在对 2003 年度总结表彰中，有 5 个党支部获集团公司直属党委先进支部荣誉称号，2 名党员获集团公司直属党委先进党务工作者称号。目前，公司已基本形成了党建工作与工程建设“两个目标一起制订、两个责任一起落实、两个成果一起考核”的机制，使基层党建工作进一步规范化、制度化。

千里线上举旗人，工程建设铸脊梁。西气东输工程建设的圆满完成，其标志不仅仅是数万名参战建设者，以气壮山河的气势，以气贯长虹的气概，为共和国奉献出了一条利在当代、功在千秋的钢铁气龙；同样重要的是，党建和思想政治工作在工程中找到了实践的载体，起到了至关重要、无可替代的作用。

五、探索激励机制崭新视角 发挥大宣传整体协调优势

企业宣传工作从来都是企业竞争力不可或缺的重要组成部分。在新形势下，加强和改进企业党建工作，必须确立“大宣传”概念，整合各方面宣传力量，发挥协同作战的优势。西气东输工程以项目管理为纽带，一致高举党的旗帜，打牢

了共同实施“大党建”“大宣传”的基础。西气东输管道公司党委像抓项目管理一样抓党建和宣传思想工作，让参建队伍都能参与和被覆盖。同时，树立全方位宣传观念，不仅立足于参建队伍，而且面向社会，让工程沿线的人民更多地了解石油，为工程建设营造良好的外部环境。

西气东输工程建设中做好“大宣传”工作，基础是建立在三个认识基础上的。

一是认真践行“三个代表”重要思想，以科学发展观为指导，是西气东输工程取得成功的关键。西气东输工程作为一项为民造福工程，是实践“三个代表”重要思想和可持续发展战略的一个具体体现。该项目着眼多方经济技术比较，兼顾各方利益，为沿途工业和民用提供清洁高效的天然气资源，对引发长江三角洲地区能源结构重大调整，改善人民生活环境，提高城市的综合竞争力，带动下游发电、天然气汽车等行业的发展具有十分重要的意义，在确保管道建设在实现最大经济效益的同时，实现最佳环境效益与社会效益，成为真正的造福工程、幸福工程。

二是加强党建和思想政治工作是西气东输工程建设顺利推进的重要保证。西气东输工程从筹建开始，就高度重视加强党的建设和精神文明建设，不断增强广大建设者的政治责任感和历史使命感。特别是在工期紧、任务重、技术难度大以及非典与其他自然灾害面前，西气东输参建员工充分发扬石油工人艰苦奋斗、无私奉献的优良传统和作风，组织开展了“高扬党旗，决战百口”活动，将传统的劳动竞赛活动与现代项目模式有机结合，丰富了党、工、团组织的活动内容，激发了广大建设者的劳动热情，确保了各阶段工程任务的顺利完成。

三是在新形势下，加强和改进企业党建工作，必须服从和服务于企业中心任务，并以此为出发点，创造性地寻找有效载体和具体实践形式。党的建设的活力，取决于形式上的多样性、内容上的广泛性和要求上的时代性，需要选择一个能够起到广泛带动作用的具体切入点。西气东输去年组织“高扬党旗、百日决战”，今年组织“保安全、保进度、为党旗增辉”，以及集团公司安排的“形势、目标、责任”主题教育活动等，都是坚持以工程为中心，一切服务于工程建设的大局，把党建与工程建设的实践有机地结合起来，把坚持党的宗旨寓于日常工作之中，所以具有较强的生命力。

六、西气东输工程必须走“大宣传”路子的原因

西气东输工程规模宏大，直接参与建设的施工队伍局、处级单位有 69 个，全线建设高峰时超过 2 万人。面对庞大队伍和繁重的建设任务，西气东输宣传思想工作坚持从实际出发，积极探索“大宣传”模式，千方百计把广大员工的思想统

一到建一流管道工程的目标上来，把宣传思想工作的政治优势转化为推动工程建设的巨大动力。为此，及时成立了跨单位的宣传领导小组，请集团公司政治部主任当组长，吸纳主要参建单位的宣传部部长作成员，强化宣传领导小组的号召力和宣传资源的整合；协调媒体联动，在取得重大阶段性胜利时，联络中央、地方、石油各路媒体联合行动，形成宣传强势，扩大宣传效果，使参建员工受到更大鼓舞。在开展“形势、目标、责任”主题教育活动中，结合工程实际，围绕“两个一流”目标，激励参建员工以“人生能有几回搏，西气东输不搏算白活”为理念，在顽强拼搏中建功立业。

工程建设中，各单位认真贯彻《集团公司企业文化建设纲要》，把西气东输建设的过程作为西气东输企业文化创建的过程。以弘扬“爱国、创业、求实、奉献”的大庆精神为核心，进一步追求个人与组织、企业与地方、能源与环境的和谐。我们还通过开展关于“西气东输精神”大讨论，引导参战员工树立正确人生观，把实现自我价值同实现工程目标捆在一起，为培育西气东输精神做出奉献。在企业文化建设方面，西气东输管道公司党委十分重视以文化活动为载体，先后组织作家、歌曲家、摄影家、新闻记者等深入前线采风，并完成了大量高水平的作品，成为西气东输工程精神文明建设的重要成果。强有力的宣传思想工作和企业文化建设，都是以实现建设一流管道工程的郑重承诺为主旋律，以充分体现党组织战斗力和党员先锋模范作用为落脚点，把以正确的思想武装人落到实处，使党的旗帜高高飘扬，极大增强了党组织的凝聚力、战斗力。

功夫不负人，探索获成果。西气东输管道公司党委跟踪工程进展搞好宣传工作，为工程建设营造良好舆论气氛；充分发挥宣传思想工作政治优势，为完成工程建设任务提供思想保证。在新闻宣传上，公司制订切实可行的规划，对工程的进程、重要节点等预先制订详细的报道计划，使新闻宣传有重点、有高点、有观点。仅 2003 年，中央媒体等刊播西气东输的新闻就达 150 余次，中央电视台各类节目累计报道达 8 个小时，新华社等刊发 50 余篇。公司还抓住“十一”进气、“决战百日、万人争先”劳动竞赛等契机，进行专项报道，形成局部与整体的报道强势。一些基层企业单位还适时开展了“建设一项工程，立一座丰碑，交四海朋友，赢八方信誉”“凝心、集智、聚力”等宣传思想教育活动，极大调动了参建职工的积极性。

伴随着岁月的脚步，西气东输即将跨入新的一年。2005 年 1 月 1 日，工程将向上海正式商业供气，届时来自塔里木盆地和鄂尔多斯盆地的天然气将源源不断奔向长江三角洲地区。西气东输工程英雄的建设者，将按照集团公司党组和集团公司的要求，坚持全面、协调、可持续的科学发展观，紧紧围绕“建设世界一流水平输气管道、创建一流精神文明成果”的工作方针，认真总结西气东输工程建设中党建和思想政治工作的新探索、新成果，让西气东输工程精神文明建设的成果像钢铁管道一样永远深植于人们的心中。

唱响 21 世纪洪亮的争气歌，探索精神文明建设新途径。以西气东输工程全线建成完工并进行商业供气为重要标志，西气东输管道公司又踏上了新的起点。新的征程新的希望，新的征程新的挑战。管道建设者将继续以为国家找油找气为己任，以构建新的能源战略格局为己任，以弘扬大庆精神、铁人精神为己任，以建设国家重点管道工程为己任，认真贯彻落实党的十六届四中全会精神，继往开来，奋勇向前，为共和国再立新功！

（撰写于 2004 年）

8. 打造和谐站队探索一流企业文化的未来

当今世界已经进入知识经济的时代，如何适应时代的发展，着眼全球与未来，探索管理的规律，创造一流的企业核心竞争力，打造世界一流的公司，争创立于不败之地的百年企业，是我们每名优秀企业管理者首先要认真思考的问题。针对新时期新世纪建设的西气东输工程，如何引入世界最新管理理念和管理方式，结合中国国情，着眼企业发展的现实与未来，探索并创造独特的企业核心竞争力，是我们公司融入世界一流公司，建设运营好西气东输能源大动脉的首要问题。“打造和谐站队、争做四有员工”规律的探索与实践，就是在当前发展形势、现实要求与未来的趋势情况下，建设我们公司一流企业文化，打造一流企业核心竞争力的关键所在。

一、提出“打造和谐站队、争做四有员工”问题的背景

当今世界已经从农业经济、工业经济、商品经济进入知识经济的时代，企业管理也适应经济时代的要求从家庭作坊式管理进入科学管理、文化管理世纪，随着经济发展与科技进步，人们在创造物质财富的同时，也在创造新的精神财富，并且当物质基本满足人们的需求后，精神的需求将越来越重要。由于企业不只是一种经济的产物，同时也是一种社会文化的产物，因此，最终企业的最高管理境界将归属到文化的管理。在现实生活与生产实践中，我们也发现一些问题，如过去利用经济杠杆、行政晋级、休闲旅游等手段刺激员工在企业中努力工作的良好初衷为什么只能有一时的效果，永远产生的是给一分钱干一分活的不利结果；为什么我们时常提出的以人为本的管理理念与措施在实践中往往不尽如人意，员工总是不能永葆激情并主动释放能量；如何按照美国管理学家沙因关于人性的生理、安全、归属、自尊、自我实现的五种基本需求与发展规律，有机地与企业现实与未来发展相结合，实现企业管理关于最大限度发挥每个人才能以便使每个人的才能全部地朝有利于实现公司目标方向发展的基本精神，探索新的管理规律，已经迫在眉睫。对西气东输管道公司来说，战线长、地域差别大、人员组成与结构复杂、公司成立时间短、人员少且年轻，采用的是开放式管理体制，无论是管理的幅度、管理的难度、管理的深度、管理的责任，还是探索我们企业真正的核心竞

争力到底在什么地方，都对每名管理者提出了严峻的挑战和崭新的课题。西气东输工程运营管理的政治、经济、社会三大责任需要我们去认真落实，落实的着力点在哪里，如何有效地实现大部分管理者从主要着重对“物”的管理向以人为本对“人”的管理思维模式的转变，如何有效地通过管理使每名员工从目前需要树立基本的责任感阶段向具有使命感高级阶段的思想转变从而激发出全部的主观能动性、创造性工作，如何开创将“人”与“物”两大要素的管理做到和谐结合并相互促进与发展，以上这三个根本性的问题如果一一得以破解，那么我们不但保证了基层建设任务的实现，更主要是将掌握的是公司与员工共同发展的科学规律，将创造具有世界一流水平的百年企业。“打造和谐站队、争做四有员工”的提出就是针对以上三个基本问题，按照当今世界进入文化管理阶段的规律在企业管理实践中进行的初步探索。

二、“打造和谐站队、争做四有员工”提出的哲学思想与理论基础

首先要解决什么是文化，什么是企业文化的概念问题。关于文化的定义很多，简要说来就是一系列的习俗、规范或准则的总和，主要起着规范、引导和推动社会发展的作用。企业文化就是在一定的社会历史条件下，企业生产经营和管理活动中所创造的具有本企业特色的精神财富和物质形态，包括文化观念、价值观念、企业精神、道德规范、行为准则、历史传统、企业制度、文化环境、企业产品等，当然企业精神是其核心。如果把人性问题、人的行为模式的基本假设作为文化的本质，把价值观与行为当作文化本质的表现形式，按照企业文化发展的规律，从有形低级阶段向无形的有意识或潜意识的高级阶段结构层次由低到高主要分为四个方面的层次，分别是物质文化、行为文化、制度文化和精神文化。企业的物质文化主要是指企业员工创造的产品和各种物质设施等构成的器物文化，如西气东输所有的生产设备、生产环境、企业建筑等。企业行为文化是指企业员工在生产经营、学习娱乐中产生的活动文化，包括企业经营、教育宣传、人际关系、文体活动等产生的文化现象，如我们公司每名管理者的行为、先进模范人物的引导行为、每个员工的行为活动等。制度文化是指公司的领导体制、组织结构和企业管理制度，它既是适应物质文化的固定形式，又是塑造精神文化的主要机制和载体，它其实是企业文化中人与物、人与企业运营制度的中介和结合，是一种约束企业和员工行为的规范性文化，能够使企业在复杂多变、竞争激烈的经济环境中处于良好状态，从而保证企业目标的实现。企业精神文化是指企业在生产经营中，受到一定社会文化背景、意识形态影响而长期形成的一种精神成果和文化观念，包括企业精神、企业经营哲学、企业道德、企业价值观念、企业风貌等，为企业的

上层建筑，是企业文化的核心，说白了就是现代意识与企业个性相结合的一种群体意识，是企业全体或多数员工共同一致、彼此共鸣的内心态度、意志状况和思想境界而已，如西气东输在建设和管理过程中形成的五种精神：艰苦奋斗的创业精神、和谐奋进的团队精神、与时俱进的创新精神、实事求是的科学精神、任劳任怨的奉献精神。过去我们常讲的一些什么安全文化、健康文化、廉政文化等，只不过是在以上四个层次中的某一个小的方面而已，算不上科学分类。

如果我们知道了未来管理的最高境界是文化管理，也接受了企业文化建设的基本原理、基本层次与内容，那么针对我们西气东输这一实际如何应用与实践好，特别是结合企业的最终目标并不只是创造利润而是创造价值的基本思想，结合公司基层建设的这一部署与重点，结合公司核心竞争力的创造，这是我们首先要认真思考的问题。而我们西气东输作为管道运输企业来说，还有一个重要特点，就是生产的产品非常特殊，虽然建成了具有世界一流水平的生产设施，但生产的重心其实就是将所有的设备与设施“管住”与“管好”而已，“管住”就是管住安全，不出问题，不出事故；“管好”就是管出效率、效益与水平，完成以上工作任务关键在人。这就决定了要求我们树立一个基本观念是“人不仅是企业重要的资源，人才更是西气东输企业的第一生产力”，我们所有的生产与管理要围绕“人”这一最重要要素开展工作，包括人对生产生活设施的管理、人本身行为的管理、人在企业中的发展等，如何做到“人”与“物”的有机结合匹配和共生，构建企业员工共同生存、共同荣辱、共同发展的运行机制，这就是企业文化的功能所在。这也就决定了我们建设企业文化的具体目标就是要围绕吸引人才、使用人才、培养人才、发展人才、人才辈出建设体系与制度，建设起一套不断制造诱因的激励机制与工作体系，最终建立起全体员工的心理契约，帮助员工在企业中形成良好的心理状态、工作满意度、进行工作参与和组织承诺，实现员工工作心理状态由他律转化为自律和自主，这样才能确保生产安全、适应管道事业发展的需要，也才符合企业滚动发展的需要。究其实，如果我们以“人”这一要素为主线，在按照已经基本将西气东输硬件建成世界一流水平的物质文化的基础上，再切实加强行为文化、制度文化和精神文化的建设，这样就真正建成了西气东输独具特色的核心竞争力，西气东输一流的企业文化，创造一流成果。

按照以上思想与理念，结合西气东输实际，作为基层如何实践以上管理思想，如何真正在企业中建立起相对于经济力、政治力而言的一种强大内在驱动力的文化力，这就是我们实施“打造和谐站队、争做四有员工”的战术措施的原因所在。

三、“打造和谐站队、争做四有员工”的具体内容与实践

为了更加有效地结合现场实际，我按照以上介绍的人性假设和行为模式假设，遵照以上基本管理思想与理念，为了便于全体员工好接受与实践，就公司企业文化建设在新疆管理处的建设提出了以下目标和思路，就是“打造和谐站队、争做四有员工”，其中和谐站队就是要和谐生产、和谐工作、和谐团队、和谐发展，四有员工就是做到有信仰、有追求、有行动、有业绩，具体内容是：

（一）和谐站队

1．和谐生产。主要是指加强生产运行管理，加强风险控制，加强故障排除，建设环境安全。对站来说主要体现在六个方面要素的把握：设计安全（设计理念、设计参数与方案建议），设备安全（设备选型、维护保养、操作规程、设备性能、维护工具、备品备件），系统安全（自控系统、数据采集、逻辑控制、通信系统、应急系统），操作安全（安全意识、安全规程、管理安全、安全评估监管），施工安全（外来人员、施工动火、现场监护、应急处理）与反恐安全。对维修队来说主要是五个字：“维”——加强设备的日常维护与管理，“修”——加强对出现故障设备的修理，“抢”——加强对应急状态与事故的处置能力建设，“防”——加强对风灾、雪灾、沙尘暴、高温等特殊天气、恐怖分子的预防，“练”——加强对应急预案与基本技能的演练与训练。

2．和谐工作。意识上充分认识西气东输政治、经济、社会三种责任的重要性，提高对投身西气东输事业的思想觉悟，具有立足岗位工作的激情；敬业爱岗，乐于工作，乐于奉献，通过岗位不断提高自身的业务技能；互相学习，互相支持，团结协作，创造融洽的工作生活氛围；工作富有效率、富有成效。

3．和谐团队。建立完善的管理制度规范员工行为公共关系；团队具有发现问题、分析问题、解决问题的能力；团队具有自我学习、自我培训、自我发展的机制；团队具有精细认真、雷厉风行的工作作风；团队具有创新创效的活力。

4．和谐发展。在员工素质优化方面，要通过培训与实践，不断提高技术人员的专业技能与业务水平，改善知识结构，提高实际工作经验；在生产设备优化方面，通过对生产设备与维护设备参数设置分析、效率评估、维护保养评价等，提高设备的可靠性与安全性，充分发挥每台设备的效率；在运行系统优化方面，通过分析设备间的匹配、设计选型分析、设计理论与现场实际符合程度的分析，自控系统与设备效能发挥，管理制度效率评估等，做到系统之间的安全与最优化；在经济效益优化方面，通过采取运行工艺调整、参数调整、备品备件库存管理、易耗易损件的评估，人员合理配置等，实现生产效益的最优组合，提高经济效益；在人才优化方面，通过加大专业技术人员的系统培训，专业交叉培训，现场实践培训，提高人员之间、不同型机组之间、不同年龄之间、不同地域之间（国际与国内）的经验交流与传授，实现现场人员专业技能的合理匹配，并不断为输气管道事业输出人才。

（二）四有员工

1．有信仰。党员有党性，员工有爱国热情，大家有热爱石油天然气事业的激情，能够通过政治理论素养的建设，使大家能够正确地分析判断当前社会的各种不良现象，从基本的伦理道德、政治思想到社会观念构建完善的企业伦理价值体系，建立完善的人格和品质，树立正确的世界观、人生观与价值观，培养出同时具有完善道德与价值判断的社会公民。

2．有追求。充分认识到西气东输事业的重要性，正确认识今天在工作岗位上的工作对自己未来发展、对企业、对国家的地位与作用，充分发挥主观能动性，确立正确的人生职业生涯规划，树立正确的工作目标、工作方向。

3．有行动。立足岗位，敬业爱岗，埋头苦干，学习本领，增长才干，创造价值。行动中弘扬精细认真、雷厉风行的工作作风和率先垂范的品质。精细认真作风就是要树立“细节决定成败、若干保证成功”的思想，加强巡检，加强隐患排查与治理，加强异常情况的分析与判断，从细节与细微处着手，识别隐患，分析问题，解决问题，提高水平。雷厉风行作风就是要具有处理突发事件的能力，主要是在工作中提高对决定事项的执行效率和对应急状态事故的处置能力。率先垂范的品质就是要投入工作，安心工作，乐于工作，追求个人价值实现的同时为公司做出贡献。

4．有业绩。通过务实高效地完成工作任务，实现自我价值，增强团队活力，确保安全生产，创造突出业绩。

以上目标虽然没有严格按照企业文化建设的四个层次一一对号入座，但考虑实际员工的操作执行，基本上思路是一致的，和谐站队建设的目标就是要求管理者与员工一起要引导并创造一种从生产、行为、团队到发展的行动过程，即从物质层次到精神层次的由“物到精神”的创造过程，打造优秀的管理体系、文化环境和文化成果；四有员工建设的目标是要求我们每名员工有以个体为基础实现从价值体系、行动目标、行为活动到物质成果的由精神层次向创造物质层次的“人性”主观能动性引导、释放、创造过程；这两个方面充分反映了企业与员工个体互为互动、相互作用的辩证关系这一客观规律，将人与企业进行有机结合。从提出这种战术措施并逐步实施的效果来看，虽然还有许多不尽如人意的地方，但员工所表现出来的工作主动性已经印证了其正确性和发展规律。当然，这些目标的实现，需要全公司上下一起努力才能达到最终目标。由于篇幅关系，如在实施过程上提出的信仰工程、平安工程、精品工程、温暖工程、人才工程建设等具体实例不再一一阐述。

四、结论

综上所述，我们可以得出以下结论：

企业的最终目标是创造价值而不只是利润；人是企业的重要资源，人才是企业的第一生产力；企业文化是企业的核心竞争力，文化管理是21世纪企业管理的发展趋势和最高境界；

员工是公司推进企业文化建设的关键，四有员工是创造世界一流西气东输文化的重要保证；站队是公司基层建设的组织基础，和谐站队是实现公司世界一流水平的重要特征。

（撰写于2007年）

9. 守正创新探索西气东输新时代媒体传播新模式

按照集团公司关于宣传思想文化工作总体安排部署和要求，西气东输宣传思想文化工作坚持以习近平新时代中国特色社会主义思想和党的十九大精神为指引，牢牢把握正确政治方向、舆论导向、价值取向；坚持融入中心、服务大局、以人为本、继承创新、务求实效，大力推进思想理论、新闻宣传、企业文化、基层建设和群团工作协同推进；坚持践行社会主义核心价值观，大力弘扬石油精神，调动广大干部员工积极性、主动性、创造性，持续提升企业形象，为西气东输建设世界先进水平管道公司、集团公司建设世界一流综合性国际能源公司提供坚强政治思想保证、舆论支持和文化支撑。作为媒体宣传先行的主管部门公司党委宣传部，在公司党委的正确领导下，始终坚持守正创新，努力探索富有公司特色的媒体传播模式。

一、准确把握时代趋势，构建新时代西气东输媒体传播融合发展格局

为大力提升宣传工作品质，紧紧围绕公司高质量发展，充分发挥宣传媒体的传播力、引导力、影响力、公信力作用，构建了“微网为主体，报刊出特色，内宣激活力，外宣树品牌”的宣传工作格局，将脚力、眼力、脑力、笔力对准基层，瞄准一线，深入挖掘基层一线人物事迹，讲好西气东输故事，推动对外交流，展现中国石油良好形象，为公司高质量发展发挥鼓舞士气、振奋精神，凝心聚力、引领方向的作用。具体来说，根据时代特点，公司构建起了“两微两网两报一刊”七大宣传载体，多层次、多角度进行了全方位媒体宣传报道。“中国石油西气东输”微信公众号于2015年4月30日正式上线运行，每周三、周五定期进行信息发布。截至目前，推出微信专题326期，共计574条，90%为基层员工供稿，累计阅读人次达到29.6万人，关注人数15900人。西气东输官方微博2017年4月正式开通以来推送消息70期，累计阅读量超过30万人次。西气东输局域网主页2006年底正式上线运行，设置要闻、特色专题、党建生产工程业务、管理创新及一线生活等特色鲜明栏目，累计发布各类稿件3.5万条。《西气东输网络电视》系统自2007年7月建成，截至2018年，公司在集团公司《中国石油报道》栏目播出稿件共计44篇，有17条节目分别荣获“中国石油电视大赛”一、二、三等奖，报送节目数量在集团

公司排名稳居15名，在天然气与管道板块位居前列。《中国石油报西气东输专版》自2007年起每月一期、每期一版，截至2018年，共出版149期。《石油商报西气东输导刊》自2002年起为每周一期，每期两版，截至目前，共出版发行820期。《西气东输》双月刊（现调整为季刊）自2008年起每两个月出版一期，累计印发61期。

二、西气东输媒体融合工作特点

（一）坚持政治导向，传播好党中央声音

公司媒体工作的根本属性就是政治性，其根本任务就是传播好党中央的声音。紧紧围绕党的十九大精神和习近平新时代中国特色社会主义思想，公司制订了公司意识形态责任制清单，通过开展党的建设主题教育活动宣传，做好政治学习、思想教育、公司和集团公司重大方针政策的媒体宣传，切实做到把意识形态工作同安全生产、改革发展、党的建设同部署、同落实、同检查部署安排告知全体员工，牢牢掌握意识形态领域的领导权、主动权和话语权。通过组织开展“形势、目标、任务、责任”主题教育，开展宣传公司党的建设工作、宣传思想和企业文化工作工团工作等方式，将党中央部署安排具体化，从而确保政治方向的正确性和引领性。

（二）坚持服务公司高质量发展，提升媒体引导力

围绕公司中心工作、重要精神、重点工程建设、重大活动，按照“每天有动态、每周有声音、每旬有专辑、每月有声势”的媒体宣传要求，突出主题、突出时段、突出时代、突出创新是公司提升宣传品质的主导思想。一是去冬今春保供期间，组织编制冬供宣传专题方案，银川管理处和长沙管理处抓住冬季保供有利时机，积极邀请媒体通过“新春走基层”“现场直播”等方式，大力宣传西气东输“心系民生”“全力保供”的责任担当，同时展示了西气东输人扎根基层，“温暖万家”坚守奉献的感人事迹，为公司冬季保供宣传增添了光彩。二是围绕纪念改革开放40周年和“重塑石油良好形象”活动周为契机，公司联合上海市经信委“改革开放再出发，上海制造新征程”主题宣传活动在人民网发表专题大型报道，合肥管理处组织开展了“西气”入皖15周年媒体座谈会，郑州管理处承办“为梦想加油”中国石油开放日活动，山西管理处以“山地管道突发事件应急抢险模拟演练”为契机，苏浙沪管理处以公司无锡水网演练为平台，向媒体记者和社会公众集中展现西气东输在推动能源结构调整和发展方式转变，保障地方经济社会发展和节能减排，改善民生做出的成就，以及保障天然气管道安全平稳高效运行的专业化能力。三是以“互联互通”重点工程建设为抓手，展示公司创新发展新作为。组织开展了“建功互联互通、决胜民生工程”劳动竞赛，聚焦闽粤支干线等重大

线路工程的控制性工程节点，瞄准压气站压缩机组吊装、调试、投产等时间节点，加大宣传报道，先后在广东、安徽、湖南、江苏、南昌、宁夏等各省市区在新华社、人民网、中央台等中央、湖南台广东台等地方、石油报石油商报等石油系统等各类媒体累计发稿300余篇，为建成国优精品工程摇旗鼓劲。在进博会期间、夏季战高温、防汛防台等特殊时段和春节、国庆等重要时期，公司组织所属各单位结合单位实际，纷纷邀请记者深入一线站场采访，体验一线工作的艰辛与不易，感受石油工人的无私奉献情怀。

（三）坚持群众性，利用媒体提升传播力

媒体的生命力来源于群众的感同身受。发挥模范典型示范引领作用，组织开展了“弘扬石油精神，追梦西气东输、感动西气东输、筑梦西气东输、争锋西气东输、荣耀西气东输”系列劳模工匠事迹专场报告会，公司劳动模范代表陈冠玮、李景昌、张大勇、韩涛等，公司标杆站队代表——大铲岛分输压气站先后分享了自我奋斗历程与成长的故事，编辑制作每位劳模工匠事迹故事宣传材料和成长故事专题片，通过公司网页和微信展播。大力宣传工匠队伍建设，甘陕管理处李洪烈凭借多项优秀成果获评“中国石油榜样•好工匠”，苏北管理处杨狄在集团公司技能竞赛创效创新项目评比中折桂，科技信息中心项目获得上海市产业青年创新大赛金奖，南昌管理处钟利军凭借创新创效项目获得市经信系统青年岗位能手，苏北管理处等建立了“职工创新工作室”。编辑制作《40个人讲述40个故事文集》等5册系列丛书。修订完善《西气东输》宣传片，启动拍摄《西气东输》以人物故事为主要内容的宣传片。制作印发《创新闪耀西气东输》专题片，弘扬工匠精神，推进创新文化。征集并展播20部反腐倡廉微电影、动漫作品，弘扬廉政文化，营造风清气正的廉洁氛围。开展主题征文、摄影、视频大赛，组织建立公司书画、摄影、读书等十二个协会有效开展活动组织与创作，运用微信、微博、网站集中展示，塑造企业整体形象。通过动漫、游戏、歌舞、人文知识、心理咨询等各种方式，在公司网站、公众号上进行展示，充分表达员工对美好生活的追求，展现员工激情昂扬向上的精神状态，促进了员工、外界群众的互动性吸引，增强了媒体的引领性、生活性、艺术性，有利于媒体更加接地气，更好地聚粉，传播力得到提升。

（四）激活力、聚民心、展形象、塑品牌的效果

在媒体宣传中，公司始终坚定走文化自信之路，构建以安全文化建设为核心，以政治文化建设为引领，以创新、人本、法治、和谐和站队特色文化建设为支撑，以品牌文化建设为目标，大力推进文化规划实施和文艺创作，建设以“海岛坚守、国芯创新、太行脊梁、红色品格、国脉奉献”为主要内容的新时代富有特色的西气东输“追求卓越，勇创一流”西气东输先进文化，着力展形象，唱响西气东输

品牌。特点是推动基层站队特色文化建设，落实“五个一”载体，打造示范站队、优秀站队。组织做好新版企业文化手册宣贯，推进企业文化理念深入人心。

持续做实做强做精“媒体走进西气东输”品牌，从 2004 年起，先后以“西气东输万里行”“齐心迎世博·绿色动脉行”“十年·西气东输之路”“气化江苏”等主题，开展“媒体走近西气东输”采访活动，先后有近 50 家媒体、百名中央和地方媒体记者，深入公司基层站场采访，刊发各类文章近 500 篇。2015 年，由集团公司授权举办了“中国石油气化江苏新闻发布会”。这是媒体报道西气东输专题版面最多、报道分量最重、长篇通讯稿件最多的一次外宣活动。王宜林董事长批示：此模式可复制。2016 年以来，党委宣传部充分应用网络新闻媒体在宣传中的有利作用，先后在“绿色能源新丝路”“福建媒体走进西三线”“媒体走进如东—海门—崇明岛管道”等多项外宣动活动，特别是去年按照集团公司统一部署安排，在郑州组织了中国石油开放日活动，集中邀请新媒体记者参加，同时西气东输官方微信同步报道，进一步提升公司“媒体走进西气东输”宣传品牌。

在媒体宣传中，公司还注重通过参加中国自主知识产权大型展览、中亚俄罗斯展览、一带一路外宣和参加上海市经信系统精神文明单位展播等方式，利用多种媒介和方式拓展宣传手段和平台，不断讲好西气东输故事。

（五）坚持手段创新，提升媒体影响力

新时期媒体传播必须在技术、内容、形式、平台、渠道等各方面创新上下功夫。公司尝试通过公众号、微博、网站等互联网技术的应用进行传播，通过从上到下，从宏观政策到员工生活，从传统方式到贴心服务，从报纸杂志等纸质平台到网络平台，从正规渠道到利用抖音、网络直播、APP 客户端，从电视电台网络视频成就事迹人物故事讲述到参加娱乐节目，从规范的公众号到各种工作微信群利用等，利用各种载体、媒介、渠道进行了综合立体式媒体传播尝试。在尝试中大胆注入新思想新技术，既有总体策划，也有碎片化引导；既有有责有为有担当的高大上故事成就，也有引人入胜春风化雨的柔情人文；既有文字图画类，也有音乐视频片段（微信截屏）漫画抖音游戏贴吧展厅展播以及政府网站展示类，重点是研究时代青年特点、研究传播科学规律、注重时代价值引领、关注传播效果评估，以创新尝试方式探索传播价值和方式。

（六）坚持合规性，规范媒体持续发展

以法治为基础，以制度设计和政策调节为手段，统一媒体政策规范是做好新时期媒体宣传工作的重要基础。按照集团公司党组和公司相关部署，完善制订公司宣传工作指导意见办法，制订了《新闻发布管理程序》《新媒体管理程序》《突发事件新闻舆情处置专项应急预案》；举办了公司新闻宣传培训班，加强基层单位突发舆情处能力的培养；结合安全生产实际，开展了新闻舆情应急处置实战与模拟演练。切实加强与沿线媒体及宣传部门的联络沟通，建立宣传工作机制。切实加强意识形态宣传阵地、培训教育阵地、会议阵地、文化及社团阵地管控，将媒体管控范围、管控手段延伸到每个阵地，确保舆论引导力量的实现，最终让媒体宣传发挥激活力，聚民心、展形象，示卓越的效果。

（撰写于 2018 年）

中篇 技润伟业

趣之趋，力之衷，技润伟业，美物之旅，以自己实践研究，能够助力工程建设，讴歌民族实业兴国之尽力。

1. 压气站埋地管道腐蚀与防腐技术研究

西气东输管道全长3900千米，作为我国第一个长距离大型输气管道系统[1]，沿线经过了众多地质段，地理环境和土壤环境也复杂多变。为了满足其防腐性能的需求，在管道干线部分采用了3层PE防腐层，而在输气站场内则使用了无溶剂环氧涂料进行防腐。自2004年投产以来，一直运行较为平稳，但运行3年后却在全线的输气站内陆续发现了一些腐蚀现象，如2007年在轮南—孔雀河段和轮南首站站场埋地管网等地区进行了现场开挖检测，发现外防腐层存在破损点和金属腐蚀缺陷，检测发现最严重的问题是所有入地管线在地下300毫米处立管发生环向防腐层严重脱落和管体腐蚀严重，并且具有普遍性。后来又对全线的数个输气站进行了开挖检测，发现都不同程度地出现了防腐层失效和管道腐蚀的问题。而富有代表性的四道班压气站在开挖调查中也发现了同样的问题，虽然还没有穿孔，但也出现了防腐层失效和较严重的腐蚀，存在较大安全隐患。因此，针对新疆段压气站埋地管道的腐蚀问题，为了弄清其腐蚀发生的内在原因，认识其腐蚀规律，有针对性地进行防腐，本文将以四道班压气站为例，开展相关研究工作，以保障西气东输管道新疆段的安全连续运行，延长管道的使用寿命。

一、国内外研究现状

（一）金属土壤腐蚀的机理

金属的土壤腐蚀问题，对于埋地油气管道是一个不可回避、亟待解决的问题，也是腐蚀科学研究的一个重要课题[2-8]。

金属的土壤腐蚀极为复杂。首先，其复杂性在于腐蚀介质复杂。土壤是一个由土粒、土壤溶液、土壤气体、无机物、有机物、带电胶粒和非胶粒等多种成分构成的复杂的不均匀多相体系，其中还生存着数量不等的若干种土壤微生物，因此，土壤腐蚀的影响因素众多。其次，土壤中金属腐蚀的种类复杂。土壤中金属既有微电池腐蚀，也存在宏电池腐蚀；既可能有土壤本身对金属材料的腐蚀，也可能存在由于土壤中微生物的新陈代谢对金属产生的腐蚀，有时还存在杂散电流的腐蚀问题[9-13]。

金属在土壤中的腐蚀与在电解液中腐蚀类似，大多数属于电化学腐蚀。金属自身的物理、化学、力学性质的不均一性以及土壤介质的物理化学性质的不均匀性，是在土壤中形成腐蚀电池的两个主要原因。

金属的土壤腐蚀过程同样包含分区进行的两个反应[13-17]：①金属的阳极腐蚀溶解；②去极化剂的阴极还原。

①阳极过程　金属在阳极区失去电子被氧化。以钢为例，反应式如下：

$$Fe - 2e \rightarrow Fe^{2+}$$

钢铁在土壤中生成的不溶性腐蚀产物与基体结合不牢固，对钢材的保护性差，但由于紧靠着电极的土壤介质缺乏机械搅动，不溶性腐蚀产物和细小土粒黏结在一起，形成一种紧密层，因此随着时间的增长，将使阳极过程受到阻碍，导致阳极极化增大，腐蚀速率减小。尤其当土壤存在 Ca^{+} 时，Ca^{+} 与 CO_3^{2-} 结合生成的 $CaCO_3$ 与铁的腐蚀产物黏结在一起，对阳极过程的阻碍更大。

钢铁的阳极极化过程与土壤的湿度关系密切。在潮湿土壤中，铁的阳极溶解过程与在水溶液中的相似，不存在明显阻碍。在比较干燥的土壤中，因湿度小，空气易透进，如果土壤中没有氯离子的存在，则铁容易钝化，从而使腐蚀过程变慢；如果土壤相当干燥，含水分极少，则阳极过程更不易进行。

②　阴极过程　在弱酸性、中性和碱性土壤中，土壤中金属腐蚀的阴极过程是氧的去极化反应：

$$\frac{1}{2}O_2 + H_2O + 2e \rightarrow 2OH^-$$

只有在酸性很强的土壤中，才会发生析氢反应：

$$2H^+ + 2e \rightarrow H_2 \uparrow$$

处于缺氧性土壤中，在硫酸盐还原菌的作用下，硫酸根离子的去极化也可以作为金属土壤腐蚀的阴极过程：

$$SO_4^{2-} + 4H_2O + 8e \rightarrow S^{2-} + 8OH^-$$

大多数情况下，土壤腐蚀的阴极过程主要是氧的去极化过程。与海水等液体中不同，氧到达土壤腐蚀电池阴极的过程较复杂，进行得比较慢，土壤中的氧存在于土壤孔隙和土壤水分中。在多相结构的土壤中由气相和液相两条途径，透过土壤中的微孔固体电解质及毛细凝聚形成的电解液薄层、腐蚀产物层，最后到达金属表面。因此土壤的结构和湿度，对氧的流动有很大的影响。在潮湿黏性的土壤中氧的渗透和流动速度均较小，所以腐蚀过程主要受阴极过程控制。而在颗粒疏松、湿度小、透气性好的土壤中，氧的扩散比较容易。腐蚀过程则由金属阳极极化控制。对于由长距离宏观腐蚀电池作用下的土壤腐蚀，如地下管道经过透气性不同的土壤形成氧浓差腐蚀电池时，土壤的欧姆极化即和氧阴极去极化共同成为土壤腐蚀的控制因素。

与大气、海水等腐蚀介质不同，土壤的物化性质经常变化很大。因此，土壤中除了存在由金属本身的组织、成分等不均匀引起的微电池腐蚀以及异金属接触产生的宏电池腐蚀（电偶腐蚀）外，还可能存在由于土壤性质的不均匀而引起的宏电池腐蚀。

对于比较短小的金属构件，与其接触的土壤范围窄，可以认为土壤性质是均匀的，因此其腐蚀类型是微电池腐蚀。对于较大、较长的金属构件和管道，由于接触土壤范围大，因此发生宏电池腐蚀的可能性较大。

土壤中的宏电池腐蚀主要有氧浓差电池、盐浓差电池、酸浓差电池、温差电池、应力腐蚀电池等几种[15-17]。

杂散电流是指在土壤介质中存在的、从正常电路漏失而流入他处的电流，其大小、方向都不固定，主要来源于直流电气化铁路，有轨电车，无轨电车、地下电缆漏电、土壤中外加电流阴极保护装置和其他直流电接地装置。

地下金属管道在没有杂散电流时，腐蚀电池两极的电位差只有数百毫伏，而有杂散电流作用时，管道上的接地电位可高达 8 ~ 9V，通过的电流可高达 300 ~ 500A。杂散电流的影响可以远到几十千米范围。杂散电流造成的集中性的高腐蚀具有严重的破坏性，一个壁厚 8 ~ 9mm 的钢管在杂散电流的作用下，4 个月就会发生腐蚀穿孔。越靠近供电系统，杂散电流腐蚀越严重。

在密实、潮湿的黏土中，如果不存在氧浓差电池、杂散电流等腐蚀宏电池，一般金属的腐蚀速率应该是极低的。但这种条件却非常适合厌氧菌的生长。如果土壤中含有硫酸盐，且有硫酸盐还原菌存在，因为硫酸盐还原菌能够将硫酸盐还原产生氧，而其新陈代谢过程中仅消耗一部分氧气，这样就使得金属的腐蚀过程不但能顺利进行，而且相当严重。

土壤中经常保持着适当的水分，酸碱度接近中性，且含有大量溶解性的有机物和无机物，符合微生物生命活动所需的基本条件。因此，土壤是微生物生长繁殖的温床，除了硫酸盐还原菌等厌氧菌外，土壤中还存在嗜氧的异氧菌、真菌以及有无氧均可生活的硫化菌等与金属腐蚀有关的微生物。

当土壤含氧量大时，嗜氧类细菌，如硫化菌，可以生长。它能氧化厌氧的硫酸盐还原菌的代谢产物，产生硫酸，破坏金属材料的钝化膜，使金属发生腐蚀。有时土壤中可能存在两种细菌交替腐蚀的情况。由于细菌的作用，能改变土壤的理化性质，引起氧浓差电池和酸浓差电池的腐蚀。

（二）防腐层应用现状

长输管道建设伊始，管道防腐就受到了高度重视。20 世纪初，管道就采用以石油沥青为主的防腐材料。20 世纪 90 年代，国际上采用的聚乙烯结构防腐层与环氧粉末、煤焦油瓷漆等的数量基本差不多，世纪之交时，三层 PE 结构与环氧粉末占据了主导地位。预计在今后一个阶段内，三层 PE 结构将被更加广泛地使用。目前，国内长输管道建设的防腐结构，以三层 PE 结构为主，部分采用环氧粉末防腐结构[18]。

我国的三层 PE 结构防腐层与环氧粉末防腐层是 20 世纪 90 年代初从国外引进的，并得到了广泛应用。所谓三层 PE 结构是指钢管的外部通过表面清理与除锈后进行加热，经环氧粉末喷涂、胶粘剂 /PE 缠绕后形成的防腐层，称之为 PE 三层结构防腐层；环氧粉末防腐层是指钢管的外部通过表面清理与除锈后进行加热，经环氧粉末喷涂后形成的防腐层，称之为环氧粉末防腐层。目前，国内的防腐厂大部分都在钢管厂设立，钢管制造完成后，即进入防腐厂进行防腐作业。

目前，国内在埋地长输管道上使用的外防腐层主要有：煤焦油瓷漆、熔结环氧粉末、2 层 PE、3 层 PE、聚乙烯胶黏带等。此外，目前国内外有少量的新建管道仍在采用石油沥青防腐层，但由于盐碱环境一般分布在西部地区，土壤地质情况复杂，石方段较多，不适于采用石油沥青防腐层。

我国长期以来沿用的沥青防腐层虽然有一般的防腐性能，但它存在耐热性差、吸水率高、易老化、抗土壤应力能力低、不抗细菌破坏与植物穿透等缺点。煤焦油瓷漆也有着久远的应用历史，但它的缺点是抗土壤应力与热稳定性较差，与阴极保护的相容性也不好、在高寒与炎热的地区施工或管道输送高温介质时易发生脆裂或流淌，最大的缺点是毒性大，在西方已基本不用。熔结环氧防腐层在北美地区应用最为广泛，但非常不耐尖锐碰撞，在长期处于潮湿环境下会产生气泡。挤出聚乙烯防腐层的黏性较差，以及较高的电阻值使发生剥离后的阴极电流屏蔽。聚乙烯防腐胶带抗土壤应力不好，特别在高温下，且易于因黏结力差和电阻值高而产生阴极屏蔽。

环氧煤沥青防腐层主要问题在于它固化时间长，对长输管道应用较少。三层结构防腐层结合熔结环氧粉末与聚乙烯优异的物理性能与化学性能引起了广泛的关注，在欧洲应用非常广泛，但其生产成本较高，需要较大的投入与严格的质量管理。

（三）站场接地网对埋地管道腐蚀的影响

接地是电气技术中最重要的保护措施之一。当电气设备发生接地或碰壳短路时，接地短路电流便通过接地体向大地做半球形扩散，通常，把电位等于零的地点称为电气上的“地”。电气系统的任何部分与大地间作良好的电气连接，叫作接地。接地按其目的和作用可以分为：工作接地、保护接地、防雷接地、防静电接地、重复接地等[19-22]。

接地装置是由埋在地下的接地体和与它相连的接地线两部分组成。用来直接与土壤接触并存在一定流散电阻的一个或多个金属导体组，称为接地体或接地极。电气设备接地部分与接地体连接用的金属导体，称为接地线。接地体又分为自然接地体和人工接地体，油气站场的静电接地和防雷电接地一般采用的是人工接地体，接地体常用镀锌扁铁或钢筋等做成。为了使它能与大地有较大的接触面积，可将它做成栅状或网状，埋在导电性能好的土壤中，如湿土或黏土中。深埋一般不小于 0.5 ~ 0.8 米，称之为接地网。

人工接地体一般可采用各种钢材，如水平敷设圆钢、扁钢、垂直敷设的角钢、钢管、圆钢等。当有特殊要求时，也可采用铜材或镀铜材料。由于钢接地体耐受腐蚀能力差，而钢材镀锌后能将耐腐蚀性能提高一倍左右，因此一般使用镀锌钢材作为接地体。常用的人工接地体有垂直打入地下的钢管、角钢以及水平埋设的圆钢和扁钢等。近几年来，火镀钢材作为新兴的一种接地体材料，目前在电力部门已广泛应用，它具有受地质条件的影响小、埋于地下不会发生锈蚀、导电性能极好等特点。新更换的接地体建议选用火镀钢材，其缺点是比一般钢材的价格偏高。

接地网在土壤中一方面自身可能会发生一些腐蚀，另一方面若与其他金属（如埋地钢管）相接触，也可能会使其他金属发生腐蚀。但目前关于接地网对埋地金属管道腐蚀的影响研究并未见到公开报道。

一般接地网中的所有腐蚀现象在本质上都是电偶腐蚀。电偶腐蚀可分为两类：其一，在同一电解质中存在不同的金属；其二，同一金属处在不同的电解质中[23]。

(1) 异种金属

当两种不同的材料连接时，两材料之间的电位差使电流从低电偶序的金属（阳极）进入电解质，导致腐蚀。新旧钢棒或板的连接也有类似的结果，新钢腐蚀以保护旧钢。异种材料型腐蚀在铜接地系统中比较多，新旧钢材型腐蚀在钢接地系统中更常见。如在地网改造中，去掉损坏严重的圆钢或扁钢，换上新钢，结果使新钢腐蚀较快。

(2) 异种土壤

当钢接地棒通过不同成分的土壤时，电偶电池组成，使在一种土壤中相对于另一种土壤中钢为阳极，发生腐蚀。这种情况在接地中很常见。由于水泥也是一种电解质，当变电站利用电气设备下面的钢筋混凝土基础作接地体时，水泥中的钢筋与埋在土壤中的钢接地体连接，结果使土壤中的钢棒成为阳极遭受腐蚀，而水泥中的钢筋受到保护。不同电阻率的土壤中也存在这种类型的电偶腐蚀。同样地，用着回填土目的的材料与当地土壤也存在电偶腐蚀。

（四）电偶腐蚀

在压气站，由于接地网和埋地管道众多，因此有引入电偶腐蚀的潜在威胁。同时，不同材质的管道相互连接在一起，也可能会产生电偶腐蚀，导致管道失效，危及压气站的正常安全运行。

电偶腐蚀的机理[9,13]

两种不同的金属，当它们浸入腐蚀介质或电解质溶液，它们之间通常存在着电位的差异。如果这些金属在溶液中相互接触（即相互形成电的通路），则在其间由于电位差而有电流产生。这时与它们单独放置的情况相比，耐蚀性低（电位较负）的金属的腐蚀速率通常是加大的。而耐蚀性高（电位较正）的金属的腐蚀则相应减少。耐蚀性低的金属成为阳极，耐蚀性高的金属成为阴极。在这种形式的电偶中，通常阴极或阴极化的金属腐蚀很少，甚至完全不腐蚀。这种由于不同金属相接触而有电流流过使金属产生腐蚀的形式，称为电偶腐蚀或异种金属接触腐蚀。这是一种电化学腐蚀。

由于介质中氧的含量不同，就会因氧浓度差别产生电位差。贫氧区的金属电极电位较低，则构成电池的阳极而加速腐蚀；富氧区的金属电极电位较正，则构成电池的阴极而使腐蚀较轻。

土壤是具有固、液、气三相的毛细管多孔性的胶质体。土壤的空隙为空气和水所充满，而土壤中的水含有一定的盐，使土壤具有离子导电性，成为电解质。

在埋地管网尤其是站场之中，存在大量不同金属相互连接以及管道穿越两种介质的情况，形成电偶腐蚀，使电位较负和处在贫氧区的金属受到腐蚀。

电偶腐蚀的影响因素[9,13]

（1）电偶对面积比的影响

形成电偶腐蚀的两种金属的组合叫作电偶对。阴极金属表面积对电偶腐蚀的影响十分显著，大阴极小阳极的面积比将造成阳极金属的严重损坏。反之，如果采用大阳极小阴极的面积比，则阳极金属因电偶腐蚀而造成的破坏并不严重。

（2）氯化钠浓度的影响

氯化钠浓度低于1%时，腐蚀速率随其增高而增大；等于1%时，腐蚀速率达到最大值；高于1%时，腐蚀速率随其增高而减小。

（3）pH的影响

溶液pH小于4时的值越小，腐蚀速率越大；当pH在4～9时，腐蚀速率与pH几乎无关；当pH在9～14时，腐蚀速率大幅度降低。

（4）环境的影响

环境的特点和腐蚀性在很大程度上决定了电偶腐蚀的程度。通常，对于一定的环境，耐蚀性较差的金属是电偶中的阳极，但有时在不同环境中，同一电偶的极性会出现逆转。以管道阴极保护常采用的锌牺牲阳极为例，当温度高于60℃时，由于锌阳极表面不断地生成电位比锌本身电位正得多的膜，从而使电位变正，但阴极铁的电位基本不变，因而出现了电位的极性反转，锌阳极成为阴极受到保护而铁成为阳极反而加速腐蚀。这一现象是锌阳极在阴极保护技术中最易误解的方面。如用无填料的锌阳极保护地下输油管线或热力管线，当锌阳极距离被保护管道很近处在高温地热场范围内工作或用在较高温度冷却水或循环水中工作，就可能发生危险的逆转现象，这一点值得引起高度重视。

(5) 距离的影响

电偶效应引起的加速腐蚀通常在连接处最大，离连接处越远，腐蚀越小。电偶作用的距离决定于腐蚀介质的电导率。当考虑电流通路和电路电阻时，这一点是十分明显的。

二、本文的技术路线与主要研究内容

针对四道班站出现的腐蚀问题，本文拟从腐蚀环境分析着手，利用现场试验和室内实验，通过对站内多种管材的腐蚀行为和规律、异种材质间的电偶腐蚀趋势、防腐层的性能评价等进行研究，认识管道的腐蚀行为和腐蚀规律，弄清腐蚀发生的内在原因。

具体的研究内容如下：

(1) 四道班压气站腐蚀现状调研与土壤分析。通过对四道班压气站内进行开挖调研，认识其防腐技术现状和管道的腐蚀现状；通过对土壤的理化性质的测试，得到土壤的腐蚀性。

(2) 四道班站管材腐蚀行为研究。利用室内电化学测试对管材的耐蚀性进行分析；利用室内土壤腐蚀模拟实验对土壤溶液中各因素对腐蚀的影响进行分析；利用现场埋片试验获得最直接的管材腐蚀数据，并对其规律进行分析；利用能谱分析和SEM对各管材的腐蚀特征进行分析。

(3) 站内接地网对埋地管道的腐蚀影响研究。利用电化学测试和室内浸泡实验对接地网与管道接触时可能发生的电偶腐蚀行为进行研究。

(4) 压缩机出口排污管的电偶腐蚀实验研究。利用浸泡实验对排污管上出现的3种异种管材连接时可能出现的电偶腐蚀行为进行研究。

(5) 无溶剂环氧涂料在四道班站土壤中的性能评价。利用模拟土壤溶液浸泡实验对无溶剂环氧涂料的防腐性能进行评价。

(6) 在文献调研的基础上推荐了适合四道班站的防腐层类型，并根据前面的

研究结果，提出了腐蚀治理的基本措施

三、本文的主要创新点

在本文的研究中主要创新点有以下几方面：

（1）利用电化学测试、模拟土壤溶液浸泡实验和化学分析测试等，室内实验与现场试验相结合，对四道班压气站的主要管材的腐蚀行为进行了系统的研究；

（2）通过自制电偶腐蚀试件，利用电化学测试与模拟土壤溶液浸泡腐蚀试验对四道班压气站内的异种金属连接时出现的电偶腐蚀效应进行了研究，结果表明，电偶效应明显，为今后的防腐设计提供了依据。

四、主要研究结论

（1）四道班压气站的土壤腐蚀性较强，属于盐渍土。站内埋地管道采用了无溶剂环氧涂料，但涂层施工质量总体较差，厚度严重不足或不均匀，导致涂层大面积失效，管体腐蚀。

（2）根据电化学测试和现场埋片试验结果，在四道班站的土壤中，L415MB、L245NB、16Mn、L360NB、X70 五种管材，它们在四道班站土壤中的耐蚀性均尚可。各因素对钢材腐蚀程度的影响次序依次为：时间、Cl^- 浓度、HCO_3^- 浓度、温度、SO_4^{2-} 浓度、pH。

（3）埋片试验表明，L415MB、16Mn 试片的腐蚀速率随深度增加而上升，L360NB 试片腐蚀速率随深度增加而降低，X70、L245NB 试片腐蚀速率随深度增加则呈现出先减小后增大的趋势；形貌检测结果表明各材质的试片都收到了点蚀的影响，以 L245NB 和 16Mn 最为典型，而 16Mn 的抗点蚀能力最差，X70 则出现了典型的蜂窝状腐蚀，经分析主要是受到土壤中氯离子的影响。

（4）当接地扁钢与 L415MB 或 L245NB 钢的面积比不等于 1 时，电偶效应均较明显，不同面积比下作为阳极的材料都会严重的腐蚀影响。因在压气站内，接地扁钢和埋地钢管都需要受到保护，故在实际施工中应当避免让其发生直接接触或采取其他保护措施。

（5）通过模拟土壤溶液浸泡实验对 L415MB−L245NB−16Mn 电偶对的腐蚀情况进行的研究结果表明：此三种材质偶接后形成的电偶效应较明显，且在面积比为 1：1：1的情况下，受到电偶腐蚀影响的是 16Mn 与 L245NB，而受到保护的则是 L415MB 钢。即在排污管与主管道连接处，受到腐蚀影响的大小头与排污管。

（6）通过对无溶剂环氧涂层的模拟浸泡实验，结果表明在基体表面处理良好，涂层厚度达到规范要求，且涂层无机械损伤的情况下，无溶剂环氧涂层能够在四道班站的土壤环境中对基体金属起到良好的保护效果。

(7) 针对四道班站的涂层和管道腐蚀状况，建议进行防腐层大修，并可增加区域阴极保护系统联合防腐。

五、建议

根据本文的研究结果，建议对四道班站的腐蚀治理采取如下措施：

(1) 对腐蚀严重的部位进行修复，包括采用补强手段和部分严重管段进行更换，如压缩机出口处的排污管线因腐蚀严重建议进行更换。

(2) 尽早对站内的管道防腐层进行大修。大修时，四道班站的防腐层至少应为普通级。另外，针对站内立管入地处地下 30cm 左右位置，普遍存在的腐蚀现象，建议增加防腐层厚度，提高防腐等级为加强级，同时增加聚乙烯胶带以抗紫外线。

(3) 针对站内出现的电偶腐蚀效应，建议加强涂层防腐质量以避免产生电偶腐蚀。

(4) 鉴于目前我国无溶剂环氧涂料的技术与应用状况，并考虑到西气东输管道系统的重要性，同时借鉴鄯乌管道的成功经验，建议在实施防腐涂层的基础上，增加区域阴极保护系统进行联合防护[70-80]。

(5) 对于今后新建的压气站，建议减少管道直埋的数量，尽量将管道置于地表，方便维护。同时，还建议尽量对站内的各个管件进行工厂防腐预制，以提高防腐层的质量。

在防腐层的大修中还应当吸取过去的经验和教训，加强施工质量的管道和控制。

在调研中发现，四道班压气站的埋地管道较多，管道直径、长度各异，且纵横交错，还有大量的接地系统，对这种拥有复杂金属构造物的区域进行阴极保护，其复杂性和难度不言而喻。而国内目前针对压气站的区域阴极保护技术研究也不多，且对于区域阴极保护系统的设计目前也大都依靠经验，同时还需要大量的现场调试方能最终投产[81-93]。故建议今后系统地开展压气站区域阴极保护系统的设计理论研究，以提高我国的阴极保护设计水平。

(发表于 2010 年)

2.“互联网+”在天然气管道行业前景的探讨

近几年，在“互联网+”概念的催生下，交通、金融、零售、电子商务等众多领域均在传统产业的基础上，孵化出了多种多样的升级版业务，有的甚至对传统产业起到了变革作用。而在我国的天然气管道行业的发展中，尚未体会到这一催化剂的效果，云计算、大数据、物联网等新技术与天然气管道行业如何结合，会孕育出何种未来，让人十分期待。

一、中国天然气行业板块现状

国家干线管网方面，截至2014年底，中国已建成天然气管道8.5万千米，形成了以陕京一线、陕京二线、陕京三线、西气东输一线、西气东输二线、川气东送等为主干线，以冀宁线、淮武线、兰银线、中贵线等为联络线的国家基干管网，干线管网总输气能力超过2000亿立方米／年[1]。主要由中国石油、中国石化两家公司负责运营，且仅川气东送一条管道为中石化运营，所占份额较小。而中海油以LNG业务在沿海身份占有一定的市场份额，起到了气量补充、调峰作用。中国石油内部按照区域化管理原则，将管网划分给5家管道公司运营。各条管道之间建立有至少1~3个的联络点，虽然管道供气能力可以覆盖全国大部分省份，但主要用户仍然集中在中国中东部及南部。相对我国的城市分布及用气分布，管网水平仍然较低，调配及调峰能力不足，很多线路因供气压力无法安排正常的检修作业，也因此即使是非常偏远的站场也必须安排大量人员长期驻站，管网自动化水平未能得到充分利用，运营难度大。

省级管网方面，随着国家干线管网的逐步成型，LNG市场的逐步扩大，解决了气源问题，它也迎来了高速发展的黄金时代，除传统的天然气强省四川外，山西、浙江、广东、江西、福建等中东部省份均开始或已经建成了覆盖全省的骨干级管道。由于中石油介入较早而大部分天然气由其直供的河南、江苏等省份，也在借助天然气大力发展发电产业，推进分布式能源的进程，完善自身的能源供应网。但在部分国家干线管道途经的省份，往往由于规划不当，省级管道的建设难免会出现重复建设的现象。以浙江省为例，西二线上海支干线与浙江管网骨干线路并行近百千米，浙江管网接气场站有5座，其中4座与西二线场站紧邻，即使从长远的角度来看，个别站场的设置也属多余。总体来讲，省级管网还是起到了承上启下，统一调配外部资源的作用。

城市级管网方面，情况更为复杂，多方力量试图在下游市场上分一杯羹，供气层级也因各地方政府监管程度不同而有所差异，一些城市成立自己的市级环网，由其接气后再供给终端用户，多地更是因此原因，出现了国家管网门站、省级管网门站、市级管网门站、终端用户门站连续紧邻修建的奇特现象，导致老百姓所用的天然气经过了两次加价。此类逐级加价的行为，无疑将加大最终用户的运行成本，不利于推进下游用户用气和燃气市场发展，更不利于经济发展。

综合上述三个层级的管网及供气情况，我国天然气供气仍然处在运销合一，各级管网各自为政的阶段。各级管网均建立各自完整的营销链条及盈利机制，场站及管道运营水平不高，仍然依靠大量的劳动力。终端用户与气源供应商无法进行面对面的直接交易，气价由政府主导，而非遵循市场规律，属于典型的垄断经营阶段，总体与“互联网 +”思维格格不入。

二、“互联网 +”思维的基本概念与前景

通俗来说，“互联网 +”就是“互联网 + 各个传统行业”，但这并不是简单的两者相加，而是利用信息通信技术以及互联网平台，让互联网与传统行业进行深度融合，创造新的发展生态。

其概念最早可追溯到易观国际董事长兼首席执行官于扬于 2012 年 11 月在易观第五届移动互联网博览会上的发言。2015 年 3 月，全国两会上，全国人大代表马化腾提交了《关于以“互联网 +”为驱动，推进我国经济社会创新发展的建议》的议案，表达了对经济社会的创新提出了建议和看法。同月 5 日，李克强总理在政府工作报告中首次提出“互联网 +”行动计划，提出制订“互联网 +”行动计划，推动移动互联网、云计算、大数据、物联网等与现代制造业结合，促进电子商务、工业互联网和互联网金融健康发展，引导互联网企业拓展国际市场。

目前“互联网 +”在工业、金融、通信、交通、民生、旅游、医疗、教育、政务等行业已经衍生出了众多的生态形式，例如：“工业 4.0”“移动互联网 + 工业”“网络众包 + 工业”、互联网供应链金融、P2P 网络信贷、众筹、打车软件、移动终端支付、网络医疗服务平台、“未来医院”“医药 O2O”“在线教育平台”等。这些新的生态并没有取代旧的行业，而是让其迸发出了新的活力。

伴随知识社会的来临，驱动当今社会变革的不仅仅是无所不在的网络，还有无所不在的计算、无所不在的数据、无所不在的知识。“互联网 +”不仅仅是互联网移动了、泛在了、应用于某个传统行业了，更加入了无所不在的计算、数据、

知识，造就了无所不在的创新，推动了知识社会以用户创新、开放创新、大众创新、协同创新为特点的创新 2.0，改变了我们的生产、工作、生活方式，也引领了创新驱动发展的“新常态”。

三、“互联网 +”在天然气管道行业中的可能

其实天然气管道自动控制与监控技术本身就是以互联网为基础而产生的，只不过其生态环境相对封闭，没有大数据、云计算、物联网等“互联网 +”概念的种种特点，SCADA 系统正是这一技术的代表。但就目前国内长输管道对其的利用程度来看，尚处于以站场监控为主、调控中心监控为辅的阶段。一方面是因为输气站场本身即是重大危险源，安全的要求往往放在第一，在对设备可靠性缺乏信心的情况下，加大现场的管控力度，是最自然的选择。另一方面，我国国家级的天然气供气网络只能算是初级阶段，调控能力弱，大部分站场负荷偏重，也是导致我国对此系统的利用水平偏低的原因之一。而随着运行年限的增长、经验的积累，各个天然气运行公司也在尝试从不同的渠道取得突破。例如，西气东输管道公司正在推行的“集中监视”管理模式，其对现场所有报警进行分类上传至调控中心，由调控中心集中进行现场状态的监视甚至重要设备的造作，将站场人员从原来的 24 小时监控任务中解放出来，投入到设备的维护保养及维修任务中去。这既是对 SCADA 系统的利用程度向前又迈进了一步，也是“互联网 +”在天然气管道行业中的初步应用。当管网调控能力足够强大、设备可靠性足够高时，现场驻站监控任务就可逐步取消，成立区域性维护队伍，视情维修、定期维护，节省大量的人工成本。

然而，中国的天然气行业不仅仅在技术上需要向“互联网 +”思想靠拢，更重要的是，整个供气体制要发生根本性的改变，才能顺应当代互联网气候下，更开放、更灵活、更具创造性的根本要求。参考美国天然气产业发展历史，面对目前国内各级管网发展缺乏规划，存在重复建设，定价脱离市场的现状，继续完善管网结构、健全法律体系和相对独立的监管机构、解除目前自然垄断尤其是管道和储存设施向第三方无歧视开放、所有市场参与者均可获取关于储运设施的透明信息是解决问题的良方。我们的天然气市场也应该向运销分离、允许第三方准入、大型终端用户可自行选择资源供应商靠拢，最终进入全面零售竞争阶段，政府仅监管管输价格，市场对终端用户实行“用户选择计划”[2, 3]。

而在这一变革的进程当中，“互联网 +”能够起到催化剂的作用。我们可以大胆地设想，借助互联网的便利性和时效性，国家在其基础上建立起来的天然气运销平台，能够允许用户在此平台上对资源供应商、运输服务商、存储服务商自由

进行选择和组合，提交需求计划。而供应商则根据市场需求，进行资源的调配及生产。国家可以借助此平台收集大量各类资源的配比及使用情况等相关的数据，通过大数据分析，及时地对运输及存储服务链条进行有效的引导或调整，监管服务价格，使基础设施发挥最大效率。可以说，在资源极大丰富，基础设施完善之后，天然气运销平台甚至可以发展到类似淘宝网的地步，达到零售的目的。围绕运销平台，还可以开发出各类管道运营相关服务交流平台，面向全社会征集维修、改造、抢修依托等第三方服务的提供商，降低管道运营企业自身的成本，也增加了生产作业的灵活性。

跨界、开放、透明、便捷是“互联网 +”概念的几个鲜明特点，这也正是当前中国天气管道行业所需要添加的元素，“互联网 +”在管道行业的应用过程，也正是管道行业自身的发展过程。天然气也只是众多能源形势当中的一种，在基础资源高度发达的将来，综合各类一次、二次能源交易信息的“能源网”的出现也不是没有可能。

参考文献：

[1] 王占黎，单莹，孙慧．中国天然气行业 2014 年发展与 2015 年展望．国际石油经济，2014(10).

[2] 谢茂．美国天然气产业发展的经验与启示．国际石油经济，2015(11).

[3] 周淑慧，范金慰，李广，等．经济新常态与低油价下的中国天然气市场发展．国际石油经济，2015(6).

（撰写于 2008 年）

3. 风险管理是天然气安全生产的必然选择

西气东输目前一线、二线已经运行的管道合计达到了15000千米以上，所辖分输场站近200座、阀室超过300座，维抢修中心和维修队业已超过30个，各类设备数万台套，每年累计各类作业达数千次之多。这就意味着要实现零伤害、零事故的目标，仅仅只有工作热情是不够的，需要结合实际工作和风险管理理论，下力量研究本单位作业特点，分析、总结其他行业风险失控原因，吸取其他行业风险管理精华，有针对性地做好安全文化建设，做好隐患排查与治理，严格执行作业许可制度，加强作业风险识别和过程控制，做好作业风险管理的组织和监督，做好应急准备管理等措施，才能实现作业风险可控、受控，确保安全生产目标指标得以顺利实现。

一、目前管道行业生产管理方面风险管理存在的主要问题

（一）安全文化氛围没有形成

在施工作业现场的操作人员因来自不同地域、接受不同文化教育和培训、工作经历各异，导致文化技术素质参差不齐，对规范制度规程和法律学习理解不一致，作业盲目，完全凭经验办事，从而导致不同程度的违章行为时有发生，有些甚至是“熟视无睹”。从大量事故事件的统计情况来看，出现问题的多属于此类。形成这些问题的主要原因就是安全文化氛围差，作业人员和监督人员思想上不够重视，没有风险概念，自我防护意识差，法律意识淡薄等。

（二）隐患没有得到及时发现和有效治理

一些单位在隐患排查治理的过程中，没有掌握科学有效的排查方法和评估手段，排查过程责任不落实，排查不仔细，敷衍了事，走过场、走形式，不能够及时发现生产过程中的隐患。同时，发现了隐患，由于各种原因，措施不恰当，治理不及时，整改不彻底，甚至可能产生新的隐患。

（三）作业风险识别与控制不到位

一些作业和施工作业单位没有认真组织作业风险辨识，不开展作业过程风险交底，员工对岗位危害因素、作业过程风险及相应控制措施不了解，没有针对中高度风险制订现场应急预案，完全凭经验，“无知者无畏”。在作业过程中不按规

范规程制度操作，没有细致并经审批的作业票证，关键环节关键部位控制不力，监督不到位，责任不落实，各方面协调不到位，疏于管理控制，从而导致风险的发生。

（四）作业许可制度未严格遵照执行

有些单位没有严格执行作业票制度或制订相关制度。在执行过程中没有落实作业风险控制措施，没有明确作业相关人员职责，不经论证和作业审批单位就进行作业审查、批准，施工作业单位就开始作业，即使有相关作业票，也不严格按照作业票制订措施落实，作业许可证成为一张毫无意义的形式。作业后也不进行总结分析，下次再犯同样的类似错误。

（五）安全生产责任制落实不到位

一些单位尽管建立了安全生产责任制，制订了安全生产规章制度，但是比较粗范，不能落实到某一项具体作业，不能落实到施工现场每一个工作岗位，施工单位安全管理人员对安全施工标准敷衍、应付，不能及时制止违章、消除隐患。

（六）应急管理缺失或缺乏可操作性

没有针对各个具体现场实际情况进行风险分析，没有基于可能发生的潜在事件及其可能造成的影响，制订相应的分级分类现场及场外处置程序，制订简明可操作性的措施，做到人员、责任、措施、物资四落实，并对这些程序所需要的物质进行准备和进行必要的演练。有些预案甚至非常烦琐，让人看了眼花缭乱，无所适从，不具备操作性。

二、西气东输天然气生产风险管理采取的主要措施

（一）重视安全文化建设

众所周知，安全文化是安全工作的灵魂，是干部员工对安全工作的一种共识，也是实现安全长治久安的有力保证。没有安全文化，安全就无从谈起。要建设好安全文化，一是重视安全思想的落实，始终坚持把树立“安全第一，预防为主”风险管理理念作为安全生产工作的前提和基础来抓，把提高全员安全意识、风险预控作为预防事故发生的切入点，始终坚持“先安全后生产，不风险预控不生产”的要求。二是重视安全文化骨干的培育，公司领导、处级干部、科级干部等各级管理骨干好比种子，通过他们做好有感领导、直线责任，开展安全风险分析评价、观察与沟通、现场检查示范、现场引导、现场教育经验分享等，把安全价值观播种到每名员工的心中，进而通过工作实践不断锤炼。积极支持和鼓励广大员工报考国家注册安全工程师。强化站队长安全知识和技能培训，组织员工分批参加HSE 体系等轮流培训，充实完善基层站队负责人安全管理知识。三是重视从事故

教训中找差距，充分利用各类事故事件案例资源加强安全学习，举一反三，对事故深入分析，吸取教训，提升责任意识和执行力。四是重视与思想政治工作相结合，在进行思想政治工作时，充分考虑到安全工作的重要性，从思想政治工作角度找安全管理漏洞，开展员工心理疏导和心理辅导，深挖细排安全管理工作上的缺失，确保能够在第一时间全面、快速地掌握员工的安全思想动态，及时化解可能出现的各种不稳定因素，做到早发现、早预防。五是重视安全制度的制订和落实，通过监督检查等手段，确保规章制度作为安全生产管理理念的载体，作为履行管理职能，实现管理目标的程序、方法和途径。六是重视安全工作的创新，以岗位、现场、流程等作业活动为重点，规范员工操作行为，提高员工的整体安全素质，使风险预控思想深入人心，营造“时时想安全、事事保安全、处处为安全”的良好氛围。七是重视安全文化活动，组织开展重大节日、重要活动、关键节点、重要时期等相关活动、比赛，使员工在准备比赛的过程中提升自我安全知识水平，使员工结合本单位日常安全生产各项工作，从身边人、身边事说起，以亲身感受和实际工作来表达对“生产必须安全，风险必须预控”的认识。帮助大家树立良好的安全文化理念，进而带动整个安全生产工作。八是重视企业安全文化建设投入，抓好安全文化建设投入，通过依靠技术进步和技术改造，依靠不断采用新技术、新产品、新装备等方法不断提高安全化的程度，保证工艺过程的本质安全，保证设备控制过程的本质安全，保证整体环境的本质安全，保证生产场所中不同程度的风险控制在规定的标准范围之内，使人、机、环境处于良好的状态。九是重视安全宣传工作，利用一切手段和设施，加大对安全文化的传播，把对安全文化的宣传摆在与生产管理同等重要的位置来宣传。十是重视安全总结分析，按日、周、月、季、年的时间安排，全面掌控全线安全运转，实现网络安全经验分享，有计划地开展安全技能比赛和安全总结座谈，开展单项事件和年度安全评比表彰奖励制度，将安全工作作为考核关键指标，将安全绩效纳入员工薪酬和晋升之中全面推动安全文化的形成。

（二）强化隐患排查治理

建立健全“隐患排查治理活动”组织机构，按照每年两次全处集中排查和日常站队排查治理隐患相结合的方式，强化隐患排查治理工作。建立公司、管理处、站队安全隐患管理数据库，落实专门资金，建立专家库，明确责任人、措施、完成时间、挂牌督办、消项管理，实现风险预控管理。

（三）严格执行作业许可制度

施工作业单位在作业开始前，一是必须在作业所在地负责人参与下，结合拟进行施工作业内容，进行工作安全分析，制订安全措施，编制作业方案，在作业所在地负责人对作业方案签字后，施工作业单位再到管理处进行作业方案审批，管理处各科室对工作方案安全技术措施和安全管理措施进行会审，并由各科室主管人员签署会审意见，会审通过后，由管理处处领导签批。二是管理处安全管理部门对施工作业单位特种作业人员、安全员等有效资质证明进行审核，并对施工作业单位管理人员和现场施工人员安全教育和作业安全知识考核。三是施工作业单位按照工程造价总额5%，在管理处安全管理部门缴纳施工作业风险抵押金。四是在上述工作完成后，由管理处向施工单位发放《施工现场准入证》，施工作业单位凭施工作业方案、《施工现场准入证》到作业所在地办理相关作业票证。五是作业许可票证实行属地化管理，按照作业等级、类型办理作业许可证、动火作业票（二级动火及以上动火作业票审核人员还包括生产运行、质量安全环保、工程技术相关人员）以及专项许可证，站队负责人或管理处现场项目负责人负责作业许可票签批，并组织对作业安全技术措施、应急预案的物资、人员落实情况进行确认，对工作安全分析风险控制措施确认，在作业开始前，做到十个确保：确保票证未经签发不作业，确保风险控制措施没到位不作业，确保作业部位和时间与票证不符不作业，确保安全监护人不在场不作业，确保主管人员不到场不作业，确保现场指挥不下令不作业，确保个人防护设施不正确穿戴不作业，确保防护器具不使用不作业，确保作业人员应急预案不熟悉不演练不作业，确保全体施工作业人员未进行进站安全教育不作业。

（四）加强作业风险识别和过程控制

准确及时有效地对危害因素识别和控制，才能避免风险失控，才能有效遏制事故发生。按照“要求更严、管理更细、做法更实”的要求，一是作业风险识别决不搞花架子，决不搞形式主义，作业前要求全员必须从人员、程序、计划、设备、工具、材料、工作环境等方面主动参与作业风险、岗位危害因素识别，对已经识别出的危险源，全体作业人员必须知晓，并设置安全警示标识，任何单位和个人不得擅自移动和拆除。二是作业过程中作业人员必须严格按照作业方案和风险控制措施进行施工，自觉管理作业中的风险，消除工作场所中不安全、不规范的作业方式。三是作业现场指挥人员和安全管理人员重视作业区域安全动态，发现违章行为必须立即制止，发现危险源变化必须立即调整控制风险措施。四是针对作业中高度风险以及作业过程中可能出现的各种意外事故，施工作业单位必须结合工作实际，编制事故应急预案，现场作业和管理人员必须熟知救护内容和应急预案内容，并进行应急演练。

（五）做好作业风险管理的组织和监督

要搞好作业风险管理，就要加强组织管理，包括实施强有力的监督管理。纵观其他企业作业风险管理的经验，没有实行强有力的监督干预是不行的。在进行作业风险管理方面，想实招，使实劲，将承包商也纳入 HSE 管理体系中。对本单位员工采取包括人员职务升降、经济奖罚等在内一系列手段，坚决遏制“谁不管风险谁占便宜”，按照“谁作业，谁分析，谁负责”的要求，对在作业风险识别、制订落实作业风险控制措施中“责任不落实、流于形式、应付了事、互相扯皮、走过场”的单位和个人严肃责任追究，实行安全生产业绩与管理人员奖金挂钩，实现安全生产事故一票否决制，形成“谁导致风险失控谁在个人发展、在经济上要吃大亏”的局面，使任何人在考虑个人利益、局部利益的同时，必须首先考虑作业风险管理问题，考虑到全管理处利益。对不按照施工作业方案进行施工作业的，没有进行作业风险识别及控制的，违章指挥、作业、违反劳动纪律的施工作业单位，将依照合同规定和规章制度，对承包商采取包括扣除施工作业保证金、停工、通报批评等一系列措施加以解决。

（六）狠抓应急管理

一是收集、分析、归纳、整理管理处发生的案例及相关道路里程信息等，有针对性地制订相关应急预案。二是划拨专项资金，准备并落实应急所需的各类物资。三是定期组织员工有针对性地的进行实战演练，提高员工应急反应速度和质量。四是不断完善和提高管道抢修应急水平。五是综合考核各单位和员工个人应急能力，促进应急管理工作水平不断提高。

近年来，各类因风险失控，导致的各类重大事故时有发生，在可以预见的将来，在天然气管道行业蓬勃发展的将来，风险管理依旧是天然气管道企业的重大课题，有效的风险管理制度和措施是天然气管道企业安全生产的重要保证，抓好作业风险管理，对天然气管道企业安全发展、科学发展至关重要。只有全面夯实风险管理基础，我们才能深入走向真正的安全文化自我约束管理的安全生产阶段，形成我要安全、要他人安全的文化氛围。

（撰写于 2014 年）

4. 科技创新推动石油工业可持续发展

科学技术是第一生产力，这是马克思主义的重要观点。马克思、恩格斯当年在研究资本主义生产方式的演化过程及其内部矛盾时，就已经明确提出了科学技术是生产力的思想。邓小平在总结新科学技术革命对社会发展重大作用的基础上，又进一步指出，科学技术是第一生产力，科学技术的进步有力地推动社会的发展。

石油工业是一个技术密集、人才密集、资本密集型行业，集多学科、多门类技术于一身，每项理论与技术的进步，都将对石油工业的发展起到推动作用。纵观我国石油工业发展史，实际上就是理论创立、完善和技术发展进步的历史，理论与技术的进步，推动着石油工业的发展。

一、石油（地质）理论的创新加速了我国石油工业的发展

基础理论研究的进步，使石油工业的发展大踏步前进。20 世纪 40 年代，我国著名老一辈地质学家潘钟祥、黄汲清和翁文波等，在长期调查研究的基础上，相继提出中国“陆相生油”的观点。在这种新的地质理论指导下，1955 年发现了克拉玛依油田，证明了这一理论的正确性，并表明陆相地层不仅可以生成油气，而且可以形成油田。

地质学家李四光创立地质力学理论，并把我国大陆及大陆架划分为五大构造带，指出环渤海湾构造带是我国陆相生油、储油的重要区域。基于这种理论及陆相生油、储油理论的指导，我国石油勘探进行了由西部向东部的战略大转移[1,2]。并且这些理论有效地指导了我国东部地区的石油勘探与开发。1959 年大庆油田的发现，进一步证明在陆相沉积地层中不仅可以生成石油，而且可以生成大量石油、形成大油田。陆相生油理论的提出，是我国石油地质学上最辉煌的篇章，它的形成与发展，从理论上形成了与海相生油论并列的理论体系，在实践中指导了我国石油的勘探与开发。

复式油气藏聚集带理论，是继陆相生油理论后的又一次理论突破，也是对陆相生油理论的长足发展。在此理监指导下，通过滚动勘探开发，相继发现了华北、胜利、辽河、大港等油田。使我国甩掉了贫油的帽子，真正实现了石油工业的腾飞，使我国逐步跨入世界石油大国的行列。20 世纪 70 年代以来，煤成气理论的

研究与发展，极大地推动了我国天然气勘探与发展，相继发现了10多个大、中型煤气田，为我国的天然气工业发展奠定了基础。

来源于实践并被实践所证实的先进的基础理论，对石油工业发展具有重大推动作用，是石油工业快速发展的基础。因此，对我国石油工业未来的发展，应注重石油理论的研究与发展，进而指导石油的勘探与开发。

二、技术创新推动石油工业可持续发展

随着世界经济一体化进程的加快和知识经济的到来，科学技术已成为经济增长和市场竞争的关键。对于投入大、风险高和技术密集的石油企业，对科技进步的依赖程度更高。从世界石油发展来看，近30年跨越了三个阶段，20世纪70年代的规模取胜时代、80年代的成本取胜时代、发展到90年代的高技术取胜时代[3-5]。

从我国石油工业的发展历史看，我国50年石油工业的历史就是一部科技进步史。经过50年的艰辛探索，从地质到勘探、钻井、采油、集输及机械，已经构成科学研究与技术发展体系。地震勘探技术已跨入数字化技术阶段，具备了在河湖港汊、高原山地和沙漠海域等复杂地形下进行勘探作业的能力。钻井工艺技术已向智能化方向发展，当代先进的喷射钻井、定向井和丛式井钻井工艺技术已被广泛应用于生产实践。在稠油、超稠油和低渗透油气藏开采技术上已形成了自己的优势和特色，走在了世界前列。油气田地面工程建设日趋完善，西部油田开发管理实现了自动化等。但目前与世界石油大国相比还有一定的差距。在未来的发展中，科技将成为石油企业发展的重要环节，特别是在应用技术的发展与应用上。随着石油企业进入国际竞争行列，企业生存与发展的竞争，最终将是人才和技术的竞争，重视人才的培养与吸收、重视职工队伍整体技术素质的提高、重视技术的发展，将是未来石油企业生存与发展的根本内容。因此，在石油企业中要建立石油技术的创新体系、创新机制和创新环境，以利于人才的培养与吸收，为石油企业发展注入活力。

三、加速成果转化，提高科技成果对效益的贡献率是提高石油企业技术水平的捷径

石油工业是一个与科技紧密相连的行业，每一次技术的更新换代，都会带来石油工业的快速发展和全面进步。但目前石油企业的科技成果转化水平比较低，需要加大科技成果的转化力度，使高水平的科技成果尽快走出实验室，转化为现实的生产力。

目前我国石油行业的科技成果有4000多项，这是石油企业发展的一笔宝贵财富。但从科技成果转化的角度看，石油科技成果转化率仅有22%，远远没有发挥其应有的作用。究其原因，主要有以下几点：一是成果转化力度不够，很多成果只停留在鉴定评奖阶段，没有下力量进行推广及应用，没有发挥出应有的作用。二是机制影响成果转化，对于科研机构而言，适应市场能力差，计划经济体制下的"课题—申报—研究—鉴定—归档"的科研模式依然存在，造成大量科研成果与生产实际有一定的距离。有些科研项目在立项前，市场调查预测工作不够，科研与生产脱节，成果难以适用于生产实际。三是由于科研成果转化机制不健全，往往只片面追求成果的获奖等级及论文水平，而不注重成果的应用性。四是企业技术人员理论水平和技术素质较低，不能把新技术与生产实际紧密结合，消化和吸收先进技术的能力低，造成许多新技术难以发挥其作用，或者使新技术创造的效益大打折扣。五是企业推广应用资金不足。一项应用技术从室内研究到现场试验再转化为大规模应用，其投资比例大体上为1 ： 10 ： 100。目前大部分企业都处于仅能维持再生产水平，无力投入大量资金进行新技术、新工艺的推广及应用。六是技术配套不够完善，石油技术门类多，关联、配套性强，而目前石油科技成果大多是单项优秀而配套不够，机关配套技术的滞后也直接影响到科研成果的应用。

因此，加速成果转化，提高科技成果对效益的贡献率已成为重点解决的问题。加大科技成果转化的工作力度，使能产生高效益的成果尽快转化为规模效益。科研与市场需求相结合，由重技术水平、重成果奖励，转变为既重技术创新又重市场竞争力和规模效益上来。这样做既防止了只注重跟前利益，不重视长远利益、技术成果创新性和前瞻性不强的研究与应用，又提高了技术的创新性，提高了成果的转化能力。生产是科学技术发展的源泉和动力，科研项目要求来源于生产实际，在有生产企业技术人员充分参与的情况下，有针对性地开展技术攻关，形成一批投资少、见效快的科研成果，同时对提高企业技术人员的业务素质也具有很大帮助。科研院所与生产企业结合，共同解决成果转化资金不足的问题，通过试验区、试验工程项目对成果转化共同投资，坚持共同投资、风险共担、双方受益的原则，一方面解决资金不足的问题，另一方面增强科研部门对成果实际应用方面的投入，解决成果推广应用过程中风险反由应用方承担的问题，提高生产企业对新技术应用的积极性，同时提高科研部门对成果推广应用的责任感。使成果尽快转化成规模效益，使生产企业与科研部门共同提高抗风险能力和市场竞争能力，达到共同发展。

四、科技进步和技术创新是控制成本和提高经济效益战略的根本

石油行业是资源采掘型行业，既要不断提高效益，又要尽可能利用有限的资源，提高原油采收率。裁减冗员、加强管理、节约开支、控制投资等降低成本、增加效益的措施固然重要，但根本的出路还在于科技进步。统计资料表明，世界石油勘探开发成本从 80 年代初到现在，成本控制的关键在于科技进步带来的，其中起决定作用的不是裁减了部分人员，而是科技的巨大进步。

目前，国外各大石油公司纷纷把科学技术当作提高效益、降低成本、增强竞争实力的重要战略措施。而我国石油勘探开发成本较世界成本高出一倍，抗风险能力和竞争能力远远低于外国石油公司。这不仅与冗员过多、管理机制落后有关，更重要的是受到了世界先进技术落后 5 ~ 10 年的制约。因此，实施低成本战略，重点应放在科技进步上，尽快缩小与世界石油技术的差距。

五、人才的培养与吸收利用以及科技政策和体制改革是石油工业发展的前提

科教兴国作为一项基本国策已经成为全国人民的共识，是实现经济振兴和国家现代化的大计。作为技术密集型行业的石油工业，必须把科技进步和人才培养提高到更加重要的地位，特别是加强人才的培养、吸收及利用上。科技人才是掌握科学技术和知识的人，是科学技术、科学知识的载体，科学技术的创新与发展关键是人才，只有加快石油科技人才的培养、引进，才能尽快缩小和赶超世界发达国家石油企业的科技水平。

目前我国科技人才流失严重，回国效力的留学人员不足 10%，并且企业中人才的流失也相当严重，其主要原因是科技政策和体制的影响[8]。因此应大力改革科技政策和体制，改善科技人员的科研条件，提高各项待遇，吸收人才并充分发挥其主观能动性，推动石油科技进步。

加强对科技人员的培训和继续教育，加快知识更新的步伐。当代科技发展出现了高度分化、高度结合、科技与生产一体化及与社会、经济协调发展的趋势。因此要培养和吸收一批懂多种技术和经营管理，能解决复杂问题的复合型人才，以及掌握高、精、尖技术的专业型人才，带动石油科技的发展与进步。同时随着技术的发展，对广大职工也要进行再教育，提高文化、技术素质。

六、加快石油行业改革，为技术创新扩展空间

石油企业是技术和知识密集型石油工业的细胞，随着石油工业的发展，这个细胞必须有效地通过技术创新来汲取养分，扩大生存发展的空间。目前石油

行业正处于由社会主义计划经济向社会主义市场经济过渡阶段，要进一步加快改革步伐，为石油企业的技术进步提供良好的环境和政策。实行体制创新、组织创新、管理创新，优化产业结构，提高企业竞争力。石油企业要提高竞争能力，创造高效益，上下游必须结合成一个整体，利用上下游的发展，促进下游创造丰厚的利润；利用下游创造的丰厚利润又可促进和推动整体技术发展，并进一步推动上游勘探开发的不断发展，增加整体抗风险能力。改革计划经济给石油企业带来的上下游脱节，大而全、小而全的旧体制，实行体制创新、组织创新、管理创新。实行专业化管理，进一步明确甲乙方关系，引进竞争机制，充分发挥各自的资源优势和技术优势。促进技术创新和发展，使石油企业的整体优势得以充分发挥。

实施灵活的技术开发政策，开拓技术市场，石油企业要面向国内、国际两大市场，要取得更大的效益，就必须面对不断变化的市场，不断提高竞争能力。技术创新应采取灵活的政策，根据产品或技术开发的近、中、远期发展目标。做出不同层次的发展规划，以理论研究为基础，应用技术开发为先导，全方位引进和吸收先进技术，并在此基础上进一步发展完善。形成配套的、不断更新的技术。大力开发技术市场，加快技术成果的转让，使其能尽快转化为生产力，逐步使技术成果转化与成套技术设备转让相结合，使技术服务逐步实现专业化。

增加科技投入，增强发展后劲。目前我国石油企业的科技投入一般占企业销售收入的 2% ~ 3%，按照国际标准，研究开发费用占销售额的 1%的企业难以生存，占 2%的企业仅能维持生存，占 5%的企业才有一定的竞争力。据此看，我国的大多数石油企业仅在能维持再生产的边缘。因此，加大科技投入已成为企业生存、发展的关键[9,10]。

石油科技研究与技术发展主要依靠国家、行业投资，科研资金明显不足，并且科研成果与生产相脱节，造成成果转化率低，造成人力、物力的极大浪费。改革现行的投资方式，实行国家、行业、企业投资，科研院所、大专院校自筹资金的四方投资方式，做到谁投资谁受益，研究成果投资各方共享的政策。国家、行业投资重点放在基础理论研究及重大技术攻关项目，企业投资重点是解决生产中的重点技术问题，科研院所、大专院校投资项目重点是能及时转化为生产力的技术项目，通过技术转让形式回报投资进行再生产。使科研院所、大专院校的人才、科研设备优势和企业、行业的资金优势相结合，形成科研、成果转化、技术进步一体化。为石油工业的发展注入活力[11]。

总之，石油工业、企业的生存与发展，依赖于科技进步，科技进步需要大量的科技人才的共同努力。培养和吸收利用科技人才，并充分发挥其主观能动性，是科技进步的关键。因此，要改革科技政策和科技体制，使其能推动科技的进步与发展，从而促进石油工业的迅速发展。

参考文献：

[1] Dr，William Whitsitt.Advances in Technology：Innovations in the Domestic Energy and Mineral Sector

[2] 胡书勇．从石油工业的技术创新看波普尔科学哲学思想[J]．中国工程科学，2005，7（2）：20–23.

[3] 张永．论科技进步与石油工业发展[J]．石油大学学报．2000，16（6）：10–13.

[4] 赵明．关于石油科技创新的几点思考与建议[J]．石油科技论坛，2002(4)：43–45.

[5] 何艳青．科技进步推动世界石油工业可持续发展．环球石油，2006(6)：28–31.

[6] 康宏强．科技兴油五十年[N]．中国石油报，1999.8.31.

[7] 高瑞棋，赵文智．中油集团(CNPC)油气勘探形势与技术发展[J]．石油勘探与开发 1999（4）.

[8] 德晓斌．石油企业如何进行技术创新[J]．石油知识，1999,(I).

[9] Energy Information Administration，DOE：Performance Profiles of Major Energy Producers，2004.

[10] 鲜于德清．石油工业发展的不竭动力——科技进步与创新[J]．科教兴国与可持续发展，2002(10)：79–80.

[11] Cambridge Energy Research Associates、DOE 网站资料．

（撰写于 2009 年）

5. 模糊数学在天然气管道内腐蚀评价中的应用

一、模糊数学的起源

模糊一字来源于英文“Fuzzy”，它是指“模糊的”“不分明的”“边界不清楚的”。模糊数学是用数学方法处理和研究具有“模糊性”现象的数学。

随着科学的发展，过去那些与数学毫无关系或者关系不大的学科如生物学、心理学、语言学以及社会科学等，都迫切需要定量化和数学化，这就使人们遇到大量的模糊概念，这也正是这些学科本身的特点所决定的。人们决不能为迁就现有的数学方法而改变由于这些学科的特点而决定的客观规律，而只能改造数学，使它应用的面更为广泛，模糊数学就是在这样的背景下诞生的。

模糊数学诞生于1965年，它的创始人是美国自动控制专家L.A.查德(L.A.Zadeh)教授，他在第一篇论文“模糊集合”(Fuzzy set)中，引入了“隶属函数”这个概念，来描述差异的中间过渡，这是精确性对模糊性的逼近，因而他首次成功地运用了数学方法描述模糊概念，这无疑是一个开创性的、有意义的工作。此后，这个学科得到了迅速的发展。

二、模糊数学的发展及趋势

首先是模糊集合的建立，查德意识到模糊概念可以用模糊集合来表示，从而从量上来描述模糊现象，并以此为突破点而建立起研究模糊现象的基本理论。

模糊数学是研究和处理模糊现象的，它处理事物的概念本身是模糊的；即一个对象是否符合这个概念难以确定，也就是由于外延迷糊而带来不确定性。我们称这种不确定性为模糊性，也就是习惯上说的可能性。1978年，查德提出了可能性理论的基本思想，并阐述了随机性和可能性于隶属度的区别，这曾被人称为模糊数学发展的第二个里程碑。

由模糊集合的分解定理、表现定理和扩张原理等三个基本定律可以建立起模糊数学与经典数学之间的桥梁，用经典的方法来处理模糊的对象。这三个基本定律是模糊理论中最基本的研究技术：利用分解定理，可以将所研究的对象转换成一系列的经典问题来处理；由表现定理，可以通过求得的经典问题的解来研究模糊问题的求解方法；利用扩张原理，又可以将许多经典的研究课题进行推广，使所得结果更加接近实际，应用范围也更加广泛。

模糊数学虽然诞生在 1965 年，但在 1965—1975 年这 10 年内，它的研究方向主要是模糊集合和应用。而对于经典数学的核心部分，如数系、四则运算和数学分析等，却未加以模糊化，这在一定程度上使得模糊数学的理论落后于它的应用。直到查德提出了扩张原则之后，这才为模糊数学借助于经典方法开辟了新的道路。学者们相继开始了模糊数的系统研究。

模糊关系理论中模糊矩阵的结构、模糊矩阵的收敛性质、模糊矩阵的逆等最重要的论题得到了很大的发展并逐渐趋于完善。

集合论和数理逻辑在某些方面是等价的。因此在 1965 年查德的模糊集理论诞生以后，首先便用于数理逻辑。1966 年 P.N. 马里诺斯（P.N.Marinos）已经发表了数理逻辑的内部研究资料，这标志模糊逻辑的诞生。 数理逻辑在 20 世纪 30 年代以前是作为纯理论而存在的，之后在开关电路设计，特别是电子计算机的发展中得到了广泛的应用而成为计算机科学与自动控制理论的基础。自从模糊数学一产生就开始了模糊逻辑与模糊推理的研究，它在控制、专家系统、预测与决策等领域得到了成功的应用，特别是在工业控制领域更是硕果累累。

模糊测度与模糊积分是模糊理论的重要组成部分之一。模糊测度的开创性工作是查德于 20 世纪 60 年代后期完成的，而首先对模糊积分进行系统研究的则是 Sugeno。模糊测度与模糊积分不仅是模糊分析学的基础，而且，在如何建立模糊信息处理的学习模型、模糊评判问题、模糊模式识别、模糊聚类以及专家系统等实际领域得到广泛应用。

近年来，模糊理论中受到普遍重视的另一个方面是模糊神经网络 (FNN)，它是模糊理论同神经网络相结合的产物，它汇集了神经网络与模糊理论的优点，集学习、联想、识别、自适应及模糊信息处理于一体。1987 年，B. Kosko 率先将模糊理论与神经网络有机结合进行了较为系统的研究。在这之后的短短几年间，FNN 的理论及应用得到了飞速的发展，各种新的 FNN 模型的提出及与其相适应的学习算法的研究不仅加速了 FNN 理论的完善，而且在模型识别、系统预测、模糊控制、图像编码以及模式识别等领域都有成功的应用。

一个模糊集到底模糊到什么程度，又怎样来度量这种程度等问题，一直是学者们研究得较多的问题。今后求得更为一般的模糊度的表示，以及在具体问题中又如何选取较为合适的模糊度来对所论模糊性进行度量等都值得学者们深入研究。近几年来，模糊理论又与神经网络、知识工程、遗传算法以及可靠性理论等学科的相互结合形成的几类新的研究领域，发展还不成熟，但具有广泛的前景。

三、模糊数学的应用

模糊数学经过30多年的发展，不仅积累了非常丰富的理论成果，而且其应用几乎涉及自然科学与社会科学的各个领域。

（1）模糊数学目前在自动控制技术领域仍然得到最广泛的应用，所涉及的技术复杂繁多，从微观到宏观、从地下到太空无所不有，在机器人实时控制、电磁元件自适应控制、各种物理及力学参数反馈控制、逻辑控制等高新技术中均成功地应用了模糊数学理论和方法。

（2）模糊数学在计算机仿真技术、多媒体辨识等领域的应用取得突破性进展，如图像和文字的自动辨识、自动学习机、人工智能、音频信号辨识与处理等领域均借助了模糊数学的基本原理和方法。

（3）模糊聚类分析理论和模糊综合评判原理等更多地被应用于经济管理、环境科学、安全与劳动保护等领域，如房地产价格、期货交易、股市情报、资产评估、工程质量分析、产品质量管理、可行性研究、人机工程设计、环境质量评价、资源综合评价、各种危险性预测与评价、灾害探测等均成功地应用了模糊数学的原理和方法。

（4）地矿、冶金、建筑等传统行业在处理复杂不确定性问题中也成功地应用了模糊数学的原理和方法，从而使过去凭经验和类比法等处理工程问题的传统做法转向数学化、科学化，如矿床预测、矿体边界确定、油水气层的识别、采矿方法设计参数选择、冶炼工艺自动控制与优化、建筑物结构设计等都有应用模糊数学的成功实践。

（5）医药、生物、农业、文化教育、体育等过去看似与数学无缘的学科也开始应用模糊数学的原理和方法，如计算机模糊综合诊断、传染病控制与评估、人体心理及生理特点分析、家禽孵养、农作物品种选择与种植、教学质量评估、语言词义查找、翻译辨识等均有一些应用模糊数学的实践，并取得很好的效果。

四、模糊数学在天然气管道内腐蚀评价中的应用

油气长输管道在运行过程中不可避免地会发生防腐层的破损及管体损伤。为做到对泄漏事故的早期发现及防止泄漏的扩散，对管道防腐层和管体损伤的检查、评估和修补，是腐蚀与防护管理的主要工作内容。

综合评价是为了找出重点保护管段，即最有可能发生腐蚀的管段，而埋地管道的腐蚀是环境和保护措施双重作用的结果，所以将腐蚀与环境、保护相联系进行综合评价，才能反映腐蚀过程的系统效应。环境对管道造成腐蚀损坏的大小或

严重程度，称为管道的腐蚀态势。管道采取防腐措施的有效性或者保护程度，称为防护态势。管道上存在的损伤现状是环境腐蚀和防护有效性的综合反映。若对已知的腐蚀和防护势态进行准确的综合分析，就可以对管道的腐蚀破坏的危险倾向或程度做出基本的判断。目前防腐生产管理已经走向分级管理的道路。综合评价也应该能对管段的腐蚀与防护状态分级，让有限的资金解决现场腐蚀与防护的主要矛盾。

任何单向因素的作用或单向指标控制，都不能全面、准确地反映出管道所处的腐蚀危险性。但作为综合分析的因子却具有重要价值。通过综合分析的方法，确定管道的腐蚀与防护态势，对提高管道腐蚀与防护管理的科学决策具有重大意义。另外，随着管道运行时间的延续及防腐层的日益老化，管道腐蚀事故也日渐增多，使管理部门在人力、物力、财力等多方面不堪重负。因此，寻求在油气输送管道中筛选出需重点防护的管段的办法，是当前管道运营管理者的主要研究课题。

模糊灰色综合评价的基本思想是根据评判标准，将评判对象中各单因素模糊化，同时根据灰色理论，确定各因素相对于参考因素的重要程度，并且将其模糊化；然后通过模糊变换，可得到用模糊集合表示的评价结果，最后经比较可以得到所需结论。其关键在于确定评判对象、因素集(U)、评语集(V)、单因素评判矩阵(R)和权重集(A)。解题方法如下：

要正确评价一个具体对象，应该首先对这个对象的若干方面（模糊数学中称为因素）给出适当的评语，再综合，然后得到对具体对象的评价结果。

记 $U=\{u_1, u_2, \cdots, u_m\}$ 为评判因素集。其中 u_i 代表第 i 个因素。

用 $V=\{v_1, v_2, \cdots, v_n\}$ 表示评语集。其中 v_i 代表第 i 级因素。

为了进行综合评判，先进行单因素评判，即确定影射(α)：U → V，且对于任意 $u_i \in U$，记 $\alpha_i=\alpha(u_i)$，称 α_i 为对因素 u_i 的评价。解题步骤如下：

(1) 建立单因素评判矩阵 (R)：

$$R=(r_{i\times j})_{m\times n}=\begin{bmatrix} r_{11} & r_{12} & \cdots & r_{1n} \\ r_{21} & r_{22} & \cdots & r_{2n} \\ \vdots & \vdots & \vdots & \vdots \\ r_{m1} & r_{m2} & \cdots & r_{mn} \end{bmatrix}$$

(2) 根据上式建立正规化评判矩阵，$\forall i$，$\bigvee_{j=1}^{n} r_{ij}=1$，即：

$$R^*=(r^*_{i\times j})_{m\times n}=\begin{bmatrix} r^*_{11} & r^*_{12} & \cdots & r^*_{1n} \\ r^*_{21} & r^*_{22} & \cdots & r^*_{2n} \\ \vdots & \vdots & \vdots & \vdots \\ r^*_{m1} & r^*_{m2} & \cdots & r^*_{mn} \end{bmatrix}$$

(3) 建立归一化权向量，$W=(w_1, w_2, \cdots, w_m)\in I^m$，即：$\sum_{i=1}^{m} w_i=1$。

(4) 根据上式正规化权向量，使 $W*=(w*_1, w*_2, \cdots, w*_m)\in I^m$。

(5) 利用单因素决定型综合评判函数：

$$f(x_1,x_2,\cdots,x_m)=\bigvee_{i=1}^{m}(w_i\wedge x_i)$$

计算出评价结果，得：$Y(y_1,y_2,\cdots,y_n)$。

选取土壤电阻率、管地自然电位、防腐层技术状况和阴极保护有效性（保护度）确定因素集中的 4 个因素，同时将评价等级分为很好、较好、中、较差、差五个等级，建立起 (4×5) 阶的单因素评判矩阵 (R)。在该方法中，一般采用专家调查、现场数据统计、查阅文献资料和被评管道的腐蚀状况历史数据的方法先获得权重，然后再根据在现场实测的沿线电位数据和管道基础数据对管道的腐蚀与防护状况进行综合评判。

模糊灰色综合评价油气长输管道腐蚀与防护态势的方法易于程序化，为长输油气管道沿线大量测试点的腐蚀与防护态势的综合评价提供了一种新手段。该方法在理论上是科学的，实践证明也是可行的。更进一步的工作将是利用大量的现场实测数据进行处理，使评价标准更加准确，以使该评价方法在油气管道腐蚀与防护工程中得以推广应用。

（撰写于 2008 年）

6. 燃气公司的本质安全管理探析

一、国内燃气公司的安全管理现况

燃气行业在国内发展了几十年，从开始少部分城市的人工煤气或焦炉煤气，但随着西气东输、川气东送工程与清洁发展的要求，使用天然气的城市会大量增加，所以国内燃气公司的数量会在近段时间有快速的增加。虽然燃气行业在迅速发展，但是我国燃气公司的安全管理水平却参次不齐，沿海与内地、南方与北方还有较大差距。从对国内 30 多家燃气公司 2008 年的事故统计资料来看，每家燃气公司平均每天就有 3 起用户燃气相关事故需要技术人员必须立即到场处理。燃气管道被第三方破坏事故是紧接燃气泄漏事故后，发生事故率排第二的类型，职工在工作场所的受伤事故与交通安全事故发生频率也是很高。

在安全管理水平方面，燃气行业作为城市公共事业，存在行业发展的区别。与国内制造业相比，发展情况有所不同。国内制造业，尤其是出口型企业，竞争非常激烈。受国际标准、行业规范、客户要求的影响以及自身不断提高管理水平降低生产成本的情况下，制造业的安全管理在推行国际组织的规范，如 OHSAS18001 等，运用人机工程改善隐患方面有很大发展。而国内燃气公司建立的安全管理体系，通过 OHSAS18001 等规范的还是不多。

我们认识讨论本质安全管理，从安全哲学的角度，是解决安全管理工作的认识论问题，也让我们找到安全工作的方向与目标。燃气公司零事故、零伤亡、零损失（零事故、零伤害、零污染）是我们追求的终极目标。运用工程技术手段、管理学的方法，不断改善设备的安全性，提高人员的安全技能与意识，推行 HSE 管理体系提升管理水平。是否这些能够预防事故的发生?

二、本质安全的定义与理解

本质安全概念最初源于 20 世纪 50 年代世界宇航技术界，主要指电气系统具有防止可能导致可燃物质燃烧所需能量释放的安全性。之后有扩展的本质安全定义，指操作者在误操作或判断错误的情况下，即使有不安全行为，设备、系统仍能自动地保证安全；当设备、系统发生故障时，它能自动排除，确保人身和设备安全。

目前国内对本质安全定义还没有形成统一的认识，我比较认同的是许正权博士运用交互式安全管理理论给出的解释[1]。他认为，本质安全是指运用组织架构设计、技术、管理、规范及文化等手段在保障人、物及环境的可靠前提下，通过合理配置系统在运行过程中的基本交互作用、规范交互作用及文化交互作用的耦合关系，实现系统的内外在和谐性，从而达到设备可靠、管理全面、系统安全及安全文化深入人心，最终实现对可控事故的长效预防。

从以上本质安全定义的理解我们可以得出，设备和物的本质安全是一个相对的概念，会伴随工业技术的提高不断增强其安全性。比如燃气具增加熄火保护装置，燃气具安装的房间再增加燃气泄漏探测器和智能切断阀，是否这就达到本质安全呢？显然还没有，仅是提高燃气具的安全性而已。所以，本质安全应从物、人、信息与文化各个要素，从点、面至多维的角度来提高，通过各个要素的耦合，实现整个安全管理系统的和谐，互相取长补短，实现本质安全。

许博士给本质安全化发展[2]分为三个不同的层次，即基本安全阶段、规范安全阶段和本质安全阶段。

基本安全阶段主要任务是达到技术设备可靠，环境安全。

规范安全阶段主要任务是达到行为规范、技术规范、管理规范、法律规范，更为重要的一点是人应该满足以下要求：

1) 具有内在的安全意识；

2) 具备合格的安全技能；

3) 在自觉的安全意识引导下，能够充分发挥自己的安全技能；在规定的条件下和规定的时间内，安全地完成规定的任务。

本质安全阶段主要以文化安全为主题，达到人的安全理念、生产系统、安全系统、管理系统、信息传输系统的高度和谐，安全文化如同看不见的手引导个体、组织系统迈向本质安全化。

三、燃气公司推进本质安全管理的方面

国内此起彼伏的燃气事故，从事故调查的结果看，原因很多，如管线腐蚀泄漏引起爆炸，管线被无意破坏，灰口铸铁管线燃气泄漏，户内燃气管的不规范安装，使用无熄火保护的燃具等，这些问题除了燃气公司管理水平较低外，也是行业发展与设备制造的瓶颈造成的。但从实现本质安全的不同阶段，来讨论我们目前的安全管理推行情况与未来发展的方向。

首先，在基本安全阶段，应不断提高物、设备与设施的可靠性和环境安全。

在，场站或门站的设计阶段，通过科学的系统安全分析，如全流程的危险与可操作性研究 Hazop 与局部流程的故障树分析 FTA，找出生产装置与工艺流程中的危险及其原因，通过对关键部位的冗余设计来提高其可靠性。结合燃气设施建设的相关规范，在技术方案的选择，设备与管材的选型，施工过程的严格监督控制，尽量减少设施系统的缺陷。设施系统在投入运行过程时，除了制订严格的安全操作规程与预防性维护与保养外，还应定期进行系统安全性评估。推行设施的可靠性评估，选择不同的过程控制方法，做好事故的前期预防。如场站的危险性评价，以便决定设置何种安全设施，保持多大的安全距离，不同安全状况的设施操作人员具备什么样的安全技能等；管道可靠性评估，这个在国内还没有标准的评估模式，但也有很多燃气公司在做这方面的研究，如乌鲁木齐煤气、深圳燃气、上海市北燃气等。目前在对于评价要素的选择，概率模型等问题还有待突破。但不妨各公司向这个方向推行工作，因为各燃气公司面临的基本因素也可能存在差异。对单位客户燃气具系统的评估，这个方面还比较少资料。但是因为用户用气不当或者处理泄漏措施不当的事故也是很多。所以，我们必须要想方设法评估用户的燃具系统的可靠性。笔者认为，从目前的定期客户安全检查，可以在有限安全隐患数据库中筛出主要的评价因素，利用统计分析的方法模型来评估。决定我们给客户何种危险级别，怎样的安全措施建议，并在何种情况下决定给高危用户停气处理。燃气具也需要根据燃气事故分析出来的系统性缺陷不断提高其可靠性，但这方面还需要制造水平与技术水平的不断提高。

其次，在规范安全阶段，这个阶段主要是行为规范、技术规范、管理规范、法律规范和人的可靠性方面。燃气设施设计与施工方面的国家标准与规范近几年有很多修订，近期住房与建设部也正在对燃气管理条例进行征求意见。我认为对于城镇燃气这一公共事业行业，关系于人民日常生活过程很多，燃气经营企业应有更高的法规门槛。虽然目前有特许经营的控制，但是还应在企业注册资本、设施建设与运行管理监督等方面严加管理。燃气行政管理部门也要加强监督检查，如燃气设施安装的规范情况，管理人员与作业素质，等等，并对燃气事故采取详细的调查，对违法的相关方应追究其法律责任。因为发现部分燃气经营企业，过于重投资要效益，轻运行而隐患多。常见设施建设不规范，设施运行带严重隐患，作业人员素质低，管理松散，对发生的事故不认真调查处理，等等。所以应在法律层面有所提高，从社会环境监督、企业社会责任与法律意识等方面来满足用户对安全的需求。

燃气公司应建立完善的管理体系来负责营运的安全。加强在组织架构上对安全技术与管理的重视，确保有经验、有技术的专职人员来监督与评估，建立起能自我修复的管理体系，以保障系统能有效运行。如ISO9001、OHSAS18001等，通过持续不断的危险评估、控制与改善、过程监督检查、内部审核与管理评审等，提高安全管理水平。加强岗位职责描述与人员培训与考核。人的可靠性方面，这是一个很复杂的问题。邵辉教授[3]用组织学、心理学、管理学、人类工效学等多角度研究人的可靠性，并提出了很多改善与控制的措施。在燃气公司内部，如各级管理人员的法规意识，如资格证，上岗证等。一方面是工作技能的最低限度要求，一方面也是安全意识的体现。工作岗位的职责说明，符合岗位要求的人员的选拔与配备，上岗前的体检与技能考核。工作岗位的性质，必须配备合适的身体素质要求，如生理、心理素质要求。定期的培训教育和考核，完善岗位的全方位的培训教育计划，提高人员全面的素质要求。信息沟通方面，也是很重要的。1990年1月25日肯尼迪机场，阿维卡52航班因为与地面指挥系统沟通不畅引起一场惨剧，至今仍是沟通管理的典型教材。目前国内燃气公司发生的第三者破坏，事故调查显示，很大部分存在沟通不畅的问题。同时在公司内部保持一个纵向与横向沟通畅通的渠道，对于建立一个良好的团队都是非常有益的。加强公司内、外部的信息交流与沟通，如作业人员的交接班，事故隐患的报告，安全隐患改善建议，与当地燃气主管部门的沟通，施工方与监理方沟通，与用户的沟通渠道。建立24小时客服与抢险热线，与当地消防、公安、交通与燃气主管部门的事故处理联动机制，管线周边施工作业的多方确认，抢险人员的24小时值班，等等。

最后，在本质安全阶段，即文化安全阶段。企业文化方面，笔者认为企业价值观是公司建立组织思想与管理制度的基石。我们先看看企业的价值观，早一段时间出现的三聚氰胺带来的危机，是一个反映了个人、企业、组织丧失基本价值观的例子。一个具有正面积极价值观，以社会责任为核心的文化思想的企业，运行过程中以人为本，不但会产生很好的社会信誉，而且其内部的员工也会获得很高认同感。公司高层的重视，将安全工作放在第一位。杜邦公司有个规定：一项新的产品、工艺或一个新的工厂开工，在最高管理层操作之前，任何员工不允许进入工厂，必须厂长经理先操作，目的就是体现管理者对安全的承诺和重视。中华煤气有一个每月总经理检查制度，公司总经理每月必须到现场拿着安全检查表，逐项检查消防设施、管网运行等维护与运作管理情况。公司领导的态度与以身作则实际行动，本身也会在员工日常工作过程中产生正面积极的影响，促使员工提高安全意识。如遵守安全规章制度，严格按操作规程作业，工作过程中互相协作与监督，隐患信息及时反映，等等。

本质安全的发展与社会发展规律相似，都是由低级向高级发展。上面阐述的三个阶段也并不是孤立发展，而是其中也有交替与融合发展。比如燃气设施建设符合的基本规范，建立基本的管理制度，人员应具有燃气知识，公司建立以客为尊的企业文化。这些在基本安全阶段应有，并在以后发展的过程中不断被加强与完善。

四、小结

通过对本质安全的讨论，为燃气公司安全管理工作指明了方向。燃气设施建设符合相关设计、施工与运行管理规范，建立系统的安全管理体系，不断学习与持续改善，提高各设施和管线的可靠性和人员的技能水平与认识，加强公司内、外部流畅的信息沟通；在一个有着追求利润、优质服务与回馈社会的企业文化氛围内，高层重视并以身作则，在人、物、管理、信息与文化各要素建设方面，不断优化内部运行管理，将安全工作真正做到零事故、零伤害与零污染。

主要参考文献：

[1] 许正权，宋学锋，等．本质安全管理理论基础：本质安全的诠释．煤矿安全，2007(9)：75-78.

[2] 许正权，宋学锋，等．本质安全化管理思想及实证研究框架．中国安全科学学报，2006(12).

[3] 邵辉，邢志祥，王凯全． 安全行为管理．化学工业出版社 ISBN 编号：978-7-122-02110-6.

（撰写于 2008 年）

7、天然气长输管道冰堵的防治与应急处理

随着西气东输二线的全线投产，输气管线和分输场站的冰堵问题已日益突出。如何采取有效措施防止冰堵现象的出现，以及冰堵发生后应采取怎样的紧急应对措施，已是西气东输管道公司亟待解决的问题。笔者从运行管理的角度，分析总结了避免冰堵产生的有效措施及冰堵发生后的紧急应对措施。

一、冰堵形成原因

不管是天然气长输管道还是天然气分输站，天然气冰堵现象是运行管理过程中需要面对的问题。而如何采取有效措施避免冰堵现象的发生，一直以来也是运行管理单位研究的课题。首先分析下冰堵产生的原因，总体来讲，冰堵产生的原因有两种情况，其一是管道中存在较多的游离水，在低温情况下冻结成冰或者形成天然气水合物，此种情况多出现在天然气长输管道的地势低洼处或在天气比较严寒地带；其二是天然气在经过分输场站的节流阀、分离器等产生节流的地方，温度急剧降低，低于天然气水露点后，气相组分中的水分子析出，在高压低温的条件下，产生天然气水合物，造成堵塞阀门、流量计、其他工艺设备，甚至整个管线。

前者主要是因为在长输管道投产前所进行的管道试压中，大部分采用的是注水试压，这种方式相对来讲既可靠又安全，但是在清管过程中却很难全部将管道内的存水清理干净。在短距离的管道内含水是相当少的，可以忽略不计，但是对于较长的管线而讲，管道中存水就是一个不能忽视的问题。管道内的积水在低温环境下很容易形成冰堵。至于后者，由于节流体的节流效应，天然气在流经节流处会产生急剧的温降，一般压力每降低 1MPa，气体温度要降低 4 ~ 5℃，节流越严重，温降就越大[1]。而这时如果管线内有游离水，在高压低温的条件下，很容易产生天然气水合物堵塞阀门、流量计甚至整个管道。这一类的冰堵最常发生的部位为调压撬上。此情况在西气东输二线投产后尤其突出，因为西二线气源来自中亚，含硫量和天然气水露点均高于国内气源，在降压分输过程中极易产生冰堵。

二、冰堵的危害

天然气水合物形成后，会对输气生产产生重要影响。

（1）水合物在输气干线或输气场站某些管段（如弯头、阀门、节流装置等处）形成后，天然气的流通面积减少，形成局部堵塞，其上游的压力增大，流量减小，下游的压力降低，从而影响正常输气和平稳为用户供气。在西气东输一线刚投产时，分输站的下游用户用气量较少，分输压力较低，节流一般都比较大，而此时恰逢所输气体中含水较多，又赶上冬季气温较低，就非常容易发生冰堵现象，表现在工作调压阀上，就是阀门卡住不动作，这个阀门应是随时在动作进行调节压力的，不动作就意味着无法进行压力调节，给下游用户带来很大的影响，甚至会发生超压保护放空，如果是直供用户，还会导致下游用户停机事件的发生，造成巨大的经济损失。

（2）水合物若在节流孔板处形成，会影响计量天然气流量的准确性。

（3）水合物若在1101＃气液联动截断阀的引压管处形成，将导致控制单元不能够及时准确地检测到准确的信号，容易造成阀门误关断。

（4）水合物若在关闭阀门的阀腔内或者“死气段”内形成，体积膨胀，很容易造成设备或者管线冻裂。此情况在投产初期和冬季气温较低的地区很容易发生。

为此，输气中应该重视天然气水合物形成的危害，积极防止水合物形成，当水合物已形成时，应及时排除它。

三、防治措施

对于因注水试压而产生的管内积水问题，可采用管道干燥的施工方法，大致主要有三种，即：干燥剂干燥法、真空干燥法、干空气干燥法。其中干燥剂干燥法一般用甲醇、乙二醇或三甘醇作为干燥剂，干燥剂和水可以任意比例互溶，所形成的溶液中水的蒸汽压大大降低，从而达到干燥的目的。残留在管道中的干燥剂同时又是水合物抑制剂，能抑制水合物的形成。真空干燥法主要是在控制条件下应用真空泵通过减小管内压力而除去管内自由水的方法。其原理是创造与管内温度相应的真空压力，以使附着在管内壁上的水分沸腾汽化。目前在我国广泛使用的是干空气干燥法，干空气干燥法有两种施工方法：第一就是直接应用干燥空气对管道进行吹扫，第二就是用通球法对管道进行干燥。从干燥效率和效果上讲，前者不如后者；从应用范围上讲，后者适用于通径管线，而前者适用于所有管线，包括变径管线。

对于防治因天然气水合物而形成的冰堵，目前尚无十分有效的处理办法，可尝试从以下几方面考虑：（1）从源头上保证进入管线的天然气含水量满足国家标准。对天然气先进行脱水处理，即对天然气进行干燥，然后再送入输气管道。天然气的干燥方法，有液体吸收法脱水、固体吸附法脱水。液体吸收法脱除天然气中的水泡，是利用甘醇等具有很好亲水性的液体脱水剂，吸收天然气中的水汽，降低天然气的水露点，使之在输送压力条件下，低于输气温度5～10℃。天然气中的水汽始终处于较低的不饱和状态，水合物就不会形成。固体吸附法脱除天然气中的水汽，是利用分子筛、氧化铝、活性炭、硅胶等吸附水汽能力很强的脱水吸附剂，吸附天然气中的水汽，降低天然气的水露点，达到防止长输管道中形成水合物。液体吸收剂和固体吸附水后，利用蒸馏或加热等方法，赶出其吸收或吸附的水汽，获得提纯再生，再继续使用。西气东输管道公司在管输天然气过程中采用旋风分离器和过滤分离器来去除天然气中的液态水分子，见图1。(2) 冬季来临前，特别是刚投产的输气管线，生产企业应该有效组织输气场站对阀门、过滤分离器、计量撬、调压撬、排污罐、放空立管等设备进行排污，将管线和设备内的积液及时排除。日常巡检时要注意过滤分离器的差压表，当差压达到30KPa时，要做好更换滤芯的准备，过滤器差压大于40～50KPa时应立即更换滤芯。(3) 提高天然气的流动温度，即在调压撬前对天然气加热或者对于易冰堵管段安装电伴热带，确保天然气的流动温度或者调压撬后的气体温度保持在天然气水露点以上，防止天然气水合物的生成。西气东输二线建设时，大部分分输站均在调压撬前增加了电加热器对天然气进行加热，防止天然气经过调压撬后温度低于天然气水露点。同时对于分输场站内的排污管线、调压撬管线、调压撬引压管、自用气撬均增加了电伴热带并包裹保温材料。(4) 加入化学制剂来抑制天然气水合物的形成，此方法在前文已经提及，目前较常用的是甲醇。

图1 旋风分离器和过滤分离器

四、处理冰堵的紧急措施

如果输气管线某处已经形成水合物，造成堵塞，就应及时解堵。目前工程上主要采取以下措施解除冰堵：(1) 降压解堵法，即在已形成水合物的输气管段，用特设的支管，暂时将部分天然气放空，降低输气管的压力，破坏水合物的形成条件，即相应降低了形成水合物的温度，在水合物的形成温度刚低于输气管线的气体温度时，水合物就立即开始分解。实践证明，这种水合物分解进行得很迅速，整个操作过程仅需要 10 分钟左右，这是由于当水合物的结晶壳刚开始液化时，水合物立即自管壁脱落下来，并被排出的气流从输气管带出。(2) 对发生冰堵的管段注入防冻剂，即利用压力表短节、放空管等向输气管内注入防冻剂（装置见图 2），例如甲醇等，让防冻剂大量吸收水分，降低水合物形成的平衡温度，以破坏水合物的形成条件，使之生成的水合物分解，从而解除水合物的堵塞。甲醇是有毒物质，操作人员工作时，应注意保护自身不受侵害。注入防冻剂解堵后，管线内就有凝析水和防冻剂，这需要及时用排水设施将其排出管外。(3) 对发生冰堵的管段浇淋热水进行解堵。或者采用蒸汽加热车对发生冰堵的管段进行蒸汽加热，如果是埋地管道则把该管段开挖。通过加热天然气，提高天然气的温度，破坏天然气水合物的形成条件，促使天然气水合物分解。(4) 对发生冰堵的管段进行放空吹扫，包括利用下游分输管道进行反吹扫。(5) 尽量提高分输压力，以减小调压撬的前后压差，减小温降。如果不能提高分输压力，则降低调压撬前后压差（不大于 1MPa），在干线

图 2　防冻剂注入装置

管道上通过截断阀室的旁通管线进行压力调节，降低分输站的进站压力。此方法在2010年西气东输一线、二线冬季运行时已经作为临时措施采用。

在西气东输实际生产中最常用的还是加热和注醇，最简便易行的方法就是在管道冰堵处喷淋热水或者蒸汽加热。

五、结论

中亚天然气已经通过西气东输二线进入国内，如何防止天然气水合物的形成，防止冰堵的出现，如何快速有效地处理长输管线和输气场站的冰堵问题，尽快恢复正常生产已是西气东输管道公司亟待解决的课题。笔者从运行管理的角度分析总结了目前工程上常用的防止冰堵措施及冰堵发生后的应急处理办法。

参考文献

[1] 姚光镇．输气管道设计与管理[M]. 北京：石油大学出版社，1989.

（发表于2012年）

8. 西气东输工程与我国天然气工业发展

我国天然气工业自1949以来，主要集中在川渝地区开发利用，虽然20世纪70年代川渝地区勘探取得了一些成果，并且完成了川气出川的规划，但终因各种因素未能实现目标。20世纪八九十年代，随着我国综合实力的提高和科学技术水平的发展，中国石油果断采取措施实施了稳定东部、发展西部战略的实施，加大了对西部资源的勘探开发力度，并相继发现了塔里木盆地、柴达木盆地、鄂尔多斯盆地等西部地区丰富的天然气储量，累计探明天然气储量高达3.4万亿立方米，而资源缺乏的东南部地区对清洁能源天然气巨大的市场潜力，为我国天然气工业的发展奠定了坚实的资源和市场基础。特别是塔里木盆地的天然气资源量高达$8.39\times10^{12}m^3$，占全国天然气资源总量的22%，截至2002年已累计探明储量$6463\times10^8m^3$，可采储量$3724\times10^8m^3$，为西气东输工程的启动创造了先决条件。21世纪初，党中央国务院英明决策，实施西部大开发战略，促进西部地区经济发展，提高西部经济综合实力，加大对基础设施的投入，作为将西部丰富的天然气资源优势转化为经济优势、改善东部地区清洁高效能源结构的西气东输工程得以实施。

西气东输工程主要包括上游气田开发、中游管道建设、下游天然气利用三个部分。其中上游涉及塔里木、鄂尔多斯盆地气田开发和建设；中游管道横贯我国东西，干线长约3900千米，途经新疆、甘肃、宁夏、陕西、山西、河南、安徽、江苏、浙江和上海市等10个省（区）市，设计输量$120\times10^8Nm^3/a$，设计压力10.0MPa，管径为ϕ1016mm。下游涉及沿线东部地区城市居民用气、工业燃料、化工原料以及天然气发电等综合利用。西气东输工程是一项世界级的宏大工程，作为我国西部大开发标志性工程之一，不但有利于加快新疆以及我国西部地区经济的发展，促进我国能源结构的调整，有效治理大气污染，促进长江三角洲地区的经济快速发展，而且是标志着我国天然气工业发展新时期的到来，极大地带动了整个天然气工业的全面发展，是一个非常重要而具有划时代意义的里程碑。概括起来，西气东输工程对我国天然气工业发展的重要意义主要体现在以下几个方面：

一是促进了我国能源结构的调整。世界常规天然气资源量为$328.3\times10^{12}m^3$，

已经开采 $50\times10^{12}m^3$，目前探明的可采储量为 $145\times10^{12}m^3$，其中独联体和中东，年产天然气超过 $2.3\times10^{12}m^3$，北美和独联体占总消耗量的54%以上，主要工业化国家天然气占三大能源消耗的23%。据预测，随着技术进步、输气管网建设、LNG 运输和国际天然气市场贸易的扩展，全球天然气 2010 年、2020 年、2030 年消耗将分别达到 $3.1\times10^{12}m^3$、3.4×10^{12}m3、$3.66\times10^{12}m^3$，最终达到总能源消耗的 25%。目前，我国天然气总资源量预计为 $47\times10^{12}m^3$，每年的天然气产量只有不到 300 亿立方米，占三大能源消耗约 3%，而煤碳消费却高达 72%以上。特别是对缺乏能源的长江三角洲地区来说，2000 年该地区一次能源消费量近 1.9×10^8 吨标煤，其中外地调入达 1.7×10^8 吨标煤，调入比例 94%。当西气东输工程建成达到 120 亿立方米设计输量时，可将天然气在全国能源结构中比例提高一个百分点，其相当于 900 万吨标准煤供应，并且每年可以减少向大气排放 27 万吨粉尘，将会明显改善大气环境质量。

同时，按照以市场为导向、提高市场份额、拓展天然气业务的原则，我国将规划构建覆盖全国的五横两纵天然气基干管网，逐步形成西气东输、北气南下、就近外供、海（LNG）气登陆的供气格局，最终形成以轮南—上海、长庆－北京为主干线的西气东输和陕京二线，以及川渝、京津冀鲁晋、长江三角洲、西北、两湖地区为主的地区性天然气管网，实现塔里木、柴达木、鄂尔多斯、川渝盆地四大气区全面外输，再加上俄气进中国、华南 LNG，最终实现全国天然气资源的多元化、供应网络化和市场规模化。我国天然气管网全部建成后，将把天然气年供气量由目前的不到 300 亿立方米提高到 2015 年的 1500 亿立方米以上，从而使天然气在能源结构中的比例达到 10%左右，将迎来我国天然气工业的全面发展。西气东输管道横贯西东 4000 千米，直接连接西部主要三大供气地区和东部沿海市场，已经先行开工建设，在整个管网建设中举足轻重，具有骨干带动作用。

二是促进了天然气管道建设水平的提高。在设计方面，利用当今国际先进的设计理念和设计手段，采用输送压力 10MPa、X70 钢级、大口径、大功率压缩机组、先进的自动化控制和通信信息系统、高精确度的流量计系统等高技术标准，实施大面积卫星遥感选线，建立并进行水力模型分析，应用灾害和风险评估技术，开展了数十项大型专题研究，从而全面提升了我国管道科技水平。在工程施工方面，针对管道途经吕梁山、太行山、太岳山、陕北黄土塬、三次过黄河、一次穿长江、一次穿淮河等，地质地貌特别复杂，借鉴国际当今类似管道先进经验，研究编制了具有国际水准的施工技术标准和规范，广泛采用全自动焊接、全自动超声波检测、长江盾构、黄河顶管、定向钻等新技术、新工艺，严格按照国际标准执行项目管理体制，进一步提高了施工技术和施工管理水平。在关键设备和材料方面，西气东输在坚持高标准、高水平建设的同时，非常关注民族工业的发展，先后带动了X70钢级、钢管制造、设备仪表、施工机具等国产化，全面促进了设备材料的国产化水平，甚至换代升级。在大型工程、尤其是跨地区大型工程项目管理方面，通过工程建设形成了全方位、全过程的中外联合监理的管理模式，用招投标竞争方式选择承包商的机制，突出三大控制要素的项目管理体系，“以人为本、回报社会”的HSE管理理念等项目管理模式。针对自然环境、文物保护、涉及公路、铁路、河流穿越、征地赔偿等地方关系协调工作的完整处理机制，全面采用信息技术等现代化手段。并培养锻炼了一批从事天然气管道包括科研、技术、装备制造、设计、施工、项目管理的专业技术人才和管理人才，从而为后续天然气管道的建设奠定了坚实基础，全面提升了大型天然气管道建设整体水平。

三是促进了天然气市场构架的完善。目前世界上美国、俄罗斯、英国、法国等主要天然气工业国因其资源状况、社会经济背景不同，在天然气工业发展过程中可能采取的管理体制、价格政策、定价方法都有自己的特色。但在天然气市场上天然气定价机制的目标都是期望将买卖双方差异极大的各自长期利益协调起来，从而定出一个能公平分担风险的价格。对于卖方来说，要使投入气田勘探、开发、输送的巨额投资能够得到应有回报；价格要能反应天然气在市场上的动态价值。确保此目标就是天然气价格不能低于生产成本，并使卖方的巨额投资能获得应有的利润。对于买方来说，天然气价格水平和变化应与市场上能与天然气竞争的其他能源价格水平和变化相协调。

西气东输工程天然气则采用两部制订价方式。即天然气井口气价实行政府指导价，政府制订基准价格及浮动幅度，具体价格由供需双方在浮动范围内协商确定；管道运价实行政府定价，价格水平由政府确定。在价格形成机制上，确定了补偿投资及运行成本，并使投资者获得合理收益；用户合理承受能力；与替代能源价格浮动幅度挂钩；管输价格按运距实行递运递增等原则。西气东输按市场经济法则，进一步完善了我国天然气工业发展中以市场机制为主、国家宏观调控、价格真实反映价值的天然气商品定价机制。

在西气东输项目天然气销售中，认真总结我国天然气销售体制中的问题，学习和吸收了国际上天然气发展过程中的成功经验，确定了照付不议长期合同销售模式，明确约定了合同期限、合同气量、天然气销售价格、天然气的品质、交气地点、压力、供用气负荷曲线、计量方式、天然气结算方式、天然气使用权的转让、不可抗力除外条款，改变了计划经济下利用政府调控手段进行天然气商品资源配置的形式，按照市场经济法则，建立了以市场需求为导向的天然气生产、分配新模式，将项目建立在可靠的市场基础上，从而有效规避了风险，确保了整个项目的经济效益和社会效益。

由定价机制和销售模式所构成的市场构架，既科学合理，又适应了市场经济发展的客观要求，改进了政府对天然气的管理，为今后天然气项目建设将会起到一定的示范作用，必将极大促进我国天然气的开发利用和天然气工业的整体发展。

四是促进了天然气相关产业的发展。

（1）能源化工行业

天然气电力：为确保华东地区经济持续快速增长所带来能源消耗不断增长的需要，国家已经计划利用西气东输天然气在长江三角洲地区建设若干燃气电厂，总用气量预期将超过管道设计输量的30%以上。天然气发电厂的建设，将进一步完善华东地区的发电结构，尤其是天然气发电厂参与电网的调峰，将会使天然气发电的优势进一步得以体现。

城市燃气管网：长江三角洲强劲的经济增长势头以及高速发展的城市和城市燃气管网建设，将会给管网的运营商创造商业机会。西气东输天然气首先进入城市，将会使沿线近1亿城市居民以上使用上新型的清洁能源，将极大提高城市居民的生活质量。

天然气化工：西气东输工程的建成为华东地区的化工行业提供新的原料，降低化工基本有机原料的生产成本，提高市场竞争力。

天然气燃料电池：天然气燃料电池发电的热能效率达到80%以上，环保性能突出，在电力、交通领域已经开始商业化应用，使用范围广，前景诱人，预计全球2010年燃料电池发电容量的需求量将达到1GW。长江三角洲地区集中了许多高素质的科研人才，科技力量强大，经济实力雄厚，为开展天然气燃料电池的研究创造了有利条件。

（2）钢铁行业

西气东输管道主干线用钢近170万吨，总价值近百亿元，将促进管道钢材的发展。为了解决优质管线用钢瓶颈问题，经过国内相关部门的共同努力，实现了X70级钢材和制管的国产化，不但节约了建设投资，而且促进了国内制钢和制管水平的换代升级，为大口径天然气管道建设储备了技术条件和生产能力。

（3）机械制造业

天然气汽车：根据国家环保政策和长江三角洲地区经济发展要求，随着西气东输天然气的投运，采用清洁高效的天然气环保汽车将成为这些地区交通的重要组成部分。而西气东输目前规划供气地区覆盖人口达上亿，大部分城市将逐步使用清洁的天然气汽车，预计天然气汽车将达到数十万辆，全国可达百万辆。天然气汽车技术的研究运用及制造销售将进一步得到发展。

天然气制冷和天然气空调：经过经济性能和环保比较，天然气制冷和天然气空调日益显示出与电力制冷相竞争的优越性和巨大潜力，并已经逐步在商业与民用方面得到广泛利用。但在天然气制冷技术的利用与开发方面，特别是装置热效率提高上还有很大发展空间。西气东输天然气无疑会加快其利用步伐。

管道设备和材料：将随着工程建设和生产运营将促进重要管道设备的国产化，从而带来新的升级。在工程建设中特殊专用施工装备的研制采用也为今后中国建设大型管道创造了条件。在城市燃气具方面，据预测，未来 5 年，我国城市居民家庭对于燃气具产品的需求旺盛，预期购买率将达到 50% 左右。燃气灶的市场需求总量将达到 4240 万台，热水器 4660 万台，抽油烟机 4680 万台，与天然气相关的燃气具产品市场空间进一步增大。

(4) 建材行业

国内平板玻璃、建筑卫生玻璃和玻璃纤维等产品的生产能耗约是 2500 万吨标准煤，但其中天然气的消耗量仅占能源消耗总量的 2%~3%。西气东输管网贯通时，华东地区玻璃、陶瓷和玻璃纤维三个主要用气产业的新增生产能力都采用天然气，不但对现有以煤、油为燃料的企业进行天然气置换，而且将有效提高其产品的质量和规模，促进其产业上水平。

(5) 建筑施工业

西气东输从上游气田开发、管道工程建设以及下游天然气利用项目的建设，为国内工程和建筑施工业创造了新的商机。高水平的工程施工水平，也为我国工程技术服务和建筑施工企业参与今后国际工程承包竞争建立了良好业绩。

(撰写于 2003 年)

9. 平衡计分卡在岗位绩效评估中的应用

一个好的企业需要好的思路，因为思路决定出路，战略决定成败。当今世界上凡是成功的大型跨国企业和中小企业无不体现明了。但凡进一步研究，我们更注重的是百年老店，关注企业的持续增长问题。有的企业在辨识机会中，可能瞬间抓住了一个机会，能够迅速成长壮大，但往往好景不长，消失得也很快。所以，仅有一个好思路、好决策并不能够代表企业真正成功。这就使我们想到了另一个层面，一个企业的内部管理问题，如何将一个企业、团队做强做大做长久。根据此思路，又引申出了一系列企业体系制度建设和管理问题。只是有了良好的框架与流程设计是不够的，传统泰勒式管理只针对事的管理，而现在关键在于人的管理。常言说，成事在人，败事也在人。如何通过人去管理好事，做到人与事的有机结合，将企业的各项部署决策落实好，这就涉及我们不能回避企业的执行力问题。其实，执行问题已经探索很长时间了，怎样评估怎样考核，如何做到最有效果，保持时间最长久，形成良性循环，自我发展，是摆在所有企业家和管理者面前的重要课题。

而当今世界，针对不同的企业、不同的国家、不同性质、不同时期，结合现代管理理念变化，都分别研究出了不同的方式。其中平衡计分卡就是一种比较公认和通行的手段。我今天主要是结合管理处的实践，谈谈在文化引导团队建设中如何应用好平衡计分卡这一手段开展岗位绩效评估进行探讨。

作为管理处的职责来说，重在执行落实公司的各项部署和安排，完成各项生产经营指标。要完成这个任务，执行的落脚点就在每个岗位、岗位上的每个人。我对管理处的总体管理思路就是，制订全年工作任务目标分解计划，落实到岗位去执行，通过评估每个岗位执行质量绩效，进行纠偏确保完成效果，同时通过设置奖惩细则，促进每个员工知道自己职业工作的底线不能触犯，实现最低效果来保证工作任务基本完成，从而最终建设成总体目标明确，各司其职、各尽其能，各处发展的良性滚动循环机制和文化。这其中，关键环节在于如何真正评估好各岗位绩效，及时发现问题，及时纠偏。为做好此项工作，我借鉴国际平衡计分卡方式进行了分析思考，并结合公司的各项制度办法进行统一考虑。

一是明确总体思路。首先是管理处班子统一思想，既要落实公司各项制度办法，更要注重执行效果质量和顾及长远管理、队伍建设目标。班子通过学习讨论后认为，针对管理处新、队伍年轻、任务重的特点，必须采取有针对性的措施来逐一解决。一是将公司下达给管理处的各项任务目标，通过编制以月、周为单位的年度计划明确年度工作的内容，增加工作的预见性和主动性，实行月度跟踪检查核实，动态管理，目的是统一每个员工的思想和行动。二是明确每个员工详细岗位职责，明确工作内容和标准，制订以岗位考核为重点的评估体系，检查落实工作任务内容完成执行情况，促进管理处工作落实。三是通过将公司各项管理办法制度中相关奖惩内容摘录或细化，明确员工在执行过程中的职业底线，明确红线，保证工作完成的最低质量和要求。从而形成计划（任务）—执行（落实）—保证（底线）的工作机制，建立好平衡计分卡式的运转模式。

二是明确评估内容。对每个岗位来说，我们按照专业和岗位分工，主要分为三个部分进行明确评估内容。一是综合评估部分，主要包括企业文化知识、劳动管理、思想认识、团队建设等方面；二是专业评估部分，主要包括专业技能、专业日常管理、专业专长管理、专业技能现场测试等；三是安全部分，评分包括安全责任、安全培训教育、安全技能、安全应急以及六条禁令特殊条款等，特别是将公司下达管理处的所有 QHSE 指标全部逐级分解落实到各级岗位并形成完整指标体系作为绩效考核最重要内容；四是民主测评部分，主要测试岗位员工的团队执行力。每个部分都涉及有理论测试和现场技能测试。目的是通过指标、任务、技能、效果等对员工的素质、技能、团队进行全面评估，找出员工好的表现和短板，通过面谈记录等形式向员工反馈，找差距不足，并作为下次进行检查评估的内容，循序渐进地提高员工素质，促进员工良性发展。当然，在评估设计中，要求每项评估内容做到量化考核，将平常工作与总体技能进行有效结合，在不同时期考评不同内容，评分分为应知应会内容阶段、规范规程阶段、创新创效阶段、综合能力阶段等，根据不同时期提出不同测评评估重点，将公司管理处工作进行有机结合落实，使目标管理与业务工作紧密结合，以保证整体内容推进。

三是强调过程控制。岗位评估工作是一个内在驱动的机制，也是一个参与提高共同进步的机制。评估过程是一个互动过程，评估者与被评估者是双向互动的，互相学习借鉴的过程。一方面要求评估者要根据不同时期工作重点和内容提出需要评估考评的重点和标准，需要自身不断提高素质，准确把握对工作任务和岗位职责目标的理解认识，寻找自身业务不足；另一方面更需要被评估者要按照管理要求和职责要求主动地进行业务技能学习提高和对完成工作的理解把握与执行，特别是对找出问题进行弥补和改进；更主要的是要两者在评估过程中互相学习认识提高，形成统一认识意志和行动，共同分析理解任务和目标；特别是将不同岗位、不同时期、不同阶段、不同站队的经验与教训进行有效分享，通过面对面的讲评和分析，提出改进建议措施，从而形成评估测试、经验传授、传达指令、促进发展的有效平台。每次测试都公开进行通报分析，从而将小时巡、日落实、周安排、月分析、季考核、年总结的管理融入所有岗位中进行观察记录，不但要在每季度末进行集中现场考评，而且在日常考核中实行日考核、周通报、月统计、季兑现的奖罚分制度，实现个人评估进步结果的历史记录和站队科室团队的历史档案；既教会每个员工养成自我评估的意识和方法，也促进每个员工在专业管理方面的自我比较，促进员工素质和技能成长。

四是明确评估后结果导向使用。岗位绩效评估的结果必须使用才有推动力。如果只是为评估而评估是没有实际意义的。管理处明确将员工评估结果纳入切身利益管理，主要与绩效奖金兑现、干部聘用、职称评审、专业技术骨干聘用、操作技术能手聘用、先进评比、参加培训、福利待遇等全面挂钩。管理处制订了评估结果完整的使用细则，包括如何评审及主要评审内容，无一不与岗位绩效评估记录挂钩。目的是激励和鞭策员工要严格按照岗位职责要求认真地、脚踏实地地履行职责和工作，要全身心地投入其中并学会自我控制、自我管理、自我进步，为团队整体建设作出贡献。也只有通过此办法建立起公开公平透明的管理文化，促进员工全面发展。

五是加强员工对岗位绩效评估的培训。虽然借鉴了平衡记分卡这种形式，但对新来员工刚开始可能有些认同和理解障碍，需要结合岗位进行培训。要从理论上向员工讲明这种方法的科学性和对公司管理处任务目标完成的重要意义，讲明开展此项工作对员工自身成长的重要性，从而在员工中达到执行的共识，而不是仅仅为了测评而测评，消除反感和被动心理。同时要真正将员工定到岗位后，指出他目前从事工作对他本身职业生涯的现实和长远意义，明确告诉他工作的标准和评估内容，让员工认清认透认深他的工作，以满腔热忱地投身其中，增强工作的主动性和创造性。要在员工日常工作中有针对性地开展引导培训，提出他改进的措施办法，站在员工角度思考问题，真正关心员工成长成才，增强员工对岗位的认知程度。要有总体计划地引导工作，计划用多长时间多大力气完成阶段性的员工成长计划，让员工通过培训知道自己进步的阶梯和目标，不断追求新目标，感受到自身的进步和成就，充分认识到劳动得到尊重的价值感。

六是融入文化引导。平衡计分卡方法的应用实际上是在管理处岗位绩效评估中建立一种自我评估的进步文化。刚开始可能是需要管理处进行强制推行和引导，但推行一定时期，大家提高了评估水平和养成了评估习惯后，实际上是在推动建立在公开公平竞争机制上的透明管理文化的形成。目的是通过建立良好的评估体系和结果使用机制，通过评估过程，增强大家对工作任务、对自身岗位、自身能力、团队协作的自我认知和理解，不断通过比较分析，瞄先进、学经验、找差距、补不足，享受自我成长的过程、享受团队建设成果的追求，共同创造一种符合现代管理的文化。作为管理者要清醒认识到这种文化才是企业和管理处保持长期稳定发展的基础才是核心竞争力的重要内容。

总之，企业管理是一个永恒的话题。各兄弟管理处都有许多好的做法值得学习借鉴，公司的各项战略部署和工作任务已经安排，如何提高管理处工作水平需要我们大家共同探索。

（撰写于 2013 年）

下篇 以润载道

举旗帜，创新局，以润载道，美育之旅，开创新局，
要在守正、贵在创新、润物无声、以美育人、以文化人。

1. 用习近平新时代中国特色社会主义思想引领西气东输高质量发展

按照中国石油集团公司党组《关于按照党中央统一部署认真学习宣传贯彻党的十九大精神的通知》要求，以及上海市委的部署安排，党的十九大召开以来，西气东输管道公司党委提前筹划、认真准备、精心组织，分层次、分步骤开展党的十九大精神宣贯工作，确保十九大精神进机关、进站队、进岗位，深入人心。

一、广泛学习，深刻理解领会党的十九大精神内涵实质，用习近平新时代中国特色社会主义思想统一西气东输发展的根和魂

2007 年 10 月 18 日，举世瞩目的中国共产党第十九次全国代表大会在北京人民大会堂隆重开幕。公司将收看收听十九大开幕盛况作为公司全体党员过党的生活的一件大事来抓。公司两级班子中心组，所属单位机关各党支部通过视频系统集中观看了开幕式。各基层站队党支部通过电视、网络或广播收看收听开幕盛况。在西气东输管道沿线的施工现场，在守护管道安全的巡线路上，在奔赴秋检作业的途中，在倒班休息的宿舍里，大家纷纷利用手机在线观看聆听习近平总书记的报告。在保障安全生产的同时，确保人员到位、时间落实、场所有保障。对因工作原因不能及时收听收看的，组织收听收看重播，确保广大党员干部群众在第一时间收听到党的声音。公司还通过微信公众号、网页等方式全文转发党的十九大主题报告和相关解读文章，推动全员方便及时学习领会。

为深入贯彻中央精神，落实党的十九大精神宣贯进机关、进站队、进岗位，公司成立了由公司党委书记任团长、纪委书记任副团长、公司党群部门负责人为成员的“党的十九大精神宣讲团”开展集中宣讲工作。经过集中培训后，公司“党的十九大精神宣讲团”11 名宣讲员分 5 组，分赴管道沿线线站队开展统一宣讲。在为期一周的时间里，宣讲团累计开展集中宣讲 16 场，覆盖了公司机关 14 个职能部门、20 个所属单位、170 个站队。在赴基层站队开展宣讲的同时，宣讲团成员还与公司管道线路、阀室、高后果区等关键岗位的党员进行面对面宣讲交流，结合天然气行业发展动态、集团公司工作要求以及公司发展实际，用接地气的语言宣传十九大精神，确保党的十九大精神宣讲进机关、进站队、进岗位、进员工。

公司“党的十九大精神宣讲团”在开展集中宣讲的同时，公司所属各单位同步开展二次宣讲。各级党组织书记结合十九大报告精神和公司实际，亲自撰写宣讲提纲，当好公司内部党的十九大精神基层宣讲员，参加基层站队党支部的党课学习，与线路管理员一同巡线，结合基层员工的工作实际，讲清楚社会 5 年来的新变化、近期出台的新政策、公司未来的新发展，切实把公司上下的思想和行动统一到党的十九大精神上来，把干事创业热情凝聚到建设世界先进水平管道公司的实践中来。

公司各基层党支部在基层站队支部书记、站队长科室长组织下，通过“三会一课”、站务会、橱窗展板、网上展播等各种形式，分专题集中开展全面系统的学习理解，还纷纷通过中国石油集团公司党建系统平台、党建系统 APP 等在线学习平台交流十九大学习体会，切实让党的十九大精神在全体员工中武装了头脑，丰富了思想，生起了根，筑牢了魂。公司团委组织在团员青年中开展学习党的十九大精神宣讲。各团总支书记作为公司团委宣讲党的十九大精神的宣讲员，结合公司“形势、目标、任务、责任”主题教育活动，赴基层团支部开展宣讲交流活动，以实际行动带动广大团员青年共同学习。

二、深入学习，构建西气东输新时代发展之路，用习近平新时代中国特色社会主义思想筑起西气东输新时代梦想

公司党委把学习宣传贯彻党的十九大精神作为新时代新时期的首要政治任务，进一步增强政治意识、大局意识、核心意识、看齐意识。公司党委中心组发挥龙头作用。党的十九大召开前夕，公司党政主要负责人主笔撰写专题文章，着力阐述公司党委围绕中心任务贯彻落实国家战略方针，坚持创新驱动、坚持文化引领、融合思想政治建设，构建西气东输具有中国特色国有企业文化的探索实践。文章先后在《石油政工》《上海政工研究》、集团公司迎十九大丛书《学习明方向》发表，展现了西气东输管道公司党委坚定信心，攻坚克难、干事创业的决心。党的十九大刚刚闭幕，经过精心准备，2017 年 11 月 6 日公司党政主要负责人就主持召开党委中心组学习会暨扩大学习会，专题学习党的十九大精神。党委班子成员带头研学领会党的十九大报告精神，领会党的十九大的主题所回答的我们党在新时代举什么旗、走什么路、以什么样的精神状态、担负什么样的历史使命、实现什么样的奋斗目标的重大问题。深刻领会习近平新时代中国特色社会主义思想的历史地位和丰富内涵。公司组织全体处级以上领导干部参加党的十九精神培训班，确保学习全覆盖。公司党委组织各级领导干部结合部门职责和所辖管理区域，融入公司中心任务，深刻思考如何贯彻落实党的十九大精神，并通过撰写学习体会的形式，在公司网页分期分批进行了学习交流。

公司党委班子成员分批开展工作调研、生产检查，深入基层党支部参加党组织生活会，与党员干部员工进行学习交流；深入基层站队开展调查研究，了解实际情况，直面公司突出问题，直面公司发展挑战，认真思考如何贯彻落实习近平新时代中国特色社会主义思想在西气东输落地。

公司各级党组织将学习习近平新时代中国特色社会主义思想和党的十九大精神作为党委理论学习中心组重要学习内容，紧紧围绕《习近平谈治国理政》第二卷，明确计划按时学习新发展理念，邀请专家、学者专题讲座，组织学习《习近平新时代中国特色社会主义思想三十讲》和纪实文学《梁家河》，深入学习习近平中国特色社会主义思想和干事创业家国情怀。

通过多层次、多方位、多角度的深入学习领会，经过公司全体上下的集中思考研究认为，党的十九大举旗定向、领航引路，为中国特色社会主义现代化建设开启了新时代、确立了新思想、提出了新使命，具有划时代和里程碑意义。其中新时代建设现代经济体系需要天然气清洁高效能源作战略支撑，也为西气东输发展迎来了“黄金机遇期”；十九大报告明确提出，“要推进能源生产和消费革命，构建清洁低碳、安全高效的能源体系”，首次强调“要加强管道等基础设施网络建设”，指明油气管道事业已踏上高速发展的新征程；“推动国有资本做强做优做大”“培育具有全球竞争力的世界一流企业”是新时代赋予西气东输的新使命。对标十九大报告提出的目标，公司通过学习认为，公司正处于“三期叠加”的关键阶段。一是安全生产合力攻坚期，管道隐患治理任重道远，各种传统和非传统风险相互交织，安全管理基础亟待夯实。二是主营业务提质换挡期，维持经济效益的难度大幅增加，工程建设任务艰巨繁重，精细化、规范化管理仍有较大空间。三是体制机制优化调整期，国家进一步加快油气行业和管网设施改革进程，管理体制仍需优化，可持续发展的内生动力不足，队伍能力作风需进一步强化。

通过认真学习领会党的十九大精神和集团公司各项部署要求，面对困难和挑战，公司认为，必须结合内外部形势变化和公司自身发展需要，不忘初心，牢牢把握自身定位，坚定正确发展方向；砥砺前行，主动应对新挑战新要求，进一步丰富完善发展思路，才能在未来一个时期赢得主动、赢得优势。用习近平新时代中国特色社会主义思想引领构建起了公司在新时代的总体发展思路：深入学习贯彻党的十九大精神，全面落实集团公司各项部署要求，坚持稳健发展方针，坚守“一条底线”，实施“两大战略”，突出“三大抓手”，全面夯实世界先进水平管道公司建设基础，为中石油打造具有全球竞争力的世界一流企业、为社会主义现代化强国建设作出新贡献。（一）坚定世界先进水平管道公司建设目标：建设世界先进水平管道公司，是准确把握、主动适应国内经济发展新常态的必然要求，是建设美丽中国、绿色家园的责任担当，是集团公司建设世界一流水平综合性国际能源公司的战略落地，是全体西气东输员工实现个人发展的内在需求。必须主动肩负起新时期历史使命，用加快建设世界先进水平管道公司的大担当和大贡献，进一步彰显习近平新时代中国特色社会主义思想的时代价值，在实现“两个一百年”奋斗目标的伟大征程中谱写西气东输新篇章。（二）坚守安全环保底线：落实习近平同志关于安全生产思想的要求，始终把安全环保摆在高于一切、先于一切、影响一切的突出位置，严格责任落实、严肃制度执行、严查风险节点，全面夯实安全环保基础，全面打赢隐患治理攻坚战，全面建立管道本质安全长效机制，推动节能减排从“满足地方底线标准”向“适应绿色发展新要求”转变，努力追求“零伤害、零污染、零事故”目标。（三）实施“两大战略”：实施人才兴企，以“挖掘人的潜力、尊重人的价值”为基本遵循，进一步畅通各类人才成长渠道，形成人人渴望成才、人人皆可成才、人人尽展其才的良好局面，把管理、专业、操作等各类优秀人才集聚到建设世界先进水平管道公司的伟大进程中来。实施创新强企，全面推进理念、制度、管理革新，大力弘扬精益求精、追求卓越的工匠精神，坚持面向管道技术前沿、面向生产运行主战场、面向中石油重大需求，加快形成一批具有全局影响的重点科研成果。（四）突出“三大抓手”：重点是提质增效、深化改革和从严治党。

三、精准学习，把准西气东输高质量发展坐标方位，用习近平新时代中国特色社会主义思想推动西气东输高质量发展实践

党的十九大报告指出，“我国经济已由高速增长阶段转向高质量发展阶段，正处在转变发展方式、优化经济结构、转换增长动力的攻关期，建设现代化经济体系是跨越关口的迫切要求和我国发展的战略目标。必须坚持质量第一、效益优先，以供给侧结构性改革为主线，推动经济发展质量变革、效率变革、动力变革，提高全要素生产率，着力加快建设实体经济、科技创新、现代金融、人力资源协同发展的产业体系，着力构建市场机制有效、微观主体有活力、宏观调控有度的经济体制，不断增强我国经济创新力和竞争力”。明确提出“建设现代化经济体系，必须把发展经济的着力点放在实体经济上，把提高供给体系质量作为主攻方向，显著增强我国经济质量优势”。这些要求和思想，为公司精准定位和精准学习指明了方向。作为供给侧改革重要组成部分的天然气清洁能源供应运营企业——西气东输，必须以习近平新时代中国特色社会主义思想和党的十九大精神为指导，紧紧围绕保障国家能源安全和建设世界先进水平管道公司，坚持党的全面领导，坚持新发展理念，坚持稳健发展方针，突出创新引领、整体协调、绿色低碳、开放合作、共建共享，着力提升资产创效能力、改革创新能力、质量管控能力、风险防范能力，努力实现业务发展高质量、发展动力高质量、发展基础高质量、运营水平高质量，为国家建设现代化经济体系和清洁低碳、安全高效的能源体系做出新贡献。

在学习中精准理解公司面临的机遇与挑战。在机遇上，一是国家经济由高速增长阶段转向高质量发展阶段，现代化经济体系建设不断推进，社会主义市场经济体制加快完善，经济发展大环境持续改善。二是中央推动国有资本做强做优做大，不断深化国企国资改革，政策红利进一步释放，发展动力持续增强。三是全国天然气需求总量继续保持刚性增长，特别是随着生态文明建设逐步深化、支持政策密集出台、新型城镇化带动用气人口快速增加、人民生活水平和质量的全面提高，天然气等清洁能源发展空间广阔，天然气管道事业已踏上高速发展的新征程。在挑战上，一是以习近平同志为核心的党中央把安全环保摆在了更加突出的位置，国家对安全环保提出了更严更高的要求。二是提升天然气供给质量和效率已迫在眉睫，区域性、季节性峰谷差加剧仍是长期挑战。三是国家对天然气管道运输行业监管和政策环境趋严，也对依法合规经营提出了更高要求。再加上公司还面临着当前的风险管控能力与内外部复杂形势不适应、管网建设与市场需求不匹配、经营管理水平与新发展理念不同步、人才队伍结构与激活内生动力不对应、党建工作与中心工作融合不充分等。这些问题都值得我们对照习近平新时代中国特色社会主义思想认真反思。

在学习中精准谋划实现高质量发展路径。通过精准学习，分业务、分部门分单位专题研讨，聘请专业机构规划支持，公司上下一致认为，要深刻认识到，坚持高质量发展理念，是贯彻落实党的十九大精神的重要举措，是妥善应对内外部形势变化和公司自身发展需要的必然选择，是建设世界先进水平管道公司的内在动力。明确了推动公司高质量发展的总体实践目标路径：以习近平新时代中国特色社会主义思想和党的十九大精神为指导，紧紧围绕核心任务和建设世界先进水平管道公司战略目标，坚持党的全面领导，坚持高质量发展理念，坚持稳健发展方针，努力实现发展基础高质量、业务发展高质量、运营水平高质量、发展动力高质量，重点提升风险防范能力、运行管控能力、工程管理能力、经营创效能力、改革创新能力，为中石油打造具有全球竞争力的世界一流企业、为国家建设现代化经济体系和清洁低碳、安全高效的能源体系做出新贡献。即：坚持党的全面领导，把推动高质量发展中的难点热点问题作为党建工作的重点，着力打造与公司战略目标相一致、高质量发展模式相匹配的党建工作机制，以推动高质量发展成效检验党的建设质量；发展基础高质量，推动管道本质安全长效机制建设，全力确保生产设备安全可靠、管道线路风险受控、员工安全有效保障、环境保护富有成效，推动实现“体系运行科学化，站场管理标准化，管道保护精细化，工程管理规范化”；业务发展高质量，紧紧围绕“确保管道安全平稳高效运行”核心任务，聚焦生产运行和工程建设两大主业，推动实现管道输量稳定增长、管网负荷保持最优、管输成本有效管控、服务市场灵活高效、清洁能源供给能力稳步提升；运营水平高质量，以提升效率效益为目标，稳妥处理依法合规和效率提升的关系，推动实现秩序与活力的有机统一、运营效率效益持续提升；发展动力高质量，准确理解和把握“创新发展”理念，全面实施科技、管理、人才创新举措，稳步推行集约化管理，推动实现科技进步贡献率、全要素生产率、劳动者综合素质不断提升。

在学习中精细化推进措施落实。通过精准开展公司质量发展宣传，各级干部员工结合岗位实践，在前期广泛学习、持续学习的基础上，自觉用党的十九大精神思考工作，融入中心，细化落实计划、措施、标准，不但让公司高质量发展路径落地重要，而且也构起了自身高质量成长计划，做到互惠双赢，相得益彰。

四、勤于学习，融入基层站队特色文化实践，用习近平新时代中国特色社会主义思想鼓舞西气东输人追梦美好生活

用宣传为学习营造氛围。为广泛深入宣传党的十九大精神，深入宣传广大党员干部学习宣传贯彻党的十九大精神的进展与成效，公司充分利用“两报两网两微一刊”宣传载体，开设“党的十九大精神学习专栏”，积极营造昂扬向上、喜庆热烈、文明和谐的浓厚氛围，更好地以十九大精神指导今后工作，以更加饱满的热情推动工作落实，确保学习贯彻党的十九大精神取得实效。公司在《中国石油画报》《中国石油报西气东输专版》《石油商报西气东输导刊》策划专题报道，以图文并茂的形式展现了西气东输在安全运行、工程建设、企业管理、党建和企业文化建设等方面的成绩。在公司门户网设“创新奋进西气东输、喜迎党的十九大”专题，在西气东输官方微信策划组织“厉害了我的国——有种骄傲叫祖国强大真好”“岗位建功，喜迎十九大”“为祖国点赞”等全员参与的宣传活动，以航拍、录个人感言、写体会文章、随手拍等形式展示石油工人在学习党的十九大精神中的获得感、自豪感和使命感。

用站队特色文化建设为学习凝聚精神力量。党的十九大报告中，习近平总书记再次指明：“文化是一个国家、一个民族的灵魂。文化兴国运兴，文化强民族强”，“要坚持中国特色社会主义文化发展道路，激发全民族文化创新创造活力，建设社会主义文化强国”，向全党全国人民发出了“坚定文化自信，推动社会主义文化繁荣兴盛”的伟大号召。西气东输，作为集团公司的一份子，是极具代表性的国有大型骨干企业，作为企业员工承载梦想实现福祉和希望的平台，既承担着经济、政治和社会责任，也承担着建设社会主义文化强国的历史使命，创造属于自身及富于时代精神的企业文化是时代和人民赋予我们的光荣使命。公司现有170个基层站队是西气东输安全生产的基础，是企业文化建设的“神经末梢”，是持续学习文化落地生根的关键所在。一是按照党的十九大精神做好基层站队特色文化建设。要结合新时代特色和基层站队特征，按照坚持彰显石油精神、问题基层务实导向、地域特色、群众性、时代性实践性、典型案例支撑的原则，激发全体基层员工的文化创造活力，实施基层站队特色文化建设。通过持续做好基层站队特色文化创建站队成果研究和提炼，加强宣传和交流，实现“核心理念统一引领、站队文化群体支撑、多样载体展示推广”的文化体系建设总体部署，让各站队呈现“百花齐放、百舸争流”新局面，最终形成国际一流、富有特色、充满活力、特点鲜明的西气东输基层站队文化，从而激发全体员工投身西气东输安全生产绿色发展和生态文明建设的活力。二是按照党的十九大精神做好基层支部堡垒文化建设。党的基层组织是确保党的路线方针政策和决策部署贯彻落实的基础，发挥好基层支部的战斗堡垒作用和党员先锋模范作用，永葆党员先进性和纯洁性，创新方式方法，服务公司安全生产绿色发展是公司面临的重要挑战。要以提升组织力为重点，在基层落实党的领导；以组织覆盖力为前提，发挥组织优势；以提升群众凝聚力为基础，让基层成为员工的主心骨；以发展推动力为目标，围绕中心服务中心任务；以自我革新为保证，创新支部工作方式方法。通过基层特色支部建设，切实担负好教育党员、管理党员、监督党员和组织员工、宣传员工、凝聚员工、服务员工的职责，创出服务西气东输安全生产绿色发展和生态文明建设的基层特色政治文化。

用福祉为学习增强内生动力。党的十九大报告指出，增进民生福祉是发展的根本目的，要让改革发展的成果更多更公平惠及全体人民。公司注重将学习中事关员工利益的落实作为学习的出发点和落脚点，将安全生产绿色发展带来的经济增长、效益提增、劳动生产率提高，惠及公司员工收入增长和报酬的提高中，增强员工的获得感。充分发挥社会保障民生安全网社会稳定器的作用，及时充足完成员工的医疗保险、养老保险、大病帮扶、工伤保险和扶贫帮困，提高员工福利待遇，让员工切实感受到企业的安全工作无忧生活，有安全感。坚持把员工健康放在安全生产绿色发展的优先考虑，将员工的健康范畴从传统的疾病防治扩展到生态环境保护、体育健身、职业安全、意外伤害和食品安全领域。通过员工之家建设为员工提供健身场所，通过协会建设为员工提供健心组织，通过文化艺术创作提供健康心情，通过心理辅导提供健康咨询，通过体检和职业健康体检提供健康体魄，通过环境监测和水质检测提供健康环境，通过食品管控确保健康饮食，通过节日慰问提供温馨心情，通过医疗保险提供健康安全，让员工在公司实施健康中国战略中有归属感、幸福感。通过落实人才强企战略，畅通人才成长通道，提升员工队伍素质，让员工在快速成长成才过程中有成就成长感。

通过以上学习环境营造、学习文化引领和学习成果共享的形式，从而有力地促进了公司全体员工认真学习习近平新时代中国特色社会主义思想的自觉性，增强了贯彻落实学习思想的主动性，增进了攻坚克难的创造性，有效地将勤于学习勤于思考转化为了实际的工作成效，确保了公司安全平稳高效运行，推动了公司高质量发展。

（撰写于 2017 年）

2. 关于党的全面领导在西气东输的实践与思考

党的十九大以来，将企业中党组织的地位从“发挥党委的政治核心作用”提升到了“党的全面领导”新的高度，具有非常重要的现实意义和历史意义，是我们党在新时期新阶段对企业党建工作的新认识，是对新时代发挥党的领导作用新规律的认识和把握，是党引领我们实现初心、实现宗旨目标的必然要求，是推动新时代走高质量发展的必由之路。西气东输作为国有企业骨干力量，如何在新的时代，追求新的实效，实现新的作为，如何必须坚持党的全面领导，落实“没有脱离党建的业务，也没有脱离业务的党建”的思想，实施党建工作贯穿业务工作全过程，做到融合发展、相融相嵌、相得益彰。具体来说，主要是紧紧围绕实施高质量发展，在发挥党的全面领导中做到“五个高”，从而将“把方向、管大局、促落实”做实做细，贯穿整个中心工作始终。

一是培育高的理论素养，把好高质量发展大局的方向。一、重点是通过两级中心组学习、“不忘初心、牢记使命”主题教育活动，以及各种政治思想教育学习活动等，深入学习贯彻习近平新时代中国特色社会主义思想和党的十九大精神，通过各种干部培训班、专业培训交流活动，以及“三会一课”等形式，帮助大家学懂弄通我们党的思想理论路线方针政策，切实提高对政治立场、政治方向、政治制度、社会道路以及治国理政基本观念理论的认知水平，提升自身政治理论素养，建立正确思考解决问题的思想理论基础，最终将正确的政治路线入脑入心。二、通过“三重一大”等决策机制和管理运行机制，将学到的理论思想方针，结合工作生产管理实际贯穿到中心任务和生产经营各项具体业务中，确保各项党的政治立场、思想宗旨、意志决策落实到具体实施路径和活动中，确保方向不偏离、部署不走样。三、通过工作实践和活动开展，开展调查研究，不断总结经验，应用理论创新进一步丰富党的实践思想经验，探索更高的理论发展，更好地推动理论创新，让思想永远充满活力与生命力。

二是培育高素质的干部队伍，建设推动促落实的组织领导力量。“正确的政治路线确定之后，干部就是决定的因素”，这是毛主席为我们党明确制订的“党管干部”的组织路线。为培育好“促落实”的领导力量，一是通过建立完善的干部组织机制，加强干部的培育、选拔、任用、考评工作，让干部队伍始终充满朝气与活力，确保“忠诚”与纯洁性。二是通过推进干部队伍作风建设，培育干部队伍的“有激情、敢担当、善作为”的奋发进取精神状态，从而能够迎难而上、攻坚克难，确保干部队伍的“担当”。三是通过建立完善的廉洁机制体系，严肃正风肃纪，确保干部队伍不敢腐、不能腐、不想腐，确保干部队伍的“干净”。

三是培育高素质的人才队伍，建设推动业务执行促落实的人才力量。人才是企业的第一资源，“党管人才”是我们党确立的重要人才路线。一是通过加强员工的培训、培育、旁路、岗位历练、专业技能培训等，建立完善的培养锻炼人才成长成才的体系机制，夯实人才成长基础。二是通过技能评定技术鉴定、技术比武、技能竞赛等方式，促进工匠人才的培养培育，提升人才梯队与技能素质水平。三是通过技能人才的晋升、考评兑现、创新创效等各种形式，建立正向的人才成才激励机制。通过以上，系列机制和活动开展，从而将人才兴企等各项举措落到实处，做到科学发现人才、使用人才、配置人才，提升公司中心业务的管控质量和水平。

四是建设高效率的基层运行机制，建设基层党建促进中心任务发展促落实的制度保障。基本组织、基本制度、基层队伍是党“将支部建在连上”的基本构建和思想，是落实提升组织力的基础。一是通过推进标准化支部建设，促进“三会一课”落实，建强支部组织基础。二是通过对全体员工学习、宣传、教育等活动开展，发挥基层支部的动员群众、组织群众作用，激发员工干事创业激情与力量。三是通过党建考核和经验介绍交流等形式，不断促进完善基层运行机制，探索基层落实党的领导、发挥支部战斗堡垒作用和党员先锋模范作用的新路径、新方法、新理论。

五是建设高活力的员工队伍，厚植促进党的路线方针政策促落实的群众基础。依靠群众、动员群众、组织群众的群众路线，是我们党不断从胜利走向胜利的重要法宝。“党建带工建，党建带团建”是我们党确立的重要群团工作组织原则。一是通过文化建设，比如基层站队特色文化建设，通过推进员工社会主义核心价值观教育，通过各种形式党工团思想活动，发挥文化的引领作用，提升公司软实力建设，为中心任务推进夯实思想价值基础。二是通过英模培育选树活动，用价值的人格化示范引领员工积极投身中心工作。三是通过薪酬激励、表彰机制建设，正向激励员工更加激情地投身公司发展。四是通过安康杯、互联互通劳动竞赛和文体协会、青字号工程系列活动以及各种人文关怀活动等，让员工在组织中有安全感、归属感、幸福感和价值感。

总结以上基本思想，就可以充分看出，西气东输党的建设各项举措，是完全符合党中央的各项路线方针政策的，是符合习近平新时代中国特色社会主义思想和党的十九大精神的，更是贴合公司高质量发展中心任务目标并且相融相嵌、一脉相承，是一个有机完整的系统，充分体现的公司党委对中心工作的全面领导，是推动公司高质量发展、建设世界先进水平管道公司的根本途径。

（撰写于 2018 年）

3. 发挥党的政治优势为建设世界一流管道工程提供保证

西气东输工程是国家在21世纪启动的四大重点工程之一，是党中央、国务院实施西部大开发战略举措的序幕工程。自2000年3月启动至今已经4个年头。在过去的4年里，我们经历了一系列重大挑战：一是项目建设标准高。管道工程线路长4000千米，采用输送压力10MPa、X70钢级、大功率压缩机组等高技术标准，实施大面积卫星遥感选线，广泛采用全自动焊接等新技术、新工艺，在国内管道建设上史无前例。二是项目建设条件复杂。管道途经“三山一塬、五越一网”，地质地貌、人文、社会条件复杂，施工条件差；自然环境、文物保护对管道建设要求高；涉及公路、铁路、河流穿越、征地赔偿等地方关系协调，工作范围广；特别是2002年陕晋段遭受百年不遇特大洪水袭击，给我们的工作带来前所未有的困难。三是体制新、机制新。项目建设采用全线开放、对外合作的方式，需要探索建立一套既符合中国国情，又与国际惯例接轨的项目管理体系，这方面没有成熟的经验可以借鉴。四是时间短、人员少，任务重。西气东输工程建设员工来自中国石油各个单位，在很短时间内组建起新的项目班子，一年完成管道建设前期准备，3年完成整个项目建设，要求较高，时间紧迫，任务繁重。

几年来，我们以“三个代表”重要思想为指导，认真贯彻党中央、国务院的重要指示精神和集团公司党组、股份公司的工作部署，适应管道建设的特点，以打造世界一流管道工程为第一要务，大力加强基层党组织建设和思想政治工作，着力把政治优势转化为生产优势，把政治组织力转化为队伍战斗力，提高了基层党组织的凝聚力和创造力，在工程建设、市场开发、对外合作和队伍建设等各个方面都取得了优异成绩。

一、以全面完成管道建设任务为出发点，加强基层党组织建设

党的基层组织是党的全部工作和战斗力的基础。基层党组织战斗堡垒作用的充分发挥，对于实现公司的工作目标有着至关重要的作用。西气东输工程战线长、

站点多、标准高、地质条件复杂，施工条件异常艰苦。高度分散的员工队伍，前所未有的工作难度，对基层的管理能力、协调能力、组织能力都提出了新的更高的要求。在新的形势下，如何带好队伍，建好工程，是对基层单位的严峻考验。我们从工程建设的实际出发，坚持把重点放在基层，把功夫下在基层，把党建工作的各项任务落实到基层，积极探索新形势、新体制下增强基层党组织的凝聚力、战斗力的新方法，为管道建设提供了强有力的组织保证和政治保证。

一是针对工程特点，及时健全组织机构。为了充分发挥党支部的战斗堡垒作用，我们按照“四同时”的原则，即行政机构与党组织同时组建；行政干部与党务干部同时配备；经营目标与党建目标同时制订；行政干部与党务干部同时考核奖惩，及时健全党的基层组织，基本做到了有员工的地方就有党的工作，有党员的地方就有健全的党组织，有党组织的地方就能开展正常的组织生活，党组织和党员都能发挥坚强的战斗堡垒作用和先锋模范作用。随着工程建设的不断推进，公司党委已在机关和4000千米沿线先后组建党支部61个，党小组108个，理顺了基层党组织的关系，最大限度地保证了基层党建活动的正常开展。同时，结合机构调整和干部交流及时增补支部委员，并针对公司员工构成特点，将借聘、运行劳务、当地聘用人员中的党员纳入党组织管理。经过3年多时间的努力，使党组织健全率达到100%，党务工作者配备率达到100%，党员管理率达到100%。基层单位党支部书记都兼任了行政职务，为更好地发挥党支部的战斗堡垒作用奠定了组织基础。按照“一岗双责”的要求，明确各级生产、经营、管理、技术干部的党建和思想政治工作责任，把党建与生产经营一起研究、一起部署、一起检查、一起考核，形成了齐抓共管、共同负责的工作机制。针对站点人员少、不设专职党务干部的实际情况，党委注重发挥党员的先锋模范作用，让党员在站上发挥“业余书记”的作用，主动做好员工的思想政治工作；在生产上发挥“业余站长”的作用，协助行政领导做作好生产组织工作；在经营管理上发挥“红管家”的作用，处处精打细算，事事勤俭节约，一点一滴地为工程降低成本；在廉政建设上发挥“业余纪委书记”的作用，主动履行监督职责，保证将西气东输管道工程建设成为“阳光工程”“廉洁工程”。

二是明确党支部工作职责，实现支部活动程序化、规范化。公司党委从管道工程生产的实际和加强基层党组织建设出发，制订了加强基层党的建设细则，明确了党支部的职责、标准，规范了党支部的工作内容和活动的方式方法，用制度保证了党建与生产经营的紧密结合。我们强调基层党支部的职责主要是抓方向，保证党的路线方针政策在基层的贯彻落实；抓思想政治工作，针对生产过程中的思想问题，及时做好工作，用正确的思想引导、教育，尤其是要做好一人一事的思想工作；抓思路，提出在管道工程大目标下本单位的具体工作目标任务，创造性地做好工作；抓队伍，培育公司发展需要的各类人才，发挥工会、共青团组织的作用，积极营造健康向上的良好氛围。在此基础上，还进一步明确了党支部书记和支部班子的职责标准，使基层党组织有了努力的方向、规范的标准和具体工作目标，为发挥战斗堡垒作用提供了条件。为了提高党务工作水平，党委举办了党支部委员培训班，请中央党校教授系统辅导了“国有企业党支部的主要任务”“党支部组织生活”“党员教育管理”“发展党员”“党支部换届选举”等方面的知识。每个支部都选派支部委员参加了培训学习，提高了基层党务工作者的工作能力和理论水平。结合工程建设时期党建工作的特殊性，公司党委聘请中央党校、人民大学等高校知名教授有针对性地进行了十六大专题辅导、保持共产党员先进性教育等专题讲座。党支部认真履行职责，在繁忙的工作中，坚持各种工作制度，支部工作有条不紊，坚持每半年召开一次党支部民主生活会，开展民主评议党员；每月召开支部委员会、党小组学习讨论会；每季度进行党课教育，并严格会议记录。支部将党的基础建设列为年度工作计划和年度考核目标，每半年研究分析一次党建工作，及时提出加强党支部建设的意见和建议。

三是紧密结合管道工程，加强领导班子建设。领导班子建设是党的建设的重点，各级干部处在承上启下的关键位置，在各项工作中发挥着重要的作用。在党建工作中，党委始终把各级领导班子建设放在重中之重的地位，通过领导班子成员自评、员工大会测评和召开领导班子民主生活会，对公司所属处级班子进行年度考核，领导班子建设水平不断提高。

我们把绩效考核作为班子建设的重要内容，制订了业绩考核办法和考核指标体系，公司领导与分管部门正职、部门正职与副职之间都签订了业绩合同，把业绩考核结果作为兑现业绩奖励和干部奖惩、使用的硬性指标，促使大家自觉树立责任意识和危机意识，切实把精力投入工程建设中去，保证上级计划执行到位，调动了各级干部的积极性。

加强干部管理是做好班子建设的重要环节。我们运用多种方式，加强干部管理工作。落实中组部的指示，组织处级以上领导干部参加中组部和人民日报联合主办的《党政领导干部选拔任用工作条例》知识竞赛，处级以上领导干部普遍对《条例》进行了深入学习，加深了对《条例》的理解和认识，强化了干部选拔任用的程序化、规范化意识，增强了干部勤政、廉政和干净、干事的自觉性，对进一步提高干部管理水平起到了积极的促进作用。

四是服务工程建设，创新活动方式。公司党委自觉服从服务于工程建设，通过活化载体、丰富内容、改进方式、不断创新，使党的建设在管道工程中得到加强，使管道工程在党的建设中加快进度，二者紧密结合，相互促进，相得益彰。2003年“七一”前夕，为了激发广大党员和全体建设者的积极性和创造性，确保西气东输各项建设目标的实现，在公司党委的统一部署下，各级党组织结合纪念建党82周年，深入开展支部达标创优、党员先锋岗、重温入党誓词、加强党性教育、表彰优秀党员等系列活动，增强了全体党员积极投身西气东输工程的主动性和自觉性。2003年6月和2004年5月，公司围绕确保工程建设按期完成，开展了声势浩大的“高扬党旗、决战百日”和“保安全平稳供气、保全线建成投产、为党旗增光彩”（简称“双保一增”）主题活动。我们坚持党建和思想政治工作为建设一流天然气管道与销售公司服务，形成了强大的精神动力，为促进安全生产、工程建设和市场营销各项目标的实现提供了保障。在“高扬党旗，决战百日”活动中，公司各级党组织坚持为一线服务、为下游用户服务、为地方经济建设服务，团结全体建设者掀起比学赶帮超的劳动竞赛热潮，一时间，8000里管道战线上党旗高高飘扬，比综合进度、比工程质量、比HSE管理、比协调服务、比工作效率，创造了许多新纪录，涌现出了一大批先进典型。通过大家的共同努力，战胜了非典、洪水、高温等困难，胜利通过黄河、长江天险，东段投产一次成功，将我国管道施工建设提升到世界先进水平，全面实现西气东输各项阶段性工作目标。2004年5月，各基层党支部按照公司党委“双保一增”主题活动的要求，采取各种措施，充分调动全体党员和广大员工的积极性，为确保东段安全运行，西段按期投产，提供了强有力的政治和组织保证。

五是强化党员教育管理，发挥党员的先锋模范作用。公司党委组建以来，始终高度重视党员教育管理工作，所有党员都纳入党组织管理，坚持开展党员评议和优秀党员评比等活动，党员教育工作取得较好的效果。哪一年，结合共产党员先进性教育活动准备工作，我们进一步加强了基层党组织的思想建设，针对调查摸底中发现的问题，主要做了三个方面的工作。

第一，开展了党支部工作大检查和“创先争优”评比活动。党委组织3个检查小组，采取听汇报、看资料、个别谈心等形式，对各支部完成中心工作、支部班子建设、党员教育管理、党建基础工作等方面的情况进行了全面检查。各单位党支部认真总结党的思想建设经验，查找薄弱环节，加强和改进支部工作。进行先进党支部和优秀党员的评选活动，评选出4个先进党支部、52名优秀共产党员予以表彰奖励。

第二，进一步完善了党建基础工作。统一规范了各支部会议、活动记录、党员名册、积极分子名册等基础台账。各支部的基础工作明显好于过去，工作制度、工作和学习计划、党支部和党小组各种会议及活动记录、党员和入党积极分子登记表、花名册等基础资料完整规范，分类清晰，详尽齐全。

第三，抓好党员先进性教育准备工作。以保持共产党员先进性教育活动准备工作为契机，我们进一步强化了党员队伍的教育管理工作，最大限度地发挥党员在工程建设和生产运营中的先锋模范作用。7月份，在公司全体党员中问卷活动，发出问卷295份，收到19个方面530条意见和建议。9月，组织在京党员参观了“世纪伟人邓小平——纪念邓小平同志诞辰100周年”展览，加强了党性观念教育，坚定了共产主义远大理想和建设中国特色社会主义的信念。同时组织党员结合学习贯彻《中国共产党党内监督条例》和《中国共产党纪律处分条例》，以“加强组织纪律观念，保持共产党员先进性”为主题，过好组织生活。特邀中央党校教授为公司全体党员集中上党课，以电话会议的方式做了《保持共产党员先进性教育》专题讲座，辅导了“为什么要在全党开展保持共产党员先进性教育活动”“开展保持先进性教育活动的主要内容”“在全面建设小康社会的历史进程中，始终保持共产党员的先进性”等几个方面的问题，使大家深刻理解了在全党开展保持共产党员先进性教育活动的重要性和必要性，进一步增强了党性观念和责任意识。根据工程建设和生产运营的需要，开展了“党员安全岗”活动，发挥了广大党员在安全生产中的先锋模范作用。组织公司全体党员参加“党员安全知识必答”活动，进一步提高了党员的安全意识和安全技能。

按照公司党委要求，各支部也组织开展了形式多样的党员先进性教育活动。新疆管理处党支部开展了“四先”活动，要求党员要做到观念转变领先群众，专业技术领先群众，工作业绩领先群众，明辨是非能力领先群众，使党员的先进性有了明确的评定标准。豫皖管理处党支部组织全体党员和站、队长到兰考焦裕禄纪念馆进行实地参观学习，并请河南省党校教授做题为“实践三个代表重要思想，做学习型员工”的专题讲座，使党员受到深刻的教育。财务处党支部开展了“建文明服务窗口，做一名合格党员，树一面鲜明旗帜”主题教育活动，全处党员在工作中以身作则，宁可给自己多添麻烦，也要方便他人。

通过一系列教育活动，增强了党员的责任感和党性观念，广大党员按照党员标准严格要求自己，在工程建设和生产运行的关键岗位上，在重点、难点施工中当先锋打头阵，叫响“共产党员”称号，涌现出许多感人的事迹，充分体现了共产党员的先进性。

二、以增强队伍凝聚力为切入点，加强思想政治建设

公司党委把加强思想政治工作作为提升公司管理水平、提高队伍整体素质的有效途径。坚持管道建设与思想政治工作的有机融合，遵循“以人为本”的原则，

发挥政治工作凝聚、导向、激励和转化功能，着力挖掘员工的资质和潜能，提高员工的忠诚度，激发员工的积极性、创造性、主动性和团队精神，促进两个文明的协调发展。

一是坚持以人为本，把员工的力量凝聚到工程建设上来。西气东输是我国距离最长、管径最大、压力最高、投资最多、输气量最大、条件最复杂的天然气管道，技术水平高、施工难度大、公众影响范围广。面临着一系列前所未有的挑战，公司党委始终坚持以人为本，充分发挥思想政治工作的作用，尊重人、激励人、鼓舞人，调动广大员工的积极性和创造性，全力推进工程建设。大力倡导“我们都是中国石油人，我们的名字叫西气东输”，把管道建设的英才积聚到中国石油的旗帜下，把员工的智慧和积极性凝聚到管道工程建设上。在众多的参建队伍和各类服务承包商中，中国石油的队伍占到80%。为实现工程目标，强化主人翁责任感，发扬团队精神，公司党委紧紧围绕工程建设，开展了一系列活动，将所有参建队伍、所有党员干部的思想统一到建设世界一流输气管道目标上，统一到西气东输建设过程中，充分发挥中国石油在工程建设中的整体优势和实力。坚持以人为本理念，全力推进适应项目建设需要的人本化管理体系。全面实施HSE管理是确保西气东输项目成功运作的关键。公司党委紧紧抓住推进HSE管理这一重点，将人本理念贯穿到包括业主、承包商、设备供应商在内的HSE管理体系中，贯穿到管道沿线实行的健康、安全、环境社会标准及工程管理中，将全面落实HSE资源和责任纳入党建工作考核的目标之中。各级党政工团组织牢固树立“安全第一”思想，越是工期紧越是高度重视工程建设质量和安全生产，始终把员工的生命安全放在首位，组织开展了“珍惜生命、爱护环境”为主题的安全生产示范岗和“安全生产月”活动，促进了“安全人人讲、人人讲安全”工作机制的形成，全体员工没有因自然灾害、现场施工和交通事故发生伤亡，全年工程百万工时死亡率0.035，高于国际同类管道建设水平。与此同时，各级党组织充分注重员工健康，开展全员健康教育，认真实施包括员工体检、加入国际SOS体系、非典防治等健康保障措施，加强有毒场所监控，搞好应急计划演练，重点抓好西部无人区和东段投产的医疗急救体系建立，全线2万多名建设者无一人感染非典、没有一个单位发生传染性疾病。坚持尊重自然、回报社会，促进沿线地区的可持续发展，把西气东输建设成为绿色管道。公司党委积极推进实施“多给戈壁留点绿地，给动植物一片蓝天”的绿色计划，广大党员干部以对人民负责的态度积极开展好地貌恢复、复耕复垦、水土保持和弃土弃渣专项整治，在穿越四大国家级自然保护区、9次古长城的措施中发挥能动性和创造性，主动为陕西、山西生态构建工作多出主意、想办法，以高尚的爱国情操和对历史负责的态度爱护沿线文物等不可再生的资源，认真做好沿线文物的勘察、发掘和保护工作，实现全线未发生环境污染、生态破坏和文物损坏事故，保护野骆驼、救治黑鹳的行动传为佳话，受到主管部门和沿线人民的高度赞扬。

二是开展“三个代表”在西气东输和“形势、目标、责任”主题教育。党委以学习中心组为重点，分阶段有计划地在全体党员中组织开展“三个代表在西气东输”大讨论。公司党政领导班子成员和60名处级干部，每个人都结合工作实践，撰写学习体会文章并进行交流。公司各级党组织把建设好西气东输作为践行“三个代表”重要思想的具体行动，自觉地用工程建设目标统一思想，将各项建设任务和党的工作细化分解，责任落实到每名领导干部和党员群众，极大地激发了大家的使命感和责任感，为工程建设稳步推进提供了强大的精神动力。

我们按照集团公司党组的要求，结合管道建设的实际，认真抓好“形势、目标、责任”主题教育活动。公司党委抓住机遇，认真制订具体实施方案，重点做好“八个结合”：主题教育与工程建设的总体目标和各阶段性工作部署相结合，与加强党的建设相结合，与转变工作作风相结合，与思想教育和业务培训相结合，与建立业绩考核体系相结合，与企业文化建设相结合，与推行厂务公开宣传教育为中心的民主管理相结合，与开展共青团活动相结合，形成了围绕中心、发挥优势、整体推进、运转协调的工作格局。

三是创建独具特色的企业文化，展示管道人的良好形象。在工程建设中，公司党委认真贯彻《集团公司企业文化建设纲要》，把西气东输建设的过程作为西气东输企业文化创建的过程。以弘扬“爱国、创业、求实、奉献”石油企业精神为核心，坚持勤勉、诚信、团结、高效、自律的“十字行为准则”，发扬求真务实，多做奉献；勤奋学习，开拓创新；顾全大局，团结协作；规范高效，优质服务；艰苦奋斗，戒骄戒躁的“五种作风”，在按期实现工程建设目标、兑现中国石油承诺上讲信誉，在工程建设和项目组织中讲创新，在工作中激励员工讲奉献，追求个人与组织、企业与地方、能源与环境的和谐。从去年7月开始，在《西气东输导刊》专门开辟了“西气东输精神大家谈”栏目，在全线开展西气东输精神大讨论，引导参建职工把实现自我价值与实现工程建设目标紧密联系在一起，让广大建设者共同思考和总结西气东输企业文化，初步形成了西气东输精神的基本内涵。

艰苦奋斗的创业精神。西气东输工程是迄今为止，中国管道建设史上前所未有的宏大工程，是一个全新的世纪工程。在整个工程建设中，面对种种挑战，全体参建者继承发扬特别能吃苦、特别能战斗、特别能忍耐的优良传统和大庆精神，战胜了无数困难，闯过了道道难关，从高新技术应用到管理方式都创出了国内乃至世界先进水平，涌现出受到国家西气东输工程建设领导小组和集团公司表彰的先进集体和优秀个人，充分展示了中国石油人的风采。

顾全大局的团队精神。把西气东输工程建成为世界一流的输气管道，是全体建设者共同的目标，也是中国石油的大局。 公司注意充分发挥中国石油的整体实力和优势，发挥中国石油大团队精神，形成了各专业、多兵种、各条战线共建西气东输能源大动脉的良好局面。

与时俱进的创新精神。西气东输工程借鉴国际现代项目管理经验，坚持继承与创新相结合，大胆实践，构建了全过程、全方位的项目决策、控制、执行、监督体系，突出科技创新和管理创新，在抓工程建设的同时，抓紧抓实精神文明建设，努力探索以项目管理为纽带，实施大党建、大宣传、大团队的工作模式。

实事求是的科学精神。西气东输工程采用世界先进技术、工艺，依靠科技铸就世界一流的输气管道。参与工程建设的有各管道专业设计院、数十家科研院所、上千名科技人员，展开数百项科技攻关，实现了管道工艺和技术的新突破。项目管理遵循“创造能源与环境和谐”的科学发展观，坚持尊重自然、回报社会，促进沿线地区可持续发展，把西气东输工程建成反映当今世界科学技术水平的高科技工程，建成与自然和社会持续发展浑然一体的绿色工程，建成安全高效、具有良好投资回报的优质工程。

在企业文化建设方面，我们还十分重视以文化活动为载体，发挥社会文学艺术专家的资源优势，打造西气东输精神文化产品。一年来，在上级有关部门的指导和支持下，在全体参建单位的配合下，公司党委多次组织文学作家、词曲作家到工程一线采风，编辑报告文学，创作西气东输主题歌曲，录制《石油圣火》MTV 歌曲，组织全线航空拍摄、制作电视专题片、航拍画册，还在全线开展摄影比赛、征文比赛等。截至去年底，编辑出版了《巨龙腾越八千里》《在西气东输的日子里》《“三个代表”在西气东输》《西气东输歌词集》等精神文化产品，集中宣传了西气东输工程取得的伟大成果，宣传了广大建设者的精神风貌，鼓舞了建设队伍的干劲。

四是强化宣传思想工作，为推进工程建设营造良好的舆论环境。公司党委高度重视宣传思想工作，以项目管理为纽带，将各相关单位组织到一起，成立西气东输宣传工作领导小组，召开宣传工作会议，组织编制宣传工作规划，制订重大宣传活动方案，对西气东输宣传统一领导、统一部署、统一组织、统一口径。形成了中央、石油、地方媒体以及各承包商参加的宣传网络，建立了包括中央电视台、新华社、中国石油报、西气东输导刊为主体的宣传平台。重点宣传报道党中央、国务院的重要指示，工程建设重要意义，项目管理、高新技术应用和 HSE 管理等创新理念和做法，广泛宣传沿线地方政府、人民群众的大力支持，广大参建者艰苦奋斗、争创一流的精神风貌。与此同时，公司党委还以管道保护宣传为重点，有针对性地做好向地方政府和沿线人民的宣传，非典时期主动配合各地搞好防范工作，向遭受自然灾害袭击的陕西、山西、安徽等地政府和人民主动伸出援助之手。有的地方政府主动垫付征地资金；积极配合按期完成东段 163 处管道占压物清理，形成了企地共建西气东输的良好局面，扩大了西气东输的社会影响。年一年，在集团公司、股份公司宣传部门的指导支持下，中央及地方媒体刊播西气东输新闻 150 余次，制作各种新闻专访、专题片 20 多次，其中中央电视台累计报道西气东输时间达 7 个多小时。

三、以体制创新和完善监督为着重点，加强党风廉政建设

重大工程项目，是腐败行为的易发、高发地带。有许多重点工程，建筑物竖起来了，主管建筑的人却倒下了，给国家造成不可挽回的损失。“前车之鉴，后车之覆。”社会上屡见不鲜的大量案例给了我们太多的教训。为了把西气东输管道工程建设成为“阳光工程”“廉洁工程”努力实现“工作上不倒下一个人、经济上不倒下一个人、生活上不倒下一个人”的目标，从工程建设一开始，我们就从爱护干部着眼，从保证工程质量出发，从教育预防、健全制度作起，从严肃纪律着手，积极推进党风廉政建设和反腐倡廉工作。

一是坚持体制创新，建立全面工程监督新模式。实行中外合作监理制、政府监督制，严格招投标，全面采用合同管理，充分发挥联合监督办公室的作用，建立公司内部以合同为纽带的约束机制，对项目建设的质量、进度、投资等进行全方位、全过程监督。积极采用电子商务，目前已经累计完成网上采购金额 54 亿元，节约上亿元采购资金。

二是强化过程监督，从源头上预防腐败。联合监督办公室全面参与设计、施工、采办等重点环节的控制、项目重大决策和相关定额标准等重要参数制订、审查，实现了监督关口前移。在开展正常监督业务的同时，委托定期开展阶段性审计和工程效能监察，形成了审计监察、评估、建议、整改、检查的良性循环，加大了事中监督力度。在项目运行中，注重加强对单项工程效能、项目管理体系、监督工作情况的事后评估，不断完善监督体系和措施。3 年多来，共开展财务收支、经济合同、工程结算等审计项目 39 项，审计资金覆盖率达 100%，其中审计各类合同 2315 份，非招标项目工程结算审减率 1.2%。

三是加强干部队伍建设，提高拒腐防变能力。从干部的思想教育入手，广泛开展“八个坚持、八个反对”教育，实施正反典型案例剖析，开展以案说法教育，提高大家遵纪守法的自觉性，增强拒腐防变的能力。在反腐倡廉中，党委始终把各级领导班子建设放在重中之重的地位，把建设廉洁工程作为处级班子和处级干部年度考核工作的重要内容，制订以廉政为重要内容的业绩考核办法和考核指标体系，公司领导与分管部门正职、部门正职与副职之间都签订了业绩合同，把业绩考核结果作为兑现业绩奖励和干部奖惩、使用的硬性指标，促使大家自觉树立廉洁意识和责任意识，切实做到廉洁从政。深入学习两个《条例》，强化了干部选拔任用的程序化、规范化意识，对进一步提高干部管理水平起到了积极的促进作用。

公司创立了一套规范运行的防范制约机制，重点实行了领导责任追究制度，建立党风廉政建设责任制、领导承包要害部位责任制、领导负责分管部门班子建设责任制，对容易引发职务犯罪的部门和岗位权利进行适度分解，制订严密的工作程序，形成了目标层层分解，责任落实到人，一级对一级负责而又相互制约的监督约束机制，从而确保了工程建设的高效廉洁稳步推进。甘肃管理处党支部组织开展了廉洁从政答题活动，成立了厂务公开领导小组，制订了九项厂务公开制度和管理处党员干部廉政“五不准”规定，定期召开处领导干部民主生活会，通过健全各项制度，规范了领导干部的行为准则。他们遵纪守法、扎实工作，廉洁奉公，在 22 家参建单位中树立了良好的业主形象。

回顾过去的工作，我们深深体会到：坚持以“三个代表”重要思想为指导，发挥党委的政治核心作用，加强基层党组织建设，充分发挥党支部的战斗堡垒作用和党员的先锋模范作用，是稳步推进工程建设的根本所在；坚持以人为本，发扬团队精神，建设具有管道公司特色的企业文化，充分调动广大建设者的积极性和创造性，围绕中心，创新思路，服务大局，是稳步推进工程建设的可靠基础；坚持标本兼治，创新管理体制，加强干部的经常性教育，从源头预防腐败，是稳步推进工程建设的重要保证。西气东输工程已经按期实现建设目标，将全面转入管道运行与销售管理，我们要认真总结经验，适应从管道建设到运行管理的转变，进一步加强党的建设，加强政治思想工作，团结和带领全体参战员工，继续保持和发扬不畏艰苦、勇于拼搏、精益求精的大无畏英雄主义气概和严谨细致的科学精神，周密部署，精心组织，过细工作，确保西气东输工程全线按期顺利投产，为我国石油天然气工业发展和国民经济持续、快速、健康发展做出新的更大的贡献。

（撰写于 2003 年）

4. 加强企业党的建设高质量理论研究

党的十九大报告在新时代党的建设总要求中指出“不断提高党的建设质量，把党建设成为始终走在时代前列、人民衷心拥护、勇于自我革命、经得起各种风浪考验、朝气蓬勃的马克思主义执政党”，这是我们今后一个时期开展党的建设的根本遵循，必须毫不动摇严格遵照执行。党组书记王宜林在集团公司领导干部会议上，从高质量发展的定义、推动原因、条件思路、方法途径、领导作用发挥等方面，对推动高质量发展进行了全面深入部署，为提高党的建设质量划定了行动路线，必须坚定不移抓好贯彻落实。公司党委以政治建设为统领，立足新时代党的建设总要求，积极落实集团公司党组安排部署，瞄准高质量发展的新方位、新定位，以高度的政治责任感，集智聚力共克时艰，努力在党的建设方面取得新突破、新进展。公司党委对党的十九大报告、习近平总书记有关重要讲话、集团公司党组有关文件、公司党委党内巡察报告等文献资料进行研究分析，综合形成本报告。

一、加强党的建设高质量的必要性和重大意义

（一）进入新时代，以习近平同志为核心的党中央对国有企业党的建设提出新的更高要求

习近平新时代中国特色社会主义思想写入党章、载入宪法，确立为党必须长期坚持的指导思想、上升为国家指导思想，实现了党的指导思想与时俱进，彰显了我们党坚持创新不停步的理论自信。围绕全面从严治党这一鲜明主题，习近平总书记对加强党的建设做出了一系列重要论述，提出了许多新思想、新观点、新论断，形成了与时俱进的科学理论体系，为新时代坚持和加强党的全面领导，坚持党要管党、全面从严治党提供了根本遵循和行动指南。习近平总书记强调“国有企业是我们党执政兴国的重要支柱和依靠力量，工人阶级是我国的领导阶级，是我们党执政最坚实最可靠的阶级基础，是全面建成小康社会、坚持和发展中国特色社会主义的主力军”。进入新时代，党要团结带领人民进行伟大斗争、推进伟大事业、实现伟大梦想，就必须毫不动摇坚持和完善党的领导，毫不动摇把党建设得更加坚强有力。新时代党的建设新的伟大工程，既要固本培元，也要开拓创

新；既要把住关键重点，也要形成整体态势，特别是要发挥彻底的自我革命精神。在这个过程中，国有企业应该也必须发挥重要的作用，而开展好党建工作能够为国有企业在党的执政兴国大业中有所作为提供坚强的政治保障和思想保障。

（二）集团公司党组顺应新时代，对加强中国石油党的建设提出更严要求

面对新时代党的建设总要求，集团公司党组主动担当作为、从严从实，不断将党的建设引向深入，彰显“强国企必先强党建”的坚定决心，指出各级党组织要以习近平新时代中国特色社会主义思想为指导，以政治建设为统领，准确把握党建工作的新要求新变化，切实发挥党组织把方向管大局保落实作用，增强责任感、紧迫感、使命感。各党组织要以习近平新时代党建思想进一步武装头脑、凝聚共识，深刻领会中国共产党的领导是中国特色社会主义最本质的特征，党是国家最高政治领导力量，党的领导是当代中国最大国情的重要思想；深刻领会以党的自我革命推动伟大社会革命，推进党的建设新的伟大工程，坚定不移把全面从严治党不断引向深入，把党建设得更加坚强有力的重要思想；深刻领会以党的政治建设为统领，牢固树立“四个意识”，坚决维护习近平总书记在党中央和全党的核心地位、坚决维护以习近平同志为核心的党中央权威和集中统一领导的重要思想；深刻领会以人民为中心，坚持人民主体地位，坚持立党为公、执政为民，不忘初心、牢记使命，始终把人民放在心中最高位置的重要思想；深刻领会腐败是最大威胁，作风建设永远在路上，“老虎”“苍蝇”一起打，驰而不息纠正“四风”，营造风清气正政治生态的重要思想；深刻领会建设高素质专业化干部队伍，突出政治标准，增强“八大本领”，做到“五个过硬”的重要思想；深刻领会强国必先强党，强党必须抓质量建党、质量强党，把提高质量摆在党建工作突出位置的重要思想；深刻领会以提升基层党组织组织力为重点，突出政治功能，推动基层党组织全面进步全面过硬的重要思想；深刻领会坚持党的领导、加强党的建设是国有企业的“根”和“魂”，坚持“两个一以贯之”，促进国有资产保值增值，推动国有资本做强做优做大，培育具有全球竞争力的世界一流企业的重要思想。

（三）公司党委积极发挥各方面作用，为公司提质增效稳健发展提供坚强保障

公司党委秉承石油战线的优良传统，始终坚持党的领导，注重加强党的建设，坚定正确的政治方向，艰苦创业、顽强奋斗，党的十八大以来，对照中央和集团公司要求，在中国特色社会主义进入新时代的背景下，公司党建工作坚持服务、融入中心工作，加强和完善党对企业的领导、加强和改进党的建设，充分发挥党组织和党员“三个作用”，扛稳抓牢党建工作责任，为公司全面高质量发展把牢方向、夯实基础，更好贯彻中央的新发展理念和全面深化改革要求，进一步将公司打造成为实施“走出去”战略、“一带一路”倡议的骨干力量，成为党赢得具有新的历史特点的伟大斗争胜利的重要力量。

在新时代的背景下，建设好国有企业必须把加强党的领导和完善公司治理统一起来。坚持党对国有企业的领导是重大政治原则，建立现代企业制度是国企改革的方向，两者统一起来就是建设中国特色现代国有企业制度，就是必须把党的领导融入公司治理各个环节，确保党组织在公司治理结构中的领导地位。公司党委坚持发挥党组织在改革发展中的领导作用，推动形成了各司其职、各负其责、协调运转、有效制衡的治理机制，始终坚持党的建设与改革同步谋划，党的组织与工作机构同步设置，党组织负责人与党务工作人员同步配备，确保党的领导、党的建设在公司改革中得到加强，确保中央大政方针和集团公司的决策部署在公司得到贯彻执行。

对照习近平总书记“坚持加强国有企业基层党组织不放松，确保企业发展到哪里、党的建设就跟进到哪里、党支部的战斗堡垒作用就体现在哪里”的指示要求，公司党委更加重视基层党组织的建设和基层党组织战斗堡垒作用发挥，从基本组织、基本队伍、基本制度严起，同步建立党的组织、动态调整组织设置；突出党性锻炼，把党员日常教育管理的基础性工作抓紧抓好，最终要让支部成为团结群众的核心、教育党员的学校、攻坚克难的堡垒。

新时代共产党员的先锋模范作用，应当具有鲜明的时代特征。公司广大党员要牢记宗旨、敬业爱岗，在生产、工作、学习和一切社会活动中，通过发挥自身骨干、带头和桥梁作用，影响和带动广大员工，积极为公司发展奋力拼搏，更好完成各项生产工作任务。公司全体党员领导干部必须做到信念过硬，带头做共产主义远大理想和中国特色社会主义共同理想的坚定信仰者和忠实实践者；必须做到政治过硬，牢固树立“四个意识”，在思想政治上讲政治立场、政治方向、政治原则、政治道路，在行动实践上讲维护党中央权威、执行党的政治路线、严格遵守党的政治纪律和政治规矩；必须做到责任过硬，树立正确政绩观，发扬求真务实、真抓实干的作风；必须做到能力过硬，不断掌握新知识、熟悉新领域、开拓新视野、提高领导能力，真正成为公司改革发展的中坚力量。

二、坚持目标、问题、效果导向，自成立特别是党的十八大以来，公司党的建设取得的实践成果和成功经验

党的十九大报告指出，“不忘初心，方得始终。中国共产党人的初心和使命，就是为中国人民谋幸福，为中华民族谋复兴。这个初心和使命是激励中国共产党人不断前进的根本动力”。党的十八大以来，公司党委沉着应对重大风险考验，敢于

面对存在的突出问题，以顽强意志品质正风肃纪、反腐惩恶，坚定不移贯彻新发展理念，坚决端正发展观念、转变发展方式，发展质量和效益不断提升，党内政治生活气象更新，党内政治生态明显好转，公司的创造力、凝聚力、战斗力显著增强。

（一）党委发展概况

公司的管理模式是党委领导下的总经理负责制，实行扁平化的一级管理体制，设有 14 个职能部门和 1 个附属机构，下设 13 个地区管理处，1 个计量测试中心，1 个科技信息中心，2 个工程项目部，3 个股权管理单位，共有员工 2800 余人。公司党委历经项目经理部时期的临时党委、西气东输管道公司临时党委、西气东输管道分公司党委三个阶段。目前公司党委下设 10 个所属党委，5 个党总支，115 个党支部，党员人数达 1219 名。注重党的组织建设是中国石油的优良传统。公司成立伊始，项目经理部临时党委和分公司临时党委，就十分注重积极继承弘扬中国石油党建工作的好传统、好做法，从抓基本组织、基本队伍、基本制度入手，认真落实“三同时”有关要求，克服了西气东输工程建设线路长、任务重、人员散的困难，着力消除基层党建的“空白区”，在较短的时间内形成了基层党建工作的基本组织体系、基本制度体系和基本主题实践活动体系，实现了党的组织和党建工作全覆盖。

面对日趋复杂的内外部发展环境以及生产经营压力不断攀升的严峻挑战，公司党委紧密围绕中心任务，从严落实管党治党责任，持续健全工作机制，不断创新工作方式方法，充分发挥党组织和党员的“三个作用”，团结带领广大干部员工奋发进取、攻坚克难，各项工作取得了新进、展新成效，有力保障公司主营业务快速高效发展。

（二）党组织引领公司稳健发展

公司党委贯彻落实全国国有企业党建工作会议精神，坚决贯彻中央关于党建工作要求，把方向、管大局、促落实，积极构建公司大党建格局。

把方向：制订党委工作规则、“三重一大”决策制度实施细则等一系列规章制度，建立健全了决策清单、权力清单、责任清单，实现了党组织发挥作用制度化和具体化。科学编制业务发展规划，明确发展方向和战略，确保集团公司党组决策部署不折不扣落实。严格落实集体决策机制，按要求组织召开党委会、总经理办公会，对“三重一大”事项集体研究、科学决策，有效降低了决策风险，维护了员工群众合法权益，推动了公司稳健发展。公司党委带头履行党风廉政建设主体责任，成立反腐倡廉工作领导小组，实行统一领导，明确责任分工。坚持把主体责任细化、实化、具体化，制订实施细则，落实责任清单，坚持签字背书，签约率 100%。党委书记履行好第一责任人责任，做到“四个亲自”“三个带头”“三个管好”。班子成员落实“一岗双责”，深入基层开展集体廉洁谈话，做到“管业务管廉洁、管工作管廉洁”。

管大局：紧跟国家经济发展战略新方向，明晰党委会与行政会议的权责划分，增强科学决策水平和经营管理能力，以改革发展成果作为公司党建工作的出发点和落脚点，作为检验公司各党组织工作和战斗力的标准。着力构建“四好”领导班子创建长效机制，全面落实民主集中制、联系群众、日常学习、述职述廉等制度，领导班子的整体功能明显增强。坚持党管干部原则，制订完善处级干部管理办法，加强对领导干部的日常教育管理和考核，处级领导班子年度考核的优秀率逐年提高。建立完善选拔任用和管理监督机制，大力推行公开选拔、竞争上岗，使一批懂业务、会管理、敢担当的干部走上领导岗位。落实干部轮训计划，加强人才队伍建设，打造了一支结构合理、技术过硬、执行有力的员工队伍。公司纪委坚持聚焦主业履行监督责任，配齐配强专兼职纪检干部，构建完善纪检监督体系，将党内巡察与合规管理监察、内控测试、审计监督有机结合，强化信息共享、资源共用，形成监督合力。紧盯重要节假日等关键节点，严明纪律要求、严肃问责追责，廉洁风险防控能力不断提高。践行监督执纪“四种形态”，坚持有信必核、有案必查，信访举报办结率、线索初核了结和结案率均达到 100%，维护了党纪党规的严肃性。

促落实：党的十九大报告明确提出要以提升组织力为重点，突出政治功能，加强基层组织建设。公司党委深入贯彻党中央关于加强基层党的建设有关要求，大力推进“两学一做”学习教育常态化制度化，注重制度建设的全面覆盖、全程贯穿，打通抓实基层党支部建设的“最后一公里”，构建完善“大党建”工作格局。严格落实两级中心组学习制度，创新学习方式，“走出去、请进来”，实现了时间、人员、内容、效果“四落实”，党委班子政治意识、大局意识、核心意识、看齐意识不断增强。抓住深入学习实践科学发展观活动、创先争优活动、党的群众路线教育实践活动、“三严三实”专题教育、“两学一做”学习教育等重大契机，集中加强党性教育，广大党员干部的思想政治素质显著提高、党性观念普遍增强、工作作风明显转变。

（三）基层组织建设彰显活力

基层党组织全覆盖。主动适应区域化重组和管控模式调整，积极创新党组织设置，结合点多线长实际，建立联合党支部，选优配强党组织书记，确保党组织覆盖率 100%。从党支部标准化建设入手，深入开展基层党支部“六个一”创建活动，实施“支部 123321 工作法”，即每月召开 1 次支委会，每年开展 2 次党风廉政建设分析会，每 3 个月召开一次党员大会，每 3 个月做一次员工思想动态分析，每年组织2次基础资料检查，每年召开1次支部专题组织生活会，规范党建基础工作。探索分散党员学习教育管理模式，分层次开展党组织书记轮训，有效提升了履职能力。

党员作用充分发挥。严把党员入口关，注重将生产骨干发展为党员，将党员培养为生产骨干。认真开展“三联”示范点和创先争优活动，搭建党员“亮明身份、践行承诺”平台，建立党员先锋岗、党员示范岗、党员示范段，广大党员主动做表率、创一流，发挥“一名党员一面旗”的先锋模范作用。坚持完善考核标准、细化考核内容，每年底抽调公司机关党建骨干人员对各所属单位党建工作进行考评，实现了党建与生产经营同部署、同检查、同考核。强化考核结果应用，对排名靠后的领导班子进行谈话，奖惩挂钩，推进“严考核、硬兑现”，促进党建工作落实。

群众工作基础不断夯实。不断强化“面向基层、服务基层”意识，践行“三个面向、五到现场”优良传统，建立“四联点”制度，开展“驻站跟班”活动，制订公司领导接访员工制度，严格落实首问首办负责制、限时办结制，服务基层质量和效能不断提高。同时在党组织领导下不断健全群团机构设置，加强队伍建设，配备专兼职工会干部，为工会工作全面开展提供队伍保障。制修订联席会议、提案工作、厂务公开、扶贫帮困、健康疗养、生日慰问等10项制度，进一步强化了工会组织引导群众、服务群众的职能。

三、当前公司党的建设存在的突出问题及主要原因

长期以来，虽然公司党委一直以讲政治的高度，严格贯彻全面从严党的要求，将公司党的建设不断推向深入，克服了一些困难，也取得了一些成功经验和工作成绩，但对照中央、集团公司党组的要求，对比公司建设世界一流先进水平管道公司的任务，基层党的建设宽松软，党建工作弱化、虚化、边缘化现象依然不同程度存在。深入审视公司党建工作，还存在一些差距和不足，主要表现在：

党组织作用“虚化”现象。主要表现在党建工作和中心工作融合不到位，缺乏融入中心的思路和方法，有的党组织为了抓党建而抓党建，没有与生产经营、改革发展、队伍建设有机结合，存在“两张皮”现象，没有形成抓党建的合力，党组织在推动监督工作向基层延伸方面有待进一步深化。有的党员干部片面强调运行安全、经济效益，放松党风廉政建设。少数党员领导干部工作方法简单，侵害员工切身利益，致使矛盾淤积，影响和谐稳定。

教育管理“弱化”现象。主要表现在党建责任和工作落实不到位，个别党组织对“两个责任”认识不清、理解不透，对职责范围内的监管工作抓得不严，工

作停留在表面。对党员干部的教育管理和考核评价偏重经营业绩，忽视思想政治工作，只注重管理形式而不严格落实教育管理制度。对党员干部的监督不够严实，不注重抓早抓小，纪律还没有真正严起来。没有把经常性的教育管理工作渗透到党建工作之中，个别党员宗旨意识不强，联系群众、服务群众不够，示范引领作用不明显，攻坚克难、艰苦奋斗的劲头不足。

党建工作整体开展“不够均衡”。一方面是在党建工作的重视程度、工作创新、基层基础、总体成效等方面，各所属单位之间还存在差异，一些基层党组织不能够根据自身所在地的特点和生产工作实际，因地制宜地开展党建活动，“一锅烩”一起学的党员教育方式很难取得良好效果。另一方面，党员分布不均衡，由于休息休假、培训学习等原因，难以相对集中地开展党员培训与教育，“三会一课”制度不能得到很好落实。

责任传递存在“衰减”现象。公司党委层面高度重视党建工作，但在中层与基层对党建工作的重视程度呈现出较大差异，存在“上头重视、中间传达、基层应付”的现象。少数基层党组织习惯于“上传下达”，满足于“照抄照搬”，上级布置什么就完成什么，开展党建工作创新的主动性和原创力不够，过于依赖上级部门的布置和推动，党建工作存在“上热下冷”现象。

从上述问题不难看出，公司党的建设形势还比较薄弱，有很多涉及方方面面的问题需要我们透过问题的表面，深挖问题的根源，从政策制度、工作机制等方面做出有力回答。回望党的奋斗初心，牢记公司改革发展使命，如何更好地将党建工作融入公司中心工作，更好地通过加强党的建设促进公司提质增效稳健发展，更好地吸引全体党员积极参与党建工作并将其作为个人发展的主要动力，实现组织和个人的价值，是新时代公司所有党组织面对的问题、难题与挑战。

四、深入学习贯彻习近平新时代中国特色社会主义思想和党的十九大精神，把公司党的建设不断推向深入

（一）指导思想

坚持高质量发展理念，是贯彻落实集团公司领导干部会议精神的重要举措，是妥善应对内外部形势变化和公司自身发展需要的必然选择，是建设世界先进水平管道公司的内在动力。面对新形势、新目标、新要求，我们既要牢固树立底线思维，切实增强忧患意识和危机意识，做好应对风险挑战的准备，更要坚定发展信心，保持战略定力，在集团公司推动高质量发展的进程中发挥排头兵作用，全力推动公司高质量发展。实现党的建设高质量，必须始终把坚持党的领导、加强党的建设贯穿到工作全过程，充分发挥党委“把方向、管大局、促落实”作用，

努力把党的政治优势转化为推动公司高质量发展的优势，使党的建设高质量发展成为助推公司提质增效稳健发展的强大动力。

公司党的建设高质量发展的指导思想是：以习近平新时代中国特色社会主义思想和党的十九大精神为指导，紧紧围绕新时代党的建设总要求和建设世界先进水平管道公司战略目标，贯彻落实党中央、集团公司党组等上级工作部署，坚持和加强党的全面领导，坚持高质量发展理念，坚持稳健发展方针，以党的政治建设为统领，全面推进党的政治建设、思想建设、组织建设、作风建设、纪律建设，把制度建设贯穿其中，深入推进反腐败斗争；以党建工作责任制实施和考评为抓手，以加强基层党建"三基建设"为重点，健全组织、提升保障能力，规范标准、提高工作质量，铸牢企业的"根"与"魂"，为公司建成世界先进水平管道公司、为中石油打造具有全球竞争力的世界一流企业做出新贡献。

（二）总体目标

习近平总书记指出，高质量发展，就是能够很好地满足人民日益增长的美好生活需要的发展，是体现新发展理念的发展，是创新成为第一动力、协调成为内生特点、绿色成为普遍形态、开放成为必由之路、共享成为根本目的发展。集团公司今年领导干部会议以"扎实推动高质量发展"为主题，确立了"业务发展高质量、发展动力高质量、发展基础高质量、运营水平高质量"的目标要求，提出了"践行稳健发展方针、坚持五大发展理念、推动三大变革"的实现路径，充分体现了党组对中央精神的深刻领会和对高质量发展内涵的精准把握，充分彰显了党组强烈的政治担当、一贯的战略定力和积极的进取精神。

党的建设高质量的总体目标是：以提升"凝聚力、执行力、战斗力、成长力"为标准，充分发挥基层党组织稳定队伍、凝聚人心、促进发展的重要作用，促进党建工作和生产经营中心工作深度融合；把实现公司战略目标作为党建工作的出发点和落脚点，把推动高质量发展中的难点热点问题作为党建工作的重点，着力打造与公司战略目标相一致、高质量发展模式相匹配的党建工作机制，走在集团公司党建工作责任制考核前列。

（三）主要举措

习近平总书记强调："坚持从巩固党的执政地位的大局看问题，把抓好党建作为最大的政绩。"实践证明，党建工作抓不好，其他方面工作也不可能抓好。党建工作是公司整体工作的有机组成部分，必须紧紧大局去谋划，促进党建工作更好地融入中心工作、融入党员需求、融入群众关切。做到思考问题、把握问题和解决问题都要从中心工作出发、从满足党员需求出发、从关切群众出发，努力从"你是你、我是我"变成"你中有我、我中有你"，进而变成"你就是我、我就是你”。在这种深层次融合中，要将党建工作与中心工作一起谋划、一起部署、一起考核，努力改变党建工作与中心工作“一手软、一手硬”的状况。

1. 发挥政治统领，是党建工作质量提升的根本

政治建设是党的根本性建设，习近平总书记指出，国有企业是党执政兴国的重要支柱和依靠力量，坚持党的领导、加强党的建设，是我国国有企业的光荣传统，是国有企业的“根”和“魂”，是我国国有企业的独特优势。要坚决维护以习近平同志为核心的党中央权威和集中统一领导，坚持党对国有企业的领导，不断提高领导干部政治能力，不折不扣贯彻落实以习近平同志为核心的党中央决策部署，以“钉钉子”精神做实做细做好各项工作，营造风清气正的良好政治生态。用习近平新时代中国特色社会主义思想武装党员干部。坚持把学习宣传贯彻党的十九大精神作为公司当前和今后一个时期的首要政治任务，引导广大党员、干部在学懂弄通做实上下功夫。认真贯彻落实集团公司部署要求，推动党的十九大精神“大学习、大宣传、大落实”，进基层、进车间、进班组，实现“五个全覆盖”。各党委班子成员要先学一步，通过中心组学习，常态化开展学习分享，带头讲专题党课。把政治建设与干部教育培训结合起来，围绕学习贯彻习近平新时代中国特色社会主义思想和党的十九大精神等组织开展分层次、多形式的学习培训，分期分批集中轮训处级以上党员领导干部，每期集中培训 5~7 天，不断提高党员领导干部政治站位和政治自觉。各党组织要分级抓好全体党员和广大干部员工的十九大精神学习培训，实现全覆盖。结合“两学一做”学习教育常态化制度化，组织好《习近平谈治国理政》第一卷、第二卷等著作学习，将深化“四个诠释”实践活动作为主题教育特色载体，推动党员干部进一步激发想干事的热情，培育干成事的本领，始终不忘“我为祖国献石油”的初心，始终牢记推进公司高质量发展的使命。严肃党内政治生活。认真学习党章、严格尊崇党章，把党章作为党员干部经常性学习内容、教育培训必备课程、日常管理根本标尺、民主生活会和组织生活会重要内容。增强党内政治生活的政治性、时代性、原则性、战斗性，自觉抵制商品交换原则对党内生活的侵蚀，严格落实党员领导干部双重组织生活制度。坚持把开好民主生活会作为严肃党内政治生活，履行管党治党责任的重要抓手。深入总结民主生活会督导工作经验做法，每年组织力量对公司各单位的民主生活会方案、学习研讨、征求意见、谈心谈话、问题查摆等环节工作进行认真审查、督导，对民主生活会召开前的各项准备工作进行严格把关，切实提高了民主生活会的召开质量。抓实党组织书记抓党建述职。认真落实公司党组织书记抓党建工作述职评议考核办法，每年组织党组织书记开展现场述职，促进公司各级党组织书记基层党建述职评议考核工作常态化、制度化。将党组织书记抓党建工

作述职向基层延伸，公司所属党组织每年开展全覆盖的基层党支部书记现场述职，促进基层党支部带头人“头雁效应”的发挥。创新现场述职方式，各党组织书记要在抓党建工作评议会上脱稿述职，着重讲党建工作责任制的落实、本单位特色亮点、存在问题和下步思路，真正做到情况清楚、思路清晰、工作扎实。各党群部门要认真分析现场述职党组织书记测评结果，结合日常调研、党委巡察、党建工作责任制考核，指出现场述职书记在抓党建工作方面存在的问题与不足，提出有针对性的改进建议，不断强化各级党组织书记管党治党第一责任人职责，提升党组织书记抓党建的工作水平。

2. 加强思想建设，是党建工作质量提升的灵魂

思想建设是党的建设的重要组成部分，是实现融合的首要问题和深层次因素。实践证明，思想政治建设是一切经济工作的生命线。全面加强领导班子思想政治建设，必须深入理解思想建设对中心工作的极端重要性。新时代党的思想建设的根本任务，是用习近平新时代中国特色社会主义思想武装头脑、指导实践、推动工作，大力加强党章、党规党纪的学习领会，自觉增强“四个意识”，在政治立场、政治方向、政治原则、政治道路上同党中央保持高度一致，教育引导全体党员干部始终保持发展定力，把做好经营、加快发展作为最大责任，进一步提升各党组织的凝聚力、战斗力、创造力。要大力弘扬以“苦干实干”“三老四严”为核心的石油精神，深入挖掘其丰富的时代内涵，凝聚新时期干事创业的精神力量。开展“不忘初心、牢记使命”主题教育、“四合格四诠释”岗位实践、“形势、目标、任务、责任”主题教育等一系列活动，提振员工攻坚克难精气神。注重文化育人，面向基层一线选树先进典型，营造尊重劳动、崇尚先进、展示价值、争当先锋的良好氛围。

思想引领发展更加坚定有力。以“两学一做”学习教育常态化制度化为主抓手，以“苦干实干”“三老四严”为核心的石油精神深入培塑为重点，切实把全体干部员工的思想统一到以习近平同志为核心的党中央决策部署上来、把价值认同凝聚到公司的使命责任上来、把奋斗意志团结到公司发展的共同远景上来，引导全体干部员工谋事干事站位更高、视野更广、劲头更足。

构建公司英模培育选树体系。英模是公司活的价值，是公司价值的人格化，是公司员工学习的方向和榜样，是引领公司高质量发展的领军人物和骨干人才。建立公司英模群体培育体系，以学习培养、对外交流、多岗位锻炼等为培育路径和方法，将有使命感、责任心、积极进取的员工纳入培育范围，建立充足的英模群体后备人才队伍。建立公司英模群体激励机制，构建站队、管理处、公司及省部级表彰激励体系，以全国五一劳动奖章、大国工匠、百面红旗、工人先锋号等

为目标，形成分级分层分项分阶段的荣誉和物质表彰奖励机制。建立公司英模群体宣传机制，通过各种方式和途径总结挖掘人物故事，提炼故事价值内涵，用活的人物和事迹展示英模的先进价值，形成展示人、鼓舞人、激励人的运转机制。构建完善的公司企业文化体系。全面加强新闻宣传、新媒体传播、思想政治教育、员工之家、企业文化交流等“五个阵地”建设，发挥凝魂聚力作用，增强员工文化自觉、自信和自强。坚持以石油精神为统领，提炼创新符合公司新形势的公司企业文化理念体系，编印新版《企业文化手册》。以基层站队“五个一”载体、加强基层站队三基工作、“五型”站队创建和精细化管理为抓手，完善特色文化站队评价标准，持续推进基层站队特色文化建设。推进宣传思想工作高品质。加大培训培养力度，打造一支高素质高水平的站队、所属单位、公司三级新闻宣传队伍。坚持深入基层、深入生活、深入群众，真正贴近一线、贴近生活、贴近员工，积极主动在基层一线深入调研、采访，挖掘见人见事见精神的典型案例，提高新闻宣传品质。扩大新闻宣传载体和渠道，以重塑形象周、公众开放日、气化城市为主题，实现新闻宣传的广泛性、覆盖性。发挥群团组织联系群众、联系青年的桥梁纽带作用。坚持公司工会和共青团是党领导的群团组织，着力加强政治性、先进性、群众性，深入开展思想政治教育，坚持中国特色社会主义群团发展道路，全面把握“六个坚持”基本要求和“三统一”基本特征。深化“安康杯”竞赛持续构建更加有效的“安康文化”，不断提升安全生产水平，促进员工由要我安全向我要安全、我会安全的积极转变。提升“互联互通工程建设”劳动竞赛水平，细化竞赛内容，激发大家投身高质量工程建设的热情和活力。加大文体协会管理力度，进一步丰富员工文体生活，增强员工活力。完善团建制度和规范，在不具备团支部建设的单位推动成立青年工作委员会，确保引导青年、组织青年、服务青年的职能有效发挥。加强思想政治课题研究。组织建立思想政治工作研究课题组，围绕宣传思想文化工作，确立系列课题并开展研究，提高公司党建思想政治工作水平。以《西气东输管道公司企业文化体系提升研究》课题研究为基础，进一步完善公司企业文化手册，提炼总结西气东输企业文化理念，对应不同需求形成企业文化手册分册，更好地发挥传播宣传的作用；进一步完善正在创建特色文化的站队的文化理念、基础支撑，形成一系列具有典型代表、广泛认可、强烈共鸣的基层特色文化。

3. 贯彻党管干部原则，为党建工作质量提升提供人才保障

突出政治标准，坚持正确选人用人导向。坚持新时期好干部标准，突出信念过硬、政治过硬、责任过硬、能力过硬、作风过硬，突出事业为上、以事择人，大力选拔敢于担当、勇于担当、善于担当、实绩突出的干部。坚持从对党忠诚的

高度看待干部的担当作为，坚持有为才有位，坚持全面历史辩证地看待干部，大胆使用那些执行上级决策部署坚决、推动工作积极有力、敢抓敢管、不怕得罪人的干部，大胆提拔埋头苦干、任劳任怨、不计个人得失、关键时刻、重大任务面前豁得出来、冲得上去的干部。完善体制机制，推动能上能下常态化。完善领导干部能上能下机制，坚持优者上、庸者下、劣者汰，加大问责力度，坚决调整不担当不作为的领导干部。综合运用年度考评、党委巡察、审计、安全检查等监督成果，坚决调整贯彻上级决策不及时、打折扣、做选择、搞变通、做表面文章、搞花架子、推动落实少的干部，坚决处理讲条件、提要求、不服从组织安排、宗旨意识不强、推诿扯皮、效率低下的干部，使能上能下成为常态。提升能力素质，提高专业化水平。按照建设高素质专业化干部队伍要求，强化能力培训和实践锻炼，提高专业思维和专业素养，涵养干部担当作为的信心和底气。突出精准化、实效性，抓好处级干部“关键少数”教育，加大优秀年轻干部培养力度，贯彻落实处级干部 3 年轮训全覆盖；重点加强新提拔处级干部的党性教育和廉洁教育，每年选拔 40 名优秀科级干部参加中青干部集中培训，选派部分想干事、能干事、潜力大且在重要岗位的优秀年轻干部参加集团公司组织的高层次脱产培训。结合党员登高计划，组织开展全体党员轮训，以思想政治教育、履职能力提升和新知识新理论为重点，加大关键岗位培训力度，切实提高干部队伍的整体素质。完善考核机制，发挥考核激励鞭策作用。科学设置考核指标，突出政治考核、作风考核，突出对公司党委决策部署、年度重点工作、重点任务的考核，加大量化标准、客观评价的比重。统筹平时考核、年度考核、专项考核和党委巡察，健全多维度考核体系，增强考核的科学性和针对性，探索增加能力测试测评。每年采取面对面方式由公司领导向分管部门和联系单位主要负责人反馈考核结果，考核结果与干部能上能下、挣多挣少、问责追责相挂钩。对真抓实干、业绩突出、综合考核评价高的干部，加大薪酬激励、培养锻炼和提拔重用力度。对年度综合考评得分排名靠后的干部，经综合分析研判，确属基本称职、不称职的，给予提醒、诫勉、降薪、降职等组织处理；对不思进取、不接地气、不抓落实、不敢担当的“四不”干部进行严肃处理。深入推进人才成长通道的畅通。贯彻落实集团公司“纵向贯通能上能下、横向转换顺畅有序”的要求，公司将研究编制人才成长通道建设方案，健全完善 11 级经营管理岗位序列、10 级专业技术岗位序列、9 级操作技能等级的专业化、差异化、梯次化三支队伍成长通道体系。明确三支队伍相关层次的转化对应关系、岗位晋升和序列转换规范，实现各类人才在序列间对应层级的竞聘，建立与岗位价值、能力水平、业绩贡献相匹配的薪酬管理制度，解决三支队伍成长发展中晋升梯次不够用、跨序列交流不通畅等“天花板”问题。健全聘任评价机制，改进人才考评体系。建立党组织人才工作目标责任制、党组织服务专家、人才荣誉表彰制度，科学设置岗位、明晰岗位职责，探索赋予一定的岗位职责“人财物”支配权。严格落实聘期制，建立“专家评专家”、以“同行学术评价”为主的评价办法，组织具有专业代表性、学术权威性的同行专家组成选聘委员会，确保“质量”过得硬，同时实施严格考核、动态管理，按照管理权限开展绩效考核，强制分布，严格与岗位工资晋档、绩效工资兑现挂钩。建立健全以科研诚信为基础，以创新能力、质量、贡献、绩效为导向的科技人才考评体系。搭建交流平台，切实发挥人才作用。建立网络技术交流平台，实现专家“远程帮扶”，定向帮助基层站队解决生产现场实际问题，传授新技术新知识。严格落实师带徒制度，聘期任务中明确带徒成效，增加带徒数量、质量激励措施。定期组织公司层面专家讲堂，邀请技术技能人才发布、交流技术技能创新成果，鼓励人才定期对外交流、参加专项培训和专业会议。营造“比学赶超”良好氛围，坚持组织开展两年一届的技能竞赛，恢复开展专业技术比武，对竞赛、比武获奖人才提供一定的物质奖励。

4. 加强组织建设，是党建工作质量提升的基础

组织建设是党的建设的功能支撑，是实现融合的力量保障和工作基础。按照习近平总书记提出的“四同步四对接”要求，做到党的建设和公司改革发展同步谋划、党的组织及党务工作人员同步配备、党的工作同步开展，实现体制对接、机制对接、制度对接和工作对接。健全建强基层党组织。扩大党组织和党的工作覆盖面，做到哪里有员工、哪里就有党的工作，哪里有党员、哪里就有坚强的党组织。结合作业区推行工作，探索创效型党支部科学设置，以提升组织力为原则，按照实际情况，形式上灵活采取独立党支部和区域联合党支部设置形式，支委成员上，灵活选择全部从本站队党员中产生和以站队党员为主、所属单位机关党员相结合的构成方式，但要防止出现单纯解决党员数量，忽视党支部工作质量的情况，切实将堡垒作用发挥在提质增效稳健发展的最前沿。落实基层党组织按期换届提醒督促机制，确保应换尽换。严格执行党的组织生活基本制度，深化党员先锋岗、党员责任区等活动，推进党的基层组织活动方式创新。做好基层党支部书记和党务干部的培养选拔。做好基层党支部书记的岗前考察考核，严格组织程序，把政治素质好、群众威信高、业务能力强、自身作风硬的优秀党员干部选拔到党支部书记岗位上来，夯实“五清三会”基本功，每年至少安排一次基层党支部书记轮训，试行党支部书记持证上岗，把党支部书记岗位作为培养选拔干部的重要台阶，将具有党务工作经历作为选拔晋升的重要条件，发挥党管干部、党管人才的重要作用。进一步加强培训，采取“请进来、走出去”的方式，搭建学习交流

平台，提升基层党支部书记和党务工作者综合素质和能力水平，让愿抓党建的人会抓党建，能够提出实现融合的新思路、新方法。积极探索解决基层党支部书记和党务干部的出口问题，加强所属单位和作业区专兼职党组织书记、副书记培养选拔，对一些表现突出的可以提供晋升通道，从而形成有效的激励机制。考虑党务干部和行政干部交流轮岗，让党务干部能抓业务，让业务干部能抓党建，从复合型人才培养的角度进一步促进融合。在普通党员激励上，要突出创先争优的示范带动作用，优化“两优一先”评选标准、指标设置等内容，严格按照工作质量、人员素质等分配指标，不搞简单摊派，做到把骨干发展成党员，把党员培养成优秀党员，把优秀党员培养成党支部书记。抓好党员教育管理。把政治标准放在发展党员首位，严格按照发展党员十六字标准，注重从生产和工程一线发展党员，增强党员教育管理针对性、有效性，探索灵活便捷的党员教育管理新方式，保证党员教育管理覆盖率 100%。抓实党建工作责任落实。围绕“凝聚力、执行力、战斗力、成长力”提升，以落实《党建工作责任制考核评价实施办法》为主要抓手，注重工作实绩的评估和工作过程的印证，综合运用领导班子履职测评、党组织书记抓党建工作述职评议、党委巡察结果，着眼基础性、制度性、长效性工作，发挥公司党群部门主责作用，开展多维度、多层次、全方位考核，逐步完善清单明责、工作履责、述职评责、考核督责、从严问责的“五责”体系，推动构建“大党建”工作格局。有效发挥考核的导向作用，考核结果纳入所属单位年度业绩考核，通过责任体系构建和“动票子”“动位子”等多种方式，抓牢“关键少数”，树牢“抓党建是最大政绩”理念，重点强化所属单位行政干部“一岗双责”的责任意识，切实做到党建工作和中心工作同计划、同落实、同考核，逐步形成抓业务必须抓党建的工作自觉。稳步推进党支部达标考评晋级。牢固树立“党的一切工作到支部”的鲜明导向，推动全面从严治党向基层延伸，进一步加强和改进新形势下的党支部建设；在创建标准化党支部的基础上，实行“量化考评、分类定级、动态管理、晋位升级”的党支部达标晋级管理机制，明确责任分工、明晰考核标准，夯实基层工作基础，促进基层党支部工作质量的整体提升。持续丰富考核方法，充分用好党建信息化平台这个创新载体，改变以往到现场点位的“一次性”考核，建立日常经常性掌握和现场多部门联合检查相结合的工作机制，更加注重党组织层面的一贯表现，推动责任制落实。

5. 加强纪律建设，是党建工作质量提升的支撑

强化党内监督，严明政治纪律和政治规矩。坚决维护党中央权威和集中统一领导，党员干部要严格遵守政治纪律和政治规矩，不断增强“四个意识”，特别是核心意识、看齐意识，坚决落实集团公司党组、公司党委的决策部署。各级党组

织要切实担负起执行和维护政治纪律规矩的责任，对违反纪律规矩的行为要坚决批评制止，决不听之任之。构建党组织全面监督、纪委专责监督、党的工作部门职能监督、党的基层组织日常监督、党员民主监督的党内监督体系，形成合力。坚持选人用人和严格管理相统一，既把德才兼备的好干部选出来、用起来，又加强管理监督，形成优者上、庸者下、劣者汰的好局面。加强全过程监督，防止“带病提拔”“带病上岗”，逐步建立健全党员领导干部廉洁从业档案，一人一档、动态管理。强化“两个责任”，推动全面从严治党向基层延伸。党组织书记要坚持当好第一责任人，自觉做到重要工作亲自部署、重大问题亲自过问、重点环节亲自协调、重要案件亲自督办，领导班子成员要在职责范围内履行监督职责。纪检组织要按照党内监督条例要求，充分发挥党内监督主力军作用，强化对领导班子成员的监督。建立健全横向到边、纵向到底的党建、党风、反腐败责任体系，抓住“关键少数”，坚持一级抓一级，逐级抓落实，把责任传导给每个基层党组织和各级领导干部。加强巡视巡察，做到全覆盖。强化执纪问责，努力推进标本兼治。不断加大执纪问责力度，让失责必问、问责必严成为常态。消除“反腐转向”“力度减弱”等错误认识，强化责任担当，坚决挺纪在前。把执纪审查重点放在党的十八大以来不收敛、不收手，问题线索反映集中、群众反映强烈，政治问题和经济问题交织的腐败案件，违反中央八项规定精神的问题。全面掌握“树木”和“森林”的状况，对“歪树”帮扶引导，对“病树”对症下药，对“烂树”果断拔除，坚决管护好“森林”，管住大多数，促进干部健康成长。贯彻“惩前毖后、治病救人”的方针，突出抓早抓小，对反映的一般性问题，出现的倾向性问题，以及轻微违纪问题，及时谈话提醒、约谈函询、纠错诫勉。完善容错纠错机制，努力营造鼓励创新、宽容失误的良好氛围，让那些想干事、敢干事的干部卸下思想包袱，放开手脚干事创业，对诬告、报复、陷害等恶劣行为，坚决予以打击，坚持匡正风气。健全完善“三级预防”与党内监督、民主监督、舆论监督“三位一体”相融合的立体式大监督体系，形成监督合力。在公司所属单位深入推广基层站队“玻璃房”建设，提升整体效能和工作水平。强化“四风”整治，推动作风建设常态化长效化。紧盯重大节日、重要节点和重点问题，从严查处各种“隐形”变异“四风”，坚决防止不正之风反弹回潮。认真研判“四风”问题的特点和规律，密切关注新动向，把纠正“四风”，尤其是纠正形式主义、官僚主义往深里抓、实里做。结合党委巡察工作，同步开展落实中央八项规定精神、纠正“四风”问题专项检查。坚持正面宣传和反面警示相结合、集中学习和经常教育相结合、重点推进和全面覆盖相结合、传统形式和新兴媒体相结合，引导党员干部抑制腐败动机，做到思想自觉、行为自觉，筑牢不想腐的思想堤坝，营造企业良好风气。

6. 找准有效途径，是党建工作质量提升的关键

提高公司党建工作质量，方式方法多种多样，关键是要结合基层实际，立足存在问题，合理选准做细方法、载体。加强公司基层党建阵地建设。要结合自身特点，开展形式多样、内容丰富的党建主题活动。开展如“一党委一品牌、一支部一特色”品牌创建、“创效发展争先锋、对标提升作贡献”主题活动和“党员技术攻关”党员义务奉献”“党旗飘扬在管道沿线”等主题党日活动。通过特色党建主题活动，激发党员热情，吸引员工群众参与，增强党组织凝聚力。扎实开展党建理论课题研究。公司各党组织要围绕贯彻落实党的十九大精神及重点难点工作选题立项，针对创新创效、技术攻关、管道安全、隐患治理、人才培养、和谐稳定等热点难点，进行广泛深入调研，把准脉、开好方，做到党委的决策是什么，课题研究就推进什么，中心任务是什么，课题研究就关注什么，单位困难是什么，课题研究就聚焦什么，员工群众关心什么，课题研究就回应什么，同时加强党建理论课题研究队伍建设，为“讲得出思想、提得起笔杆、领得下任务、出得来成果”的研究人员积极搭建平台，在研究经费、办公条件、培训提高等方面给予大力支持，促进实践经验向理论升华，成熟理论向实践转化，从解决问题、提高质量的角度，实现党建工作与中心工作的深度融合。深化党建活动载体。以党员责任区、党员示范岗、党员示范段等为载体，促使党员发挥先锋模范作用，进一步明确责任岗位的标准和内涵，结合党支部达标晋级工作，开展月评比、年考核，在创建设立的基础上开展优秀责任区、模范先锋岗、模范先锋段的评选活动，切实发挥示范引领作用。创新党员教育形式内容。针对目前党员教育内容吸引力不足的问题，探索开展具有党味、鲜味、趣味的“三味”党课，将政治原则摆在首位，规范党课讲授方式内容和党员言行，内容设置上可以事先征求党员意见，具体可选取本单位工作重点难点、当下社会热点话题、身边存在的不良行为等内容，形式上可以采取探讨式、互动式，以及借助 PPT、微视频等方式，增强参与度、发挥话语权、突出存在感，既防止庸俗化、娱乐化，又提高形式内容的吸引力和教育的有效性。建立党员教育评价机制。结合党员登高计划，按照年初党员个人制订的计划内容，在支部范围内公开，党支部每月设立主题、组织党员对标学习，每季度双向沟通，支部委员、党小组长对党员各方面情况综合分析，每半年开展座谈，交流心得体会，年底综合评估，党员自查进度，党支部帮助提高改进。工作创新要突出实效，防止“新瓶装旧酒”的简单换装，防止基层党组织因生产安全、工作创新、上级表彰等的“俊”，遮了上级要求落实不到位、基础工作薄弱的“丑”。

（撰写于 2019 年）

5. 以文化引领推动西气东输高质量发展

西气东输是21世纪党中央、国务院决策建设的国家西部大开发标志性工程，是一条跨越东西、纵穿南北、连通海外、连接一带一路、展示中国力量的天然气骨干管网。公司党委在波澜壮阔的工程建设和生产运营管理不断加强企业文化建设，初步形成了“六个一”的文化体系：一套文化理念、一个传播机制、一些表现载体、一群代表人物、一批文化产品、一个“西气东输”文化品牌。这些为公司贯彻落实党的十九大精神，建设世界一流品牌西气东输文化体系奠定了坚实历史底蕴。

一、突出问题导向，确立西气东输文化建设新方向

西气东输取得了巨大的物质精神成就，但按照党的十九大精神要求，我们也明显感觉到了在坚定社会主义文化自信、走西气东输文化自信之路中的差距。主要表现特征：企业文化建设对公司管道安全平稳高效运行的助推作用有待提升；各级管理者对文化建设和加强意识形态工作的重要性认识尚显不足，典型示范和引领作用还不突出；文化价值理念注入公司流程管控和再造过程的力度不够；文化建设框架性的、概念化的形式还存在，深层次的、具体的、渗透到基层的还欠缺；文化产品与员工文化需求还不完全适应，精品力作不多；文化传播机制仍待完善加强；文化人才队伍不足；企业品牌的美誉度、知名度有待提升；企业文化软实力建设与世界先进水平管道公司存差距。针对新时代新任务新目标，公司文化建设要着力解决“三新”：

（一）新时代对公司企业文化建设提出新要求。

党的十九大指明：“文化是一个国家、一个民族的灵魂。文化兴国运兴，文化强民族强”，“要坚持中国特色社会主义文化发展道路，激发全民族文化创新创造活力，建设社会主义文化强国”，向全党全国人民发出了“坚定文化自信，推动社会主义文化繁荣兴盛”的伟大号召。企业文化建设是社会主义文化建设的重要组成部分。西气东输，是极具代表性的国有大型骨干企业，是企业员工承载梦想实现福祉和希望的平台，既承担着经济、政治和社会责任，也承担着建设社会主义文化强国的历史使命，创造属于自身及富于时代精神的企业文化是时代和人民赋予我们的光荣使命。

（二）深化供给侧结构性改革与能源新变革对公司企业文化建设提出新挑战。

我国经济已由高速增长阶段转向高质量发展阶段，明确要求推动经济发展的质量变革、效率变革、动力变革，建设现代经济体系，推进生态文明建设，促进能源消费的绿色低碳供给侧结构性改革，为中国天然气产业发展迎来新机遇。西气东输责无旁贷，成为我国倡导绿色环保，构建安全、高效、可持续的保障体系，优化能源结构，改善大气环境，提高人民生活质量的排头兵、先行者。公司既面临大有可为的重大战略机遇期，又面临诸多矛盾相互叠加的严峻挑战。应对矛盾挑战，把握发展机遇，都需要建设企业文化，引导全体公司干部员工转变观念、推动创新，凝聚人心、积聚力量，把企业发展的压力转化为每名员工的工作动力，不断增强企业发展活力。

（三）建成世界先进水平管道公司目标对公司企业文化建设提出新任务。

西气东输 18 年管道 12280 千米、年管输能力 1276 立方米、资产超千亿元、用户达 370 家、用气人口近 5 亿，多项指标保持国内同行业前列，具备了向世界水平看齐的基础。但企业文化软实力国际一流话语权还不足。这要求公司必须以改革创新精神统筹谋划、扎实推进企业文化建设，发挥企业文化理念引领、凝心聚力、攻坚克难、提振信心的独特作用，讲好西气东输故事，创作更多优秀文化作品，努力打造中央放心、公众认同、员工满意的西气东输品牌形象，推进国际人文交流和文化交流举足轻重，全面展示中国管道事业发展和能源结构调整、技术进步，最终实现全球天然气管输行业的文化话语权。

二、突出文化建设目标定位，把握文化建设目标原则

公司总体文化发展要不忘本来、引领未来，与新时代提出的三步走战略相一致。公司文化建设三步走，第一步历史底蕴和基础优势阶段已经基本完成；现在处于第二阶段的定位是根据党的十九大确定了管道是推进现代化经济体系建设的基础体系支撑和基础设施网络定位，具有公共物品属性和公共服务属性，必须建设以安全环保文化为核心的西气东输文化体系坐标方位；第三阶段 2030 年前将西气东输打造成具有国际商业价值的安全绿色环保品牌。具体目标是：

——党委发挥领导作用充分体现。融入中心工作，党的基层组织建设作用突出，政治方向坚定，党组织在公司治理结构中的法定地位更加巩固。

——文化理念成为共识共为。以安全文化建设为核心，文化建设飞跃升级到文化管理，文化理念内化于心、外化于行、固化于制，助推体制改革和生产经营的能力增强。

——基层文化建设富有活力。基层站队标准化建设成熟，基层站队特色文化

建设百花齐放、百舸争流。

——传播机制不断完善成熟。以新媒体新媒介为主的内传阵地更加巩固，外宣活动丰富多彩，讲好西气东输故事，传播中国石油声音。

——文艺精品创作上台阶。实施文艺精品创作工程，系列丛书影视作品发行，文化艺术创作纷呈，力创“五个一工程”等国家奖项。

——文化研究硕果累累。形成一批“弘扬传统 + 勇于担当 + 创新创效 + 社会责任”等多方面、有分量的研究成果。

——绿色环保商业价值品牌初具国际影响力。推进“西气东输”品牌大宣传，引领公司发展，品牌走出国门，具有世界行业话语权。

西气东输文化体系建设遵循的主要原则是：

——坚定正确的政治方向。始终坚持习近平新时代中国特色社会主义思想在意识形态领域的统领地位，以社会主义核心价值体系为引领，大力弘扬“石油精神”，形成符合市场经济规律、适应企业发展阶段、具有行业和企业特色的价值理念体系。

——坚持以人为本。以人为本是贯彻落实以人民为中心发展思想的具体实践和着力点，突出人的解放和全面发展，将企业发展的战略目标与全体员工日益增长的对美好生活的需要相统一，充分调动全体员工的积极性、主动性、创造性，上下一心，以文化人，促进员工价值再创造，让员工有存在感、安全感、获得感、幸福感，实现人企和谐共赢。

——坚持创新驱动。创新是引领文化改革发展的第一动力，大力推进管理创新和科技创新，继承优良传统，结合当前改革生产实际，着眼未来发展，借鉴国内外先进文化理念，进行整合提炼，在继承中创新，在深化中提升，依靠创新驱动引领高质量发展。

——坚持统筹协调。突出目标问题导向，突出系统性整体性协同性，培育塑造符合西气东输实际的公司文化；将文化理念融入生产经营管理流程再造的全过程；注意员工个性与团队建设的协调，彰显先进的典范作用，统筹安排，制度保障，分步实施，稳妥推进。

三、突出安全绿色发展，建设推动西气东输高质量发展的文化软实力

（一）建设安全生产绿色发展核心文化。

安全生产、绿色发展是公司的生命线，安全绿色核心文化建设是公司文化体系建设的首要任务，必须坚持环保优先、安全第一、质量至上、以人为本理念，推动安全生产运行的高质量发展。必须追求“零伤害、零污染、零事故”，确立质量、健康、安全与环境国际战略目标。必须以基层站队标准化为重点，规范“一

票两卡”和岗位操作行为，做到“只有规定动作，没有自选动作”。必须提升员工“风险辨识、风险管控、应急处置”能力，推进员工 QHSE 履职能力建设，落实安全环保责任。组织开展“安康杯”竞赛“安全生产月”“安全生产周”“青年安全生产示范岗”“站队长论坛”等系列活动，开展案例教育、主题宣讲、对外交流等多种形式，营造“没有安全环保就没有一切”的全员共识。必须开展规范的国际安全评级、体系内审、外审活动，评估保管道安全平稳高效运营效果。必须推行清洁生产、绿色发展，强化生产过程受控，做到低碳绿色、经济高效。

（二）建设助力安全生产绿色发展的创新文化。

创新是引领发展的第一动力，科技是第一生产力，创新驱动是公司夯实安全生产的重要手段，科技是培育公司文化软实力的硬支撑。坚持以智能管道建设为载体，加强与科研院所、高等院校等联合协作，攻关解决技术瓶颈，推进自主创新、信息化建设，持续提升科技创新引领能力。效率变革是推进管理创新的重要目的，以基础管理体系整合为抓手，推进理念、制度、管理革新，管理行为简单化、标准化、信息化，职能优化、精准激励，队伍素质、劳动效率的双提升，实现秩序与活力有机统一，持续提升管理创新增效能力。深入开展群众性“创新创效”活动和文化研究课题，着力打造万众创新文化氛围。建立创新项目评审、人才评价、产权保护、成果奖励等政策制度，引领公司创新文化的发展，助力公司安全生产绿色发展。

（三）建设以工匠精神劳模精神为引领的人本文化。

人是生产力中最活跃的因素，人才是实现民族振兴、赢得国际竞争主动的战略资源。工匠精神劳模精神是引领公司安全生产绿色发展的重要精神源泉，以技术创新、技能比武、创新创效、科学研究等为载体，加快七大实训基地建设，建设劳模创新工作室、技师创新工作室和职工创新工作室，带动建设一支知识型、技能型、创新型劳动者员工队伍。突出社会主义核心价值观这一当代中国精神和价值追求，加强员工思想道德建设宣教活动，持续宣传先进典型，发挥党员模范示范作用，建立崇尚“多劳多得、按劳分配”的激励机制，以优质产品和满意服务展示负责任企业形象，将诚信法制信条、理念人格化，融入制度和实践，筑牢公司安全生产绿色发展的人本思想基础。增进民生福祉是发展的根本目的，将公司发展经济效益成果惠及公司员工收入增长和报酬的提高中，有获得感；充分发挥社会保障稳定器的作用，让员工切实感受到企业的安全工作无忧生活，有安全感；将生态环境保护、体育健身、职业安全、意外伤害和食品安全领域纳入健康管理，通过员工之家、协会建设、文化艺术创作、心理辅导、节日慰问等让员工有归属感、幸福感；通过落实人才强企战略，畅通人才成长通道，让员工在快速成长成才过程中有成就感。

（四）建设守法合规的法制文化。

法制兴则国家兴，法制强则国家强。以良法促发展、保障善治，是公司治理体系和治理能力现代化、服务和谐社会、助力生态文明建设的重要保障。坚持普法教育和公司规章制度的宣传教育，利用新媒体、新技术创新普法手段，强化法治思维，增强法律制度意识。系统地整合技术标准、规章制度，构建完善一套简洁高效、全面覆盖、一贯到底、易于理解和执行的一体化基础"基本法"管理体系。不断健全完善依法合规管理体系，围绕工程建设、物资采购、项目招投标等重点领域，持续开展效能监察，深化审计成果应用，坚决防止"破窗效应"。

（五）建设助力绿水青山绿色发展的和谐文化。

建设现代化是人与自然和谐共生的现代化，提供更多优质生态产品满足人民日益增长的优美生态环境需要是实现现代化的重要内容。西气东输是推动建设绿色发展和谐发展的文化价值体系，是实施大气污染防治、打赢蓝天保卫战，还自然以宁静、和谐、美丽，践行中华民族永续发展千年大计的使命担当。践行绿水青山就是金山银山的发展理念，秉承"输送清洁能源，奉献和谐社会"的企业使命，工程项目全过程构建安全、高效、可持续的保障体系，有效管控环境风险，杜绝重特大安全环保事故，开发清洁能源和环境友好产品，加强节能降耗和污染减排，创造生产作业与环境的和谐，努力构建企业与自然的和谐。和谐是社会主义现代化强国构成的基本要素，重视与管道沿线企地建设，重视与管道沿线社会关系建设，以"青年志愿者""扶贫捐助"为载体，管道保护宣传进小学、进社区、进养老院等，树立企业的良好形象，构建企业与社会的和谐。倡导真诚向善、共济共赢、团结和睦的和谐理念，以职代会、兴趣协会、"和谐型"站队、"职工之家""安全和谐"系列文体活动为平台，发挥群团组织作用，构建和谐的劳动关系。

（六）建设富有活力的基层站队特色文化。

文化兴企强企是公司始终坚持的重要方针。公司 170 个基层站队是安全生产的基础，是文化建设的"神经末梢"和落地生根的关键。坚持按照坚持彰显石油精神、问题基层务实导向、地域特色、群众性、时代性实践性、典型案例支撑的原则，实施基层站队特色文化建设，及时做好创建站队成果研究和提炼，呈现站队文化"百花齐放、百舸争流"，激发基层员工的文化创造活力。以提升组织力为重点，以组织覆盖力为前提，以提升群众凝聚力为基础，以发展推动力为目标，以自我革新为保证，创新支部工作组织、群众、管理方式方法，开展基层特色支部建设，创出服务西气东输安全生产绿色发展的基层支部堡垒文化。

（七）建设从严治党的西气东输政治文化。

西气东输作为国有骨干企业重要组成部分，坚持政治文化建设，以共同的目标聚精会神、以共同的思想基础凝心聚魂、以共同的实践汇智聚力、以党的领导强基固本，是筑牢公司安全生产绿色发展的根和魂。必须始终坚持学习宣传、贯彻落实党的十九大精神，结合“不忘初心、牢记使命”主题教育活动，持续在学懂弄通做实党的十九大精神上下功夫。在政治建设上，强化“四个意识”，坚定“四个自信”，推进思制度创新，完善“三会一课”、民主生活会等基层组织建设制度，落实党管干部；在思想建设上，持续深入开展“两学一做”学习教育，强化互联网主阵地管控应用，建设网上群众路线、网络空间共同精神家园，营造良好的思想道德生活工作氛围；在组织建设上，切实履行党建工作“一岗双责”，优化基层党组织设置，推进“六个一”党支部建设，完成党建信息系统平台建设；在作风建设上，通过宣传学习革命传统、弘扬石油精神等教育，开展两级机关驻站跟班和结对子活动，提高员工的服务意识和服务本领；在纪律建设上，有效落实“两个责任”，深入开展公司党内巡察工作，提升作风建设。

（八）建设安全低碳绿色环保的品牌文化。

构筑尊崇自然、绿色发展的生态体系，坚定走生产发展、生活富裕、生态良好的文明发展道路，建设美丽中国，是党的十九大提出的明确目标。西气东输作为清洁能源供应基础网络体系，设施连通海内外，承载着两个一百年奋斗目标、促进国家经济发展能源变革生态文明建设、实现中华民族伟大复兴的主战场，事关一带一路国际合作，具有深远的国际影响力。西气东输打造安全开放绿色环保品牌文化，是展示中国精神、中国价值、中国力量的有力载体。必须通过建设公司文化展厅、站队特色文化展室等企业精神教育基地，充分展示一线员工精神风貌、工作业绩和公司成立以来取得的成就和文化软实力。发挥公司“两报两网两微一刊”宣传阵地优势，以生动事例和模范人物宣讲，加强对员工西气东输品牌形象和品牌理念的宣传，激励、引导全体员工对西气东输品牌文化的认同感和荣誉感。借助传统中央地方新闻媒体平台网络，大力宣传西气东输在能源结构调整清洁生产绿色发展中取得的巨大经济成就、巨大社会环境效益、科技创新和管理创新成果，增强话语权，传递正能量，打好主动仗。持续组织开展“媒体走进西气东输”活动，推动西气东输品牌走出国门，开展国际人文技术交流，“讲述好西气东输故事，传播好西气东输声音”，实现西东输品牌效应不断积聚，吸引力和辐射力不断增强，美誉度和知名度不断提高，让西气东输安全低碳绿色环保的品牌形象产生国际影响力，最终实现西气东输与世界先进水平管道相配的较高商业价值品牌，全面助推公司高质量发展。

（撰写于 2019 年）

6. 探索西气东输英模可持续培育实践路径

旗帜指引方向，榜样凝聚力量。“培养担当民族复兴大任的时代新人，建设知识型、技能型、创新型劳动者大军，弘扬英模精神和工匠精神，营造劳动光荣的社会风尚和精益求精的敬业风气”，是党的十九大为新时期英模培育指明了方向。英模是一个民族的精神象征，是人们昂扬精神的象征，是人们美好理想的寄托。英模是一个时代、一个民族、一个社会和一个企业的劳动者先进力量代表、文化价值的人格化、团队进步前行的精神支柱和动力源泉。英模是一个企业团队建设的核心竞争力重要组成部分，是企业的人才高地和核心引领力量。英模的培育过程就是一个企业、一个团队实施以人为本、人才兴企的具体体现，是对人文精神客观规律的科学探索与实践。“天地英雄气，千秋尚凛然”，英模文化的传承是民族基因最重要的传承，英模文化的弘扬，是民族精神力量最有力的迸发，是中华伟大民族精神的艺术结晶，始终激励着中华民族百折不挠、生生不息。如何遵从劳动者个体技能、智力和价值成长发展规律激发内存潜力动力，如何结合团队或企业追求价值目标引导劳动者将个体人性的需求融入，促进互相触动良性循环、价值实现，英模的培育过程为我们提供了一条实践之路，英模培育的先进性、创造性、示范性是我们探索实践的最有效载体，是保持企业员工持续动力的根本途径，营造全社会全公司崇尚英模、热爱英模、学习英模、关爱英模的浓厚氛围，大力弘扬英模文化，讴歌颂扬塑造英模人物，是激励全社会全公司员工不断开拓进取的力量所在。

一、培育英模队伍的背景及根源

20 世纪 60 年代初，石油人在松辽盆地开展了波澜壮阔的石油大会战，开发建设了世界级大油田大庆油田，把中国“贫油”帽子甩到了太平洋。会战中，老一辈石油人继承发扬中国共产党、中国工人阶级和人民解放军的优良传统，将石油人的理想信念、意志品格和精神风貌火山般爆发出来，涌现出以王进喜为代表的大批先进模范，铸就伟大的“大庆精神”“铁人精神”，形成“三老四严”“四个一样”优良作风，锻造了忠诚不渝、坚定不移的理想信念，为国家、民族、人民利益而奋斗的宗旨愿景，敢于斗争、敢于胜利的革命英雄主义气概，不怕苦、不怕死、不为名、不为利的高尚品格。党的十九大指出，“培养担当民族复兴大任的时代新人，建设知识型、技能型、创新型劳动者大军，弘扬英模精神和工匠精神，营造劳动光荣的社会风尚和精益求精的敬业风气”，为新时期英模培育指明了方向和路径。2019 年 4 月 30 日，习近平总书记参加纪念五四运动 100 周年大会，讲话中“奋斗”一词共出现 26 次。时代呼唤奋斗精神，总书记向全党全社会发出了“奋斗”号召，“奋斗”已成为当今时代最强音。今天，我们的生活和工作条件得到极大改善，但要战胜新的挑战、完成艰巨繁重的使命任务，更加需要勇往直前、敢于胜利的英雄气概。

二、英模培育的基本哲学思想

（一）英模人性力量理应遵从古代朴素宇宙起源哲学思想

英模是人类先进力量代表和人文价值化身。培育英模首先要从原始认清人性的力量来自哪里，人性的价值在哪里？中西方哲学和宗教一直没有间断对“人”“生命”“宇宙”“知识”等基本观念的反思与探索，无论是从物质层面，还是形而上学的精神层面，无不体现着历世历代和当代人对自然、经济、社会、民族、文化乃至宇宙的理解和探索。西方的柏拉图和亚里士多德提出的“质料(mater)”，与“易传”（太极——太虚是气本体即宇宙结构，太和是宇宙精神面貌）宇宙观和张载强调的“气”相类似，他们同时提及了宇宙的起源生成于“气”（“气”是一种原始混沌的质料，各种个体的事物都是由它而出），由“金、木、水、火、土”等基本物质产生，朴素的物质思想从而产生了一系列对“生命”的认知和解释衍生，通过物质的认知从而提升到精神层面认知，在人类历史价值观念中天然形成了对“生命”的“精气神”的文化价值元素，以致源源不断引导人类社会发展，并影响着人性的形成。比如，生气、傲气、力气、志气、斗气、朝气、豪气、闷气等，既有描述人生理自身状况的反映，也有描述人心理状态的反映；既有潜意识的，也有显示意识外向化的。董仲舒结合易经、阴阳家观念等专门提出宇宙由天地阴阳金木水火土和人十种成分组成，明确人心自然由两种因素组成——“性”和“情”，“性者，质也”，人顺其本性能有仁德，“性有善端，心有善质”，指一个人与生俱来禀受的天性，“情”指后天教化后表现出来的情操。《吕氏春秋》关于“达郁”中明确指出：“凡人三百六十节、九窍、五藏、六府，肌肤欲其比也，血脉欲其通也，筋骨欲其固也，心志欲其和也，精气欲其行也，若此则病无所居而恶无由生矣。病留之，恶之生也，精气郁也。”可以说，人的喜、怒、哀、乐、恶等情绪都由精气的不同状态运作而产生表征。又如还诞生了比如中国专门针对身理的医学理念——中医，着重从气血调理出发发展了“精、津、气、液”基本理论和“望、闻、问、切”基本技巧，中国传统文化还以此物质起源论为基础，创立了儒、道、佛三大家思想，比如《礼记》就明确指出“故人者，其天地之德，阴阳之交，鬼神之会，五行之秀气也”“故人者，天地之心，五行之端也，食味、别声、被色而生者也”。《吕氏春秋》指出“精气之集也，必有入也。集于羽鸟，与为飞扬；集于走兽，与为流行；集于珠玉，与为精朗；集于树木，与为茂长；集于圣人，与为敻明。精气之来也，因轻而扬之，因走而行之，因美而良之，因长而养之，因智而明之”“流水不腐，户枢不蠹，动也。形气亦然。形不动则精不流，精不流则气郁。郁处头则为肿为风，处耳则为 为聋，处目则为 为盲，处鼻则为鼽为窒，处腹则为张为府，处足则为痿为蹷”。乃至创立发展形成了各自引导规范人性形成培育的系统“修身齐家治国平天下”“道法自然”“心性修养”等学说，提出“天命之谓性，率性之谓道，修道之谓教”，通过教化功能提升人的价值基础，增强人性力量，推动社会进步。在历史长河中，正是由于有这些哲学家创立探索的基本哲学思想，教化并培育着大批社会精英，为无数历史英模注入了不竭的精神动力，以“天行健，君子自强不息”的使命感，以无穷的人性力量自觉担当起了创造历史、推动进步的责任，创造了中华五千年辉煌成就。英模作为时代精英，理应从人性最原始朴素哲学思想中认知激发人性的原点，认知到产生价值意识需求的生理与心理力量起点，把握人性成长从启蒙开气、聚气、志气、朝气、成气、气势、豪气……到气质、气场、气势形成，“唯天下至诚，为能尽其性；能尽其性，则能尽人之性；能尽人之性，则能尽物之性；能尽物之性，则可以赞天地之化育；可以赞天地之化育，则可以天地参矣”，采取有效措施及技巧理顺生理物质需求，激发心理心气感性需求，将人性原始力量引导出来，潜在意识爆发出来，展现其“人之初性本善”、“爱”的光辉。从以上可以得出，人性来源于“精”，聚于“气”，成于“神”。在这方面，应当说中国人民解放军在激发“士气”、一鼓作气、鼓舞士气方面将其潜在原理运用得出神入化。

（二）英模人性力量的历史文化价值归属

五千年的中华文明，积淀了中华民族深厚而广博的传统文化。习近平总书记指出：“中华优秀传统文化是中华民族的精神命脉，是我们在世界文化激荡中站稳脚跟的坚实根基。”英模精神理应继承融入中华历史传统文化基因，中华历史人文对人的价值认同与定位已经深深扎根当今炎黄子孙骨髓。比如，中国文化精神基础的儒家伦理作为五千年历史文明重要组成部分，并编撰成《诗》《书》《礼》《乐》《易》《春秋》六经，作为数千年儒生教习。其中孔子的“大学之道，在明明德，在亲民，在止于至善”“孝悌忠信，礼义廉耻”“义仁礼智信”，孟子的“恻隐之心，仁之端；羞恶之心，义之端；辞让之心，礼之端；是非之心，智之端”和

"养其浩然之气"，提倡"志于道""立于礼""天下兴亡，匹夫有责"等，都要求信奉者以生命去实践的将伦理、哲学、反思和知识都融为一体的"内圣外王"之道。又如道家的"天人合一"顺应自然的思想、"反者道之动"哲学观念。墨家提倡仁义、仁人、义人的"兼爱"思想，实行"仁人之事者，必务求兴天下之利，除天下之害"义利观。荀子关于对知识的理论看法"所以知之在人者谓之知，知有所合谓之智"。韩非子关于选贤任能的"凡治天下，必因人情。人情者，有好恶，故赏罚可用，故禁令可立，而治道具矣"。孟子的"人人皆可以为尧舜""尽其心者，知其性也。知其性也，则知天矣"。程朱理学继承的"形而上者谓之道，形而下者谓之器"和"性即是理"，王阳明的"心即是理"心学等等。这些中国传统哲学中，无不体现着中华民族几千年对人自身、宇宙和事物规律的认知和探索，深深根植了我们民族的历史繁衍和进步，更是无时无刻不在影响着我们的思维和生活习俗，以潜移默化的价值主导着我们的日常生活行为。"修身齐家治国平天下"的家国情怀、"天行健、君子自强不息"的人文进取精神、"格物致知"的理性思维方法、"忠诚盛于内，贲于外，形于四海"等圣贤道德品格，理应指导当今英模人性价值的塑造形成。

（三）英模的人性力量理应展现并吸收西方优秀价值力量

西方对人的价值研究与定位，本我、自我、超我；在古希腊之前，西方当时人类社会的各个文明里，实行的是君主制，但雅典民主通过公民大会、五百人议事会、陪审法庭、十将军委员会来管理国家。后来虽然君主制的亚历山大帝国灭掉了古希腊，但因民主意识产生的"个人主义"这个西方文明的火种却被留了下来。民主投票是每个人要做独立判断的，对自己的判断结果负责任，这要求必须肯定人的理性力量，理性要求人要有意识地认识事物、查明事实、展开推理，对比其他各个文明普遍存在的神秘主义倾向，相信世界是神灵支配（如埃及只为自己死后造金字塔纪念永恒不为活人造宫殿案例），因此罗马人对古希腊人发出赞叹"古希腊人创造了人！"随着个人主义这个精神偏向的发展，活人才是最重要的思想观念。

自从西方民主意识开启，将着力与眼光聚集活人，注重人自身开始，就产生了一系列关于人性研究的思想家与哲学家，提出了许多促进人性光辉与解放发展的理论和实践，产生了如尼采、叔本华、荣格、马斯洛等，提出了意识、意志、人性、价值等事关人性力量的认知，有力地促进了人类社会进步与发展，提速了历史进程和世界发展创造。

（四）英模的人性力量理应展现当代社会主义核心价值观

党的十八大以来，提出的社会主义核心价值观，在继承传统吸收世界中为英模的人性价值明确了新定位及标准。社会主义核心价值观是当代中国精神的集中体现，对中华民族优秀传统文化的坚持、继承与发展，凝结着全体人民共同的价值追求。要以培养担当民族复兴大任的时代新人为着眼点，强化教育引导、实践养成、制度保障，发挥社会主义核心价值观对国民教育、精神文明创建、精神文化产品创作生产传播的引领作用，把社会主义核心价值观融入社会发展各方面，转化为人们的情感认同和行为习惯。深入挖掘中华优秀传统文化蕴含的思想观念、人文精神、道德规范，结合时代要求继承创新，让中华文化展现出永久魅力和时代风采。作为当代中国的主流价值观念，社会主义核心价值观就是对中华民族不同历史时期的优秀精神品质与先进价值观念的凝练和创新、升华与吸收，它内在地传承着中华民族优秀传统文化的内核。中华民族优秀的传统文化是一座巨大的思想宝库，潜移默化地熏染、陶冶着一代代中华儿女。英模作为中华优秀儿女的重要组成部分，其人性力量应是对中华民族优秀传统文化基因的坚持、继承与发展。中华民族的优秀传统文化理应植根于英模人物的思想之中、展现在他们的言行之上。

在文化属性上，英模人性精神价值应与社会主义核心价值观具有一致的精神特质，它们都彰显着社会主义先进文化的本质要求。作为社会主义先进文化精髓的凝结和根本内容的时代核心价值观，在从最深层面决定着社会主义先进文化质的规定与趋向的同时，也从价值理念层面表达着社会主义先进文化的本质，为经济社会发展提供内动力。而作为时代的先锋与主流价值趋势的英模，其高尚道德品质和优秀职业操守，深刻影响和感染着社会民众的内心世界，塑造其精神世界、规范其日常行为、激发其责任感，可有力促进了社会民众素质的提高，从而为经济社会发展提供了源源不断的智力资源，其集中呈现、映射着社会民众在社会生活相关领域的道德理想和价值追求，往往能够为社会民众高度认同和广泛接受，易于感召、吸引、引导社会民众，从而在聚民心集民意、促进社会内聚力方面发挥独特的功能和作用，为我国经济社会发展提供不竭的智力支持与精神动力。

在价值取向上，英模人性精神价值应与个人层面社会主义核心价值观具有一致的价值诉求，即爱国、敬业、诚信、友善。个人层面社会主义核心价值观的价值准则，也是英模人物共有的人格特征和精神品质。比如英模作为民族精神传承者的爱国情怀，在社会主义建设中，英模人物艰苦创业、忘我工作，用青春和汗水陪伴和浇灌着新中国的茁壮成长；改革开放以来，为了祖国强盛，英模人物用不懈努力和无私奉献投身于中国梦的伟大实践，努力实现国家富强、民族振兴和人民幸福。比如英模的敬业精神，他们珍惜工作，热爱本职；全心全意于岗位，精益求精于工作；安心工作但不安于现状、忠于职守但不墨守成规，踏实沉稳但敢于先试先行、善于创新创造；在他们眼中乐业，工作没有高低贵贱之分，为人民服务、为社会服务中收获着喜悦、感受到快乐。比如英模的诚信品质，纯实不欺、真实无妄、言而有信，用自己的庄严承诺、感染事迹，完美诠释了“诚实劳动、信守承诺”的诚信品质。比如英模的友善品格，坚守见利思义、宽容礼让的行为准则，践行与人为善、乐于助人的道德情感，严于律己、爱人以德、善小而为，终涓滴汇海、积善成德，谱写出大爱无疆的人生壮丽篇章。

英模作为社会主义核心价值观的人格化体现，英模人性精神价值的最佳承担者。一方面，通过自身行为人格显性化社会主义核心价值观，将价值观从理论层面的道德标准与秩序规范的宏观要求，落实为现实层面的个体生活与职业活动的具体实践行为，承担着帮助每位民众个体完全理解、接受，实现一个由意识到共识、由理论到实践的价值渐进转化过程。另一方面，英模人物来自社会基层，其先进事迹及其可贵精神集中呈现着不同地域、行业、职业和岗位的普通民众在社会生活相关方面的道德理想和价值愿景，易于激起社会民众对英模人物产生情感共鸣、内心尊崇，在社会民众心理上拉近与核心价值观之间的距离，易于社会民众高度认同和广泛接受，为实现其由理论要求到实践践行、由价值理念到行动导向的转化与落实。同时，随着层出不穷的英模人物涌现及其先进事迹的成长，发展于特定地域、特定行业、特定职业乃至特定岗位，具有鲜明的场域特殊性的英模人物将进一步丰富英模人性精神价值。它们不仅在精神实质上内在地契合于、在本质上彰显并弘扬着社会主义核心价值观，而且更以其卓尔不群的个性品质、独树一帜的文化维度和溢彩华光的实践活动，不断深化其精神内涵与属性，持续拓展其理论外延与范畴，丰富和发展着中华民族精神与时代精神思想宝库。

（五）英模的人性力量理应根植于科学劳动价值理念

在和平时代，作为产业劳动者，人性的力量是通过劳动来体现的，人性的价值在劳动中创造。衡量英模人性力量与价值理应在科学的劳动中实践与丰富。

劳动是人类的本质活动，劳动光荣、创造伟大是对人类文明进步规律的重要诠释。劳动创造财富，劳动是能够计量的。物质短缺一直是驱动人类历史前行的根本矛盾，比如数千年来，人类普遍用 1/3 的劳动时间不停盖房子（为神灵、为自己、为工业、为社会管理机构盖）就是例证。人是生产力中最活跃的因素，因为人的“本能”特性“物欲”是驱动人们创造财富的动力，从而推动了“物质文明”的创造；而人的“人性”即道德情操，表现为人“为了人类彻底平等的未来后世、限制乃至牺牲现世的物欲”的“精神文明”的特性。如何有效激发人的“本能”和培育人的“人性”，做到本能用人性来平衡、物欲用精神文明来平衡，将人的活跃积极因素激发出来，最终促进人变成人才，变成英模，是构建人本文化的基本哲学思想。（马克思也描绘了未来社会时指出，“每个人的自由发展是一切人的自由发展的条件”，将“给所有人提供健康而有益的工作，给所有的人提供充裕的物质生活和闲暇时间，给所有人提供真正充分的自由”。）亚当·斯密指出，财富的源头是劳动，劳动创造技术，技术提高劳动效率。几次人类工业技术革命带来的变化就是要求人类劳动分工合作，每个人只是工业生产线上的一环一个点，导致专业越来越细分，分工越来越精细，个体劳动效率越来越高，从而创造的财富越来越多。各种计量劳动创造剩余价值的理论、技术、工具越来越多和复杂并精细，诞生了复杂系统的绩效考核评估体系，实现了劳动价值的可计量，从某种程度上说，对人性力量的可测量。

英模的人性力量理应遵从科学的劳动价值理论。习近平总书记在 2015 年 4 月 28 日五一劳动节庆祝大会上明确提出多次强调了“劳动精神”这一符合当代特征的劳动价值理念，要求“引导广大职工群众树立辛勤劳动、诚实劳动、创造性劳动的理念，让劳动光荣、创造伟大成为铿锵的时代强音，让劳动最光荣、劳动最崇高、劳动最伟大、劳动最美丽蔚然成风”和弘扬“爱岗敬业、争创一流，艰苦奋斗、勇于创新，淡泊名利、甘于奉献的劳模精神”，这些明确指明了劳动者伟大精神和劳动伟大精神两个层面的基本哲学思想。首先是劳动者伟大精神，包括劳动者至上（要坚持人民的主体地位）、劳动者平等（在我们社会主义国家，一切劳动，无论是体力劳动还是脑力劳动，都值得尊重和鼓励；一切创造，无论是个人创造还是集体创造，也都值得尊重和鼓励）、劳动者可敬（劳动者的可敬在于他们是推动人类文明进步的根本力量，是实现中国梦的物质力量和精神力量）；其次是劳动伟大精神，包括美丽劳动（一切劳动者，只要肯学肯钻研，练就一身本领，掌握一手好技术，就能立足岗位成长成才，就能在劳动中发现广阔的天地，在劳动中体现价值、展现风采、感受快乐，崇尚劳动是社会风尚）、辛勤劳动（民生在勤，勤则不匮）、诚信劳动（人世间的美好梦想，只有通过诚实劳动才能实现；发展中的各种难题，只有通过诚实劳动才能破解；生命里的一切辉煌，只有通过诚实劳动才能铸就）、创造性劳动（创造伟大成为铿锵的时代强音，弘扬劳动精神，就是要大张旗鼓地弘扬创造精神）。以上基本思想既是继承传统劳动创造财富思想，更是结合时代对英模提出的实践准则。但传统上认为，英模更加注重的是思想先进、事迹突出的人文人性价值与力量。当今社会，如何更好更科学地评价英模的劳动价值创造，是更加符合时代与更加权威说服他人的根本，是摆在人类面前的重要课题。英模劳动价值评价侧重从物质财富的创造和精神人文价值的示范来展现。一方面理应评价其付出了多少时间劳动量、创造了多少直接产品、研究了多少创新成果、服务了多少对象、实现了多少收益……用科学方法直接准确计算测量其劳动价值，归属于自我价值实现劳动成果；另一方面理应评价其“四德”示范作用，创造了多少精神产品，做出了多少体现人性力量的人文事迹和活动，践行了多少有利于团队或社会或历史的先进事迹行动，创造了多少独具特色和特点地先进思想与理论……用事例和行动归属于人文价值人格化的精神层次；再一个方面理应评价其价值引领作用与力量，劳动的科学性、价值的示范影响效果、经验的可传播性、思想的前瞻性与借鉴性、行为的可持续性，将英模人性力量归属到其发自内心的真诚与忠心，自我价值的培育与遵从。

时代呼唤英模，英模书写历史。从以上五个方面基本哲学思想可以看出，英模的根本属性在于人性力量，英模的培育在于人性唤醒与激发，英模的人格根植于中外人类人文精神，英模的作用在于推动历史与社会进步，英模的价值实践于劳动创造财富。

二、英模培育的基本原则

（一）人本原则

以人为本是英模培育实践的根本指导思想，遵从人性力量的属性形成，人才的成长规律，价值的引导规律，是培育过程中必须把握的基本原则。要充分理解并贯彻第一部分人性力量形成的基本哲学思想。

（二）分类指导

根据英模成长规律和条件，按照国家关于英模表彰激励政策序列，有利于公司高质量发展，可分为劳模系统、工匠系列、先进人物系列以及专业系列进行指导培育，最终形成领军人才、匠心人才、青年英才、皆可成才的培育体系和路径。

（三）系统规划

按照英模分类培育，根据各单位各岗位承担的职责角色和任务，研究分析员工个体性格、专业特征、管理特质、志向需求等综合开展职业生涯规划，通过登高成才计划等方式系统制订从员工到英模的成长计划，从个体的成长成才平台需求、资源保障、岗位历练、培训实践、对外交流等诸多因素进行规划，从各单位的整体资源优势、平台建设、交流锻炼、急难险重任务磨炼等制订分类英模群体的培育计划，瞄准处级、公司级、省部级和国家级荣誉等进行总体平衡和系统规划。

（四）注重实践

始终坚持劳动创造价值思想，坚持聚焦基层一线，坚持把目光聚焦到为生产运行、管道保护、安全管理、合规经营努力拼搏的基层普通干部员工，聚焦到为公司科技创新、管理创新、党建创新发挥聪明才智贡献突出的创新人才；坚持聚焦重点工程，聚焦到在推进互联互通、中俄东线管道等重大工程建设项目中涌现出的政治素质好、技术本领高、创新能力强的典型人物，充分展现在重大工程建设项目中勇于担当、甘于奉献的精神风貌；坚持聚集突出业绩和事迹感人，用真实的业绩衬托高尚的情操，力求有血有肉、有情有义，见人见事见精神，让广大员工感到有说服力、战斗力。

（五）统筹协调

英模培育事关公司高质量发展战略实施和世界先进水平管道公司目标实现，事关公司生产工程主体业务本质安全和经营管理卓越运营，英模是公司品牌影响力和核心竞争力，需要公司上上下下各部门和单位各系统齐心协力共同努力，协调各方面资源、建立各种平台、提供多样机会下大力气完成，从而构建起党委领导、行政资源保障、专业部门精心培育、员工个人努力奋斗和家庭社会共同哺育的有效机制。

（六）激励原则

功利驱动原则是当前国际通用的普遍激励原则和方法。可根据绩效成长实施情况分别采取按需激励原则、组织目标与个人目标相结合原则、奖惩相结合原则、物质激励与精神激励相结合原则、内在激励与外在激励相结合原则、严格管理与思想工作相结合原则等，对英模培育初期阶段过程做到在思想激励上给“定力”、在政治激励上给“活力”、在经济激励上给“引力”、在目标激励上给“张力”、在能力激励上给“推力”，用事业吸引员工想成为英模、用政策发展员工能成为英模、用感情留住员工自觉努力成为英模。

（七）价值引领

英模是时代先进价值的人格化，道德价值引导将构建员工渴望成为英模的内生驱动力。劳动创造财富价值规律及团队价值认同的职业精神培育、自我事业情怀及价值实现，通过信任、表扬、提拔等精神奖励方式，用人性激发塑造人格价值境界，用先进人物事迹劳模优秀事迹等宣讲，营造良好的培育成长机制氛围和培育快速成长的沃土，用正向价值传播对员工的行为进行正面强化，使人以一种愉快的心情继续其行为，并进一步调动其积极性，巩固和强化其价值认同和进取志气，为努力成为英模注入持续人性力量。

三、英模培育的路径、方法与技巧

（一）员工成长成才基础

1．思想基础。把好员工入职选聘关，是员工进入公司和成长平台的前提条件。入职引导、三级入厂教育是员工认知公司团队的首要聚气先导，公司也要聚人气。各级团队单位要充分认识到对新员工第一次入职的思想引导与教育，除了员工关心的问题外，更主要做到三个讲清，讲清公司的战略发展和价值观，讲清公司与员工个人发展的职业规划与影响，讲清服务员工的基本现行待遇与关心，让员工从入职开始就潜在感受到公司价值的存在与执行。第二步，通过日常政治思想学习开导、形势任务报告、公司创新运营成就和家文化的建设，重点培育员工的志气。第三步，通过典型先进感人事迹的宣传和员工自身优势与进步的点赞，鼓励员工立场成才，富有进取朝气。第四步，推动表彰激励体系的实施，包括绩效考核、表彰奖励，传播劳动创造财富基本理念，固化员工的行为趋势，形成稳固的道德职业价值观念，聚好人生成熟之气质。第五步，关注员工个人身体身心健康和家庭建设情况，心理咨询，从婚姻、情感、父母子女及个人生活中着手开展思想工作，温暖员工，用团队力量给予员工成长气场。第六步，通过文化艺术创作、协会组织、特色站队文化建设、各种文体活动开展等活动载体，鼓励员工寻找丰富的情趣价值，用真善美表达情感，用文化产品艺术激发对生活工作的热爱，将人性力量融入正向价值追求中，培育员工自我认同的灵性之气。第七步，通过高阶高层次的价值引导和理论探索，从科学技术、社会科学、人文科学等哲学的高度引导员工重新思考人生的目的与意义，人生追求的真谛和认知，包括人的潜意识、意志、价值倾向等，从而激发更加强大与更高境界的志趣，享受人生的道德境界高地。思想工作的目标在于培育员工健康完整的心理人格，良好的路径与方法在于快速哺育正向价值对人性力量的激发。

2．技能基础。职业技能是员工立足、立身、立志之基。基础知识的夯实，通过工种专业基础系统培训，构建从事岗位专业技能知识体系。基本功训练，通过岗位练兵、岗位实践、师带徒、跟班实习、现场操练、实训基地培训等，构筑员工基本职业操作技能。基本能力提升，通过现场独立操作、岗位独立担当，通过各类事故应急预案、站队现场处置预案和环境专项预案的演练，多岗位多专业锻炼、专业带头人、急难险重任务、临时艰难磨炼、多种培训活动参与（党政工团）等，切实提升员工基本能力。技能超越，通过技术比武、技能竞赛、对外交流、理论研究、科学创新等方式，展现员工高超职业技能与技术水平。

3．行为基础。员工行为是思想价值的外在表象，思想意识的显性化，潜藏着个体人性的意识与意志力。通过亲和力活动与事件方式开展，培育员工真诚爱与善的人性力量。通过和谐的聚合力工作业务活动，培育员工在社会大分工中团队的协作与合作能力。通过动力激励机制，培育员工潜在力量在工作生活中的价值体现。通过创新创效等创造力激发，展现员工自身价值的存在感与获得感。通过积极参与公司或社会政治经济道德社会活动力，包括志愿者团体等，体现员工的心理诉求和情趣爱好。通过家庭关爱、同事友谊等爱心力培育，回归员工真诚的心理力量和情感归属。

以上三个方面，从思想、技能、行为描述了普通员工是如何完成心理、职业和社会人格成熟的基本路径，是英模成长根植的肥沃土壤，是英模脱颖而出的基本环境和人文基础。

（二）先进典型（劳动模范）

先进典型是时代精神的领跑者，是公司形象的塑造者。先进典型是有形的正能量，是鲜活的价值观。培育先进典型，特别是劳动模范，是贯彻落实人才强企战略和培育企业核心竞争力的关键。实现英模人物人性力量激发和对美好生活的追求实现是培育好英模的根本指导思想。如何按照人本性原则进行正向激励，系统性原则设计激励机制，公正性原则进行标准衡量奖赏，规范性原则按照法律法规组织实施，差异性原则满足个体需求等，充分激发人的潜力，运用正向激励办法是培育好先进典型的基本思想，在选好苗子的前提下，着重在五方面“给力”，下功夫进行培育。

1．在思想激励上给“定力”。先进典型苗子来源于普通员工中优秀代表，具有追求上进的原始冲动和勇于创新进取的勇气，工作中也朝气蓬勃、激情满怀，充满着正能量。当被选为先进典型苗子后，就当前的现状而言，由于认识的偏差和手段的缺失，不少领导对先进典型苗子只选而不再注重培育，首先忽视对他们思想上的激励，注重泛泛的要求，到评选时才开始分析总结评估，忽视了经常性、针对性地开展思想交流活动；激励方式单一，方法简单，对先进典型思想动态了解不多，暖人心、聚人心的工作做得不够，思想激励针对性不强，含金量不高。甚至在实际工作中的评优、评先的结果没有明确路径同职务升迁、物质奖励紧密联系，有时还成为评起来想到、用起来才关注的“空头激励”。因此，思想激励的作用在于给先进典型一个明确的路径和方向。一是要对先进典型苗子进行全面的思想评估，从其过去的思想状况、言行举止、绩效成果、团队协作等，认真分析找出其优势与短板，对标时代价值、历史人文精神和人性特质，从其精神思想需求的层次进行调查评估，得出综合性评判。二是针对存在的短板和不足，结合工作生活和职业事业实际，从激发其积极性创造性出发，制订其职业生涯和努力方向与路径，探寻有效的激励措施，建立完善的激励机制。三是在培育中始终坚持严格要求与关心爱护相结合，既要以最高标准加强对其工作任务目标完成的管理监督考核，强化责任意识，强化绩效成就，又要重视对其的人文关怀、情感关怀，按照尊重人、爱护人、服务人的要求，从生活上关心，帮助干部解决实际问题，解决后顾之忧。四是从心理上关心他们，及时了解其的思想动态，在他们处于顺境时，经常提醒、戒骄戒躁；遇到困难和挫折时，给予热情帮助、.积极鼓励；受到不公正对待时，敢于说公道话，维护正义，充分获取情感认同，使其定下身子潜心干事，全面激发思想的创造活力和工作潜能。要通过长期规划、时常关注、解难释疑等方式为先进典型苗子培育打牢成才思想定力。五是用英雄人物故事、事迹感染他们，主要向他们传播中华传统优秀人物故事、时代楷模事迹、公司身边人物故事等，用中华传统人文精神、时代价值观和典型先进故事鼓励他们立场定心顾长远，树立先进正确价值导向和人文精神。

2. 在政治激励上给“活力”。政治激励是激发先进典型苗子活力成效最明显、最直接的手段。先进典型苗子渴盼成才成长，渴望在更大平台、有更多资源、更好机会展现自己的才华和价值，将自己的能量奉献给、组织和他人，获得更多的劳动财富。但因政策规定、岗位限定、年龄结构等因素制约，有时晋升空间有限，资源平台的矛盾较为突出，加上一些单位用人交流力度不大，使一些长年待在相同的部门或岗位员工，有些论资排辈，对工作失去激情，目标逐渐模糊淡化，极大地挫伤了他们工作积极性。因此，对先进典型的政治激励必须始终坚持正确的用人导向，采取有效措施拓展他们的晋升空间。一要适当为先进典型成长拓宽或预留干部职数。根据工作需要和业务范围的扩大或重组，对部分单位或基层站队科室的五定方案进行适时的调整和完善，对重点单位和重点部门适当预留个别干部职数，以满足先进典型成长培养需要。二要加大先进典型苗子交流力度，扩大交流范围，形成机关与基层双向交流、重要岗位定期交流、同一职位任职时间长的轮岗交流的良性循环，实行先进典型苗子多层次、多角度、多岗位政治素质及业务能力历练。三是加强对先进典型苗子的参政议政和宣传力度，通过职代会代表选举、工团代表选举、党内人大或政协代表、推优做经验介绍交流等方式鼓励其主动参政议政，提高其政治地位和视野，多层次优先评选其为先进个人等荣誉，加强其先进事迹总结宣传，从政治待遇、荣誉、价值传播上为先进典型苗子营造良好成长土壤。

3. 在经济激励上给“引力”。经济激励是激发先进典型苗子潜能、调动工作积极性、创造性、促进事业发展和加快成长的有效手段。功利驱动、物质激励是加快培育英模的重要手段。公司发展成果首先惠及的就是为公司做出突出贡献的先进典型苗子类优秀员工，既是弘扬正能量，又是促进公司核心竞争力形成的关键环节。一要根据三项制度改革，尽快完善真正建立多劳多得的薪酬激励约束机制和建立工资正常增长机制，通过统筹解决好“干与不干一个样”“干多干少一个样”“干好干坏一个样”的问题，特别是明确先进典型苗子做出突出奉献的奖励标准体系。二是对先进典型苗子优先考虑建立采取职务与级别相分离的方式，解决好经济待遇，对明确为先进典型苗子的优秀的员工，出台享受上一职级工资待遇的政策规定或逐月增发特别补助津贴。三是对每年年度考核连续3年被评为优秀先进典型苗子的，提前浮动工资晋级的政策。四是对荣获省部级以上先进典型的，公司对等进行奖励和享受相关福利待遇。

4. 在目标激励上给“张力”。目标激励是先进典型苗子培育中促进其提升自己、持续追求更高价值的重要手段。科学合理的目标设定有利于增强信心，增强工作主动性和自觉性。过去因评选英模难以突出或评选出英模难以持久服人，就是在对先进典型苗子的目标激励上下功夫不够、标准不细、培育不深、目标不持久，往往在评选时才拿着标准和放大镜去找目标，跟着感觉走比较明显。主要是没有明确的科学的评价先进典型苗子工作实绩的目标考核政策，或者有又实际效果并不尽如人意，没有起到客观评判工作能力、工作实绩的作用；有些考核项目内容设置还不够科学，考核的机制还不够健全，其年度考核形式化的问题仍然普遍存在。因此，目标激励关键在于激发出先进典型苗子的内存潜能和潜力。一是要根据先进典型苗子的实际，每年都要针对性地科学制订指标体系，要区别普通员工，结合实际细化量化，形成一个重点突出方向、指标明确的目标连锁体系，让其围绕大目标奋斗，分小阶段实现。二是要逐月逐年跟踪考评各个指标项目，特别是对“一票否决”、黄红牌警告考评项目，逐项进行评估，该调整的调整、该提高的提高，压责任压担子。三是通过急难险重任务和攻坚克难任务进行综合历练，培育其敢于担当、勇于创新、不断进取的品质。四是要注重对目标考核结果的实际运用，与前面的政治、物质激励结合起来，使目标激励的作用充分发挥和显现出来。

5. 在能力激励上给“推力”。能力和自我价值实现的激励是先进典型苗子的最高最可持续激励力量，是最能展现人格魅力与人性力量的激励方式。推动先进典型苗子能力提升，培育社会主义新时代新型劳动者和劳动模范，关键在于提升他们能力水平。一是做好先进典型苗子能力状况评估，从当前和长远发展两个层次着眼，对每个个体的知识结构、能力水平做出科学分析，从职业技能的知识需求、能力需求、本领需求入手，特别是重要岗位、重要部门的先进典型苗子，找出能力培育方向和目标、路径。二是将培训和交流作为一种奖励，刚性化安排时间要求先进典型苗子必须参加相应培训，除专业培训外，还包括演讲、文字表达、组织社交能力等，夯实基本素质与能力。三是坚持培训方式要多样化，量身定做相关能力提升培训课程，可以运用集中培训、以会代训、外挂锻炼等多种方法，丰富培训方式。四是培训内容要精要专。根据苗子当前及未来发展需求和岗位需要，按照“缺什么补什么”的原则，进行专业分类，对进行专业化培训。也可通过参加MBA课题班、专业在职研究生课程学习和相关课题研究、理论探讨和参加国际性会议等高层次研究进行提升。

作为先进典型苗子，在选拔确定后，关键在于如何让其帮助形成内在志趣、激发敬业奋斗朝气、保持开拓昂扬锐气、持续拼搏进取志气和敢于争当一流的家国豪气，上述五个方面给出了路径的方面，需要各单位结合实际，按照人才成长成熟的基本哲学原理进行细化分解，甚至可采取个性化培养方案，配套实施并根据效果不断纠偏完成。比如，可分层次培养，在基层站队以评选星级员工为主，管理处以评选先进模范为主，公司以评选劳动模范为主，省部级以评选劳动模范为主，国家以评选五一劳动奖章为主等，形成日常或年度培育梯队与层次，将先进典型苗子的培育具体化、标准化，提出分层达到的评判目标与标准，定期考核检查评估，确保培育工作科学合理，见到实效，最终在培育过程中也能起到带动示范引领作用，有力推进公司各项业务的发展和价值传播及劳模文化的建立。

同时，先进典型苗子更主要的是要有自我内驱力。一是要有争当英模的志气。关键是有立志成为时代新人的理想与胸怀，以历史人文情怀激励自己，以当代楷模人物对标，以自我价值实现勉励自己，以家国情怀奉献自己。二是用科学方法与行动践行理想。在岗位专业技术业务能力培训中做学习标兵，不断提升自己技能。在工作中高标准严要求，以完成岗位职责任务目标的最高责任标准推进工作，做履行岗位职责、执行业务骨干、工作事业创业的标兵。在急难险重任务中冲锋在前，做敢于担当的标兵。在技术与管理的实践中深入思考并提出改进措施方法与建议，做创新实践的标兵。在站队班级科室的分工协作中敢于承担，做团队建设的标兵。在文体活动和公益活动推进中，做社会人文进步的标兵。在对外协调交往中，做通力合作与形象展示的标兵。在个人利益与团队利益发生冲突时，做奉献的标兵。三是用成效检验行为。在站队科室争当星级员工，在处室争当先进个人，在公司争做劳动模范，在省部级劳模评选中争选劳动模范，在全国争当五一劳动奖章获得者。

（三）杰出工匠（优秀专才）

党的十九大报告提出，“建设知识型、技能型、创新型劳动者大军，弘扬劳模精神和工匠精神，营造劳动光荣的社会风尚和精益求精的敬业风气”“大规模开展职业技能培训”。习近平总书记提出“推动中国制造向中国创造转变、中国速度向中国质量转变、中国产品向中国品牌转变”，转变的核心是把好品质这道关口。2018年政府工作报告提出，“全面开展质量提升行动，推进与国际先进水平对标达标，弘扬劳模精神和工匠精神，建设知识型、技能型、创新型劳动者大军，来一场中国制造的品质革命”“中国制造的发展，离不开高技能人才队伍。经济高质量发展更需要一支拥有现代知识和创新能力的高素质技工队伍”，“支持企业提高技术工人待遇，加大高技能人才激励”。这些充分说明技术工人、工匠在新时代产业变革中，特别是推进中国制造2025战略实施、促进中国现代化建设梦想实现的突出地位与意义，不但为今后工匠成长成才指明了方向，也将促进国家、企业各个层面加大工匠的培育的政策措施出台，必将迎来中国工匠劳动受到尊重的新时代。对企业来说，如何切实加大工匠的培育，如何有效促进工人成长为杰出工匠，需要我们认真研究思考。

一是重新认识工匠精神，重拾甘做杰出工匠信心（志气）。习近平总书记在2015年庆祝“五一”国际劳动节暨表彰全国劳动模范和先进工作者大会上提出了“劳模精神、劳动精神和工匠精神”概念，并明确指出“一切劳动者，只要肯学肯干肯钻研，练就一身真本领，掌握一手好技术，就能立足岗位成长成才，就都能在劳动中发现广阔的天地，在劳动中体现价值、展现风采、感受快乐。”说到底，“工匠精神”作为一种职业态度和精神理念，其核心在于树立一种对工作执着、对产品精益求精、精雕细琢的精神。工匠精神的实质就是“两专三精”，专业（精湛技艺），专注（职业敬畏、职业自豪），精进（对制造的一丝不苟、对完美的孜孜追求），精致（对质量的精益求精），精品（对产品精雕细刻）。“工匠精神”的价值观是一种深层次的文化形态，需要在长期的价值激励中慢慢形成。一是重新认知工匠精神的重要意义。思想是行动的先导，理论是实践的指南。自古以来，对工匠精神的敬重是中华传统文化的重要组成部分，历来受到世人尊敬。比如，历史上有口皆碑的“游刃有余”的庖丁，创造墨斗、刨子、钻子、锯子等工具技艺精湛的鲁班，“我亦无他，惟手熟尔”的卖油翁等一大批能工巧匠，经过民间和作坊实践无不都在一一诠释着对工匠的敬重与传承，形成了“一技在身，走遍天下都不怕”“技多不压身”的传统认知。央视拍摄的纪录片《大国工匠》时代工匠“火药微雕”徐立平和“蛟龙两丝”顾秋亮等，展现当代“工匠精神”的惊人成就。国外对工匠精神的崇拜与追崇，造就了辉煌的工业文明和职业价值。比如，瑞士制表人对每个零件、每道工序、每块手表都精心打磨、专心雕琢造就百年钟表历史；德国政府提出的工业4.0理念风暴席卷全球，以智能制造为主导的工业发展战略让国人悚然惊醒，德国制造业是世界上最具竞争力的制造业之一，这在很大程度上源于德国在已有顶尖工业水平上的持续创新力以及德国人专注严谨的工作态度和对产品的执着与追求，铸就了德国一次次的成功并引领世界工业革命与技术革新。因此，推动“中国制造”实施必须完成一场“品质革命”。当前，据人力资源和社会保障部的数据显示，目前我国技能劳动者超过1.65亿人，占就业人员总量的21.3%，但其中高技能人才只有4791万人，仅仅占就业人员总量的6.2%，充分显示了我国基础技术人才的缺乏，特别是工匠人才的严重不足，远远满足不了中国制造2025目标的实现，不能适应制造实业高质量发展的需要。造成这种现象的原因：一段时间以来，整个社会一线、基层技术工人待遇普遍偏低等现实问题，导致曾经比较推崇的“一技在身，走遍天下都不怕”的技能型人才价值在社会上慢慢消退，再加上金钱论导向的不断侵蚀，享乐主义的入侵，信仰的逐渐缺失，人们的价值观不断受到冲击，越来越多的人急功近利、急于求成，越来越多的人有干大事、挣大钱的梦，于是工匠精神慢慢淡出人们的思想领域。社会对工人地位价值认识出现偏差，父母对子女从事蓝领、技术工种期望值名声看低，工匠必须“十年才磨一剑”，技艺长进慢、挣钱慢、出成果慢，拒绝子女专心从事技术工人，只要有好的工作，就立即转行，致使工匠人才后续乏力。而一些现有的工匠评价体系，对从事工匠的工人一味追求“短平快”，催促人们早出成果、多出成果，重数量、轻质量，导致杰出工匠极少。更主要的是，在此认识影响下，由于报考的生源质量差、知识结构不足、认识志趣低，职业教育管理部门逐渐失去对工匠精神的重视，教育者渐渐丢失了对工匠精神的传承教育，不能有效长远地从培育中国杰出工匠出发，精心组织教学和培养实践，缺少了培养的土壤和基础。以上这些，事关国家和民族的进步，事关企业核心竞争力建设问题，确实需要我们重新提高认识，已经到下决心重拾信心和重塑价值的时候了。我们必须充分认识并树立，工匠精神是崇尚劳动、敬业守信、精益求精、敢于创新、报国成才的一种坚定理想信念；是一种对职业敬畏、对工作执着、对产品和服务追求完美的价值取向；是专业精神、职业态度、人文素养三者的统一；是技术工人应该树立的职业理想；是中国制造、民族工业发展的灵魂。让“工匠精神”重新成为新时代的引领价值观，深刻领会工匠精神就是要干一行、爱一行、专一行、精一行，做到“致广大而尽精微”，务实肯干、敢于吃苦、不断创新。

二是建立支撑工匠成长成才法制文化（生气）。政策与制度是引领工匠成才的肥沃土壤。按照劳动创造财富、劳动创造价值的理念，必须建立高度尊重劳动的市场经济体制和对各类所有制经济一视同仁的高品质高标准的工匠人才激励制度，使高技能人才在经济上有保障，在社会上有地位，在人格上受尊重。完善产业工人特别是高技能人才薪酬体系和创新激励机制，增强他们的社会认同感和职业荣誉感。建立工匠人才工种序列，技能评定标准及等级序列，职称、职务晋升序列，工资奖金增长序列，打通工匠人才专门成长通道，使其对自身价值有认同感和成长感。建立工匠创新创效奖励机制，分级分层分类开展创新激励，保障工匠创新的人财物资源。建立培育“工匠精神”创新知识产权保护机制，由企业出钱出力帮助工匠人才对发明创造成功进行专利等申报，保护工匠人才智慧成果，对侵权行为依法组织进行保护。提供资源保障，加大对创新创效和专利技术成果的转化，对推广使用中取得良好效果的给予大力物质奖励，并对专利成果作为晋级、晋职的关键因素加重评分分值。着力消除社会各界对工人的学历歧视，不以文凭论英雄，并在奖先树优和福利待遇等方面，多向“工匠”倾斜。建立工匠人才快速成长提升的培训体系和技能提升机制，大力推动企业内外合作、联合院校开展工匠人才培养，优化专业结构布局，优化课程结构，可制订个性化培育方案，加快工匠人才脱颖而出。

三是建设支撑工匠成长成才的平台（朝气）。工匠人才是推动企业高质量发展的重要原动力。严谨、完整、高标准的职业培训系统是工匠人才的根基。一是要通过职业培训夯实工匠基本知识结构，可通过入职职业工种专题知识培训打好理念基础，通过岗位练兵、岗位实践开展技能训练。可针对不同的培训对象，科学设置培训内容。依据岗位特点和工作目标，开展定点、定向、订单式培训，采取培训经验分享、革新成果交流、专业人员授课等形式，提高培训质量，提高职工技术技能水平。二是引入“互联网＋”培训理念，充分利用网络资源，定期在班组之间、不同专业职工之间组织互动训练，利用企业网络平台、微信群等多种载体，为职工补强更多的理论和技能。通过实训基地建设，推动以岗位练兵、技术比武、技术交流等为方式的技能比武训练，开展“导师带徒”等活动，充分发挥好传、帮、带作用，导师传授知识和技能，解决徒弟在实际操作中遇到的问题，帮助他们树立优良的职业道德和思想作风，提高专业技术水平、岗位操作技能，使“杰出工匠”的绝技绝活代有传人。三是构建员工技术创新平台。建设以劳模创新工作室、技师创新工作室、职工创新工作室，集中相应人力、物力、财力，发挥工匠集中优势，坚持基层导向、务实导向和问题导向，既解决实际问题，又提升创新创效水平。可与厂家、科研院所建设技术协同创新中心、成立创新创效联合攻关团队，发挥社会智力支撑作用，推进与技术大师、技艺大师、专家教授的合作，提升创新创效和工匠技能水平。开展技能竞赛和技术比武活动，加强对外技术交流，搭建工匠人才“切磋技艺、交流沟通”的平台。开展创新创效竞赛活动，深入开展“五小”（小发明、小创造、小革新、小设计、小建议）和“金点子”征集、先进操作法推广竞赛活动，培养员工创新意识，激发员工劳动热情，营造“人人支持创新、人人参与创新、人人推动创新”的良好环境。

四是建设助力工匠人才成长的匠心文化（心气）。遵从劳动光荣、劳动创造财富理念，企业应提供良好的薪酬福利保障，严格按照政策制度要求兑现承诺，使工匠无须为基本生存烦忧，在充分享受自己的劳动成果的同时，也充分享受到物质待遇成果，劳有所获、劳有所得，以便促使工匠人才专注执着、爱岗敬业，不懈地追求工作或产品的极致和完美，从而更大程度地激发工匠不竭的潜能和无尽的创造力。建立工匠是崇高职业的价值理念，不但用激励政策对其在群众性技术攻关、技术革新、发明创造等方面取得的科技创新成果及合理化建议进行评比表彰，对晋升技术等级、工资福利待遇、物质奖励，而且在先进评选、劳模评选、杰出工匠评选中优先考虑，在带薪年休假、家庭温暖、对外交流、出国培训等给予人文关怀，让他们从创新中获益，从工作中真正得实惠；通过他们的行为进而唤起职工创新责任和主体意识，增强职工主人翁责任感，激发职工创新热情、创新思维和创新潜力，让大家在工作中不当“看客”当“创客”，在企业创新活动中不当“过客”当“常客”，形成学习工匠精神的良好氛围。建立宣传工匠精神的文化体系，通过大力宣传工匠人才故事和优秀事迹、技术创新及转化应用成果成就，让员工切实感受到走工匠之路也是一条职工收获荣誉和成就的“星光大道”，增强工匠人才的荣誉感和责任感，更充分调动和激发职工岗位学习、岗位创新、岗位成才、岗位奉献的积极性，不断提升职业技术技能水平和创新创造创效能力。最终通过匠心文化建设，让技能人才工作有尊严感、创新有获得感、奉献有成就感、生活有幸福感，为企业发展提供坚实的人才保障和强有力的技能人才支撑。

五是建设工匠人才自身成长成才的良性习惯（净气）。一是要有志趣成为杰出工匠。作为基层员工，如何在生产和管理岗位上实现自己的“工匠价值”，是每一个人都应该也必须思考的问题。先成为一个优秀杰出的“工”。每个岗位所在都是公司整体运行中重要的一环，要保证自己在岗位上的工作无差错、无拖延，需要耐心、细心和决心。耐心完成自己分内的事情，多坚持，多努力，对待工作和同事不骄不躁，始终如一；细心了解工作中的每一个细节，流程中的各个环节，多发问，多求知，做到胸有成竹，心中有底；决心克服工作中遇到的难题，多取经，多探索，勇敢尝试，相信办法总比困难多。后成为一个自我升华能力的“匠”。如何才能在人力有限的条件下有效地提升工作效率？如何才能在本职工作完成后额外完成力所能及的细节使工作流程更顺利？如何才能针对自身岗位的优劣现状提出具有可操作性的建议？只有深层次的思考延伸才能让个人能力得到充分的发挥并与工作相辅相成，真正实现从“工”到“匠”的价值升华。最终从对工匠的认知到理解到立场到实践的价值认同，坚定自己的工匠信念与理想。二是要讲究方法与技巧。比如掌握 5S（现场管理方法）、3K（绩效考核方法）、PDCA 等基本工具思想，掌握时间管理、精细化管理、成本预算管理、培训等基本方法，注重现场技术和管理存在问题的分析，如何利用内部会议、师徒制、班会、技术交流和工匠间、团队间、外部研究机构间协作开展工作，如何利用“互联网 +”时代、大数据和智能化技术寻找答案，关键是要善于深入从专业上思考和策划，利用岗位转换交流思想进行专注深入精细研究，养成对问题的综合整套解决思维习惯，抓住问题和钻研方向不放手，注重从经验和理念进行总结分析乃至撰写论文，静得下心，耐得住寂寞，坐得了冷板凳，勤学苦练。三是要善于从小处着眼，获得资源，从他人的失败教训中吸取经验，不怕失败、不轻易气馁，从自己成果中增强信心和志趣，扎扎实实、一步一个脚印完成既定目标。四是瞄准目标不断追求。比如，在维修管工中要做到有一点瑕疵都算不得是精品，下料都严格要求核对下料单上的材质、规格、尺寸及数量等信息，准确分析工件要求，防止下料时产生废品，做到不带料；合理地设计测量整个版材的利用率，做到既不浪费原材料还能保证下料的精准度，这样才能方便下道工序的顺利进行。“眼神要精确，手头要稳准”，通过练技修心，顾全大局，心有精诚，手有精艺，工作起来总是过于专注，几近忘我。又比如对焊工要有“绝活”——用眼一看就能发现焊接问题（焊宽、焊高是否合格，咬边、融合是否达标），要求是焊接率必须达到 100%，既要坚固也要美观，更甚者他还能说出你的焊接手法和走势，用超声波检测仪一测量竟分毫不差。又比如维修和修旧利废创新创效过程中，要有火眼金睛，准确找到问题故障，精准测量数据，精确安装到位，精心操作维护，精细保养管理，不但严守规程手册，而且独创新工法、新技法，提高质量和效率效益。要在岗位争当青年岗位能手和操作技术能手，在处室争做技师、技术骨干和专家级工程师，在公司争当杰出工匠，在省部级争选金牌工匠（技术能手），在国家争当“全国技术能手”“大国工匠”。

附件：杰出工匠基本标准

项目	具体要求
专业精通	1. 熟悉掌握本专业基本知识，具有较深的专业理论修养，理论测试考核前列；
	2. 专业学习活动有计划，有检查，有总结；
	3. 注重创建资料积累，专业台账健全规范，其他相关专业资料分类归档精心；
	4. 专业维修维护工作方案明确，安全性、科学性、效益性突出，标准高、成效好；
	5. 现场工作生活及生产现场整洁规范、工器具清洁整齐，现场标识清楚，检修现场工完料尽场地清；
	6. 熟悉并系统落实执行包括生产、设备、质量、安全、信息、现场、劳动纪律等内容的各项规范制度；
	7. 建立专业考核制度，按月度规范分析总结。
敬业专注	8. 具有浓厚的专业兴趣爱好，立志成为工匠人才；
	9. 具有强烈的爱岗敬业品质，设备、管网、设施实行色彩化管理，达到无泄漏、无积灰、无油污、零件齐全、紧固、无锈蚀、润滑良好、见本色；管道保温整齐美观，现场照明完好无缺，电源管线布置整齐完好，计量器具配置齐全，正确使用和维护保养；
	10. 善于解决疑难杂症、善于攻坚克难，运用个人技能、技艺带领团队解决实际问题并屡建战功；
工作产品精细	11. 大力开展专业技术技能竞赛活动，所抓主要指标创历史最好水平；积极开展降本增效、节能减排活动，效果显著；
	12. 深入开展合理化建议、技术革新、技术攻关、发明创造等经济技术创新创效活动，每季度至少有一项合理化建议被采纳，每年至少有一项成果或建议被采纳实施，效果良好，并荣获公司级以上奖励；
	13. 身怀独特绝招，某方面或某项手艺或技术远超他人，组织创立工法或技术在一定范围内或行业内或区域内具有重要影响、处于领先水平，同时拥有一定的社会影响力和知名度或者在企业或行业技术改造、工艺革新、科技创新等方面拥有至关重要的地位；
	14. 拥有相应发明或技术专利，体现领军作用，并在实践中成效良好；
	15. 在各种技术比武技能竞赛中获得荣誉。

续表

项目	具体要求
精心有效	16. 热心传、帮、带，积极参加“高师带徒”等活动，善于向青年职工和爱好人士普及知识、传授技艺、传播理念，乐于帮助并带动身边的职工共同进步、共同成长；
	17. 发挥技术专业优势和影响力，积极开展学习型技术小组活动，每周至少组织两次专业技术学习交流，做到时间、地点、人员、内容、考核“五落实”；
	18. 瞄准产业或技术专题发展前沿水平，制订技术提升规划与实施计划路径，持续推进学习与钻研，大胆实践，为在新技术、新产业、新业态、新模式“四新”经济领域引领创新、做出突出贡献、取得重要成果创造条件；
	19. 积极参与争当站队“优秀星级员工”活动；
	20. 每月组织召开专业专题技术分析会，分析总结技能提升，持续增加团队员工技能水平，让员工对自己有较强的认可度。

（四）工人先锋号（百面红旗、先进英模集体）

“工人先锋号”是中华全国总工会制订下发的以“创一流工作、一流服务、一流业绩、一流团队”为活动内容的荣誉称号。创建“工人先锋号”活动的总体要求是：以依靠主力军、建设主力军、发展主力军为目标，以发展先进生产力、促进社会进步、服务人民群众为重点，以创一流工作、一流服务、一流业绩、一流团队为内容，以发挥榜样激励作用、争创先进团队为途径，使“工人先锋号”成为引领职工发扬工人阶级优良传统，发挥工人阶级主力军作用，推动社会主义和谐社会建设的旗帜；成为引导职工立足本职、爱岗敬业，刻苦学习、忘我工作，不断进取、甘于奉献的载体；成为全国统一、长期坚持、职工认可、影响广泛的劳动竞赛活动品牌。说到底，就是基层站队、基层单位通过创建活动追求集体进步和荣誉的英模集体。

一是工人先锋号授予的基本条件。“工人先锋号”的授予对象是：全国各类企事业单位中为推动经济社会发展作出突出贡献，并具有时代性、先进性和示范性的车间、工段、班组。（1）坚持以科学理论为指导，认真执行党的路线方针政策，自觉遵守国家法律法规和各项规章制度，注重加强思想作风和业务素质建设，有强烈的主人翁责任意识、良好的职业道德和较高的技能水平。（2）坚持与时俱进、开拓创新，工作深入扎实，管理科学民主，牢固树立技术创新意识和节能环保意识，积极总结推广先进经验，工作效率、管理水平和创新能力居同行业领先水平。（3）坚持文明、优质、诚信的服务理念，积极开展服务创新，不断提高服务质量，努力为客户提供热情周到、规范满意的服务，社会满意度和公众认可度高，服务技能和服务质量居同行业领先水平。(4) 坚持开展各种争先创优活动，工作成绩突出，经济效益和社会效益显著，无人身伤亡和重大质量、设备事故，在发展先进生产力、促进社会进步、服务人民群众等方面作出了积极贡献。(5) 坚持以人为本、科学发展，具有积极进取、奋勇争先，团结协作、和谐共进的团队精神，职工积极性充分发挥，团队凝聚力强、影响力大、职工信赖、公众认可。

二是工人先锋号创建主要内容及方式。(1) 把创建与安康杯劳动竞赛紧密结合起来。一是抓好核心制度的落实，加强环节质量控制，通过开展“零缺陷”、“零事故竞赛”，促进生产和工程质量的不断提高。二是抓好职工技能的培训，全面提高员工素质，通过开展工作经验交流会和操作技能竞赛，人人都能成为独当一面的技术能手。三是抓好文明施工、诚信服务工作，处处体现人性化、亲情化，开展“员工之家”建设，提升企业形象。(2) 把创建与本岗位、本班组（项目经理分部、科室）实际紧密结合起来。一是要突出技术创新，既要巩固已有的技术成果，又要不断探索、创新，大胆使用新技术、新工艺和新材料，转化为核心竞争力。二是要突出管理创新，积极探索科学合理的管理途径，认真落实各项规章制度，关口前移，把隐患尽量控制在萌芽状态。三是要突出服务创新，增强为业主服务的能力与水平，构建良好的市场服务体系与应变能力。四是突出文化创新，打造富有特色基层站队文化，凝聚员工实力与活力，展现团队良好形象。(3) 以“两创三比”活动为载体，突出树立科学发展观。坚持把生态环保、资源节约、可持续发展的战略理念以及创新、创优意识贯穿于整个生产运行与工程的建设中，努力在环境保护、废物利用、技术创新、资源节约上不断创新；在创新、创优上有突破；在精细、节约、环保等方面创造新业绩，为社会提供优质能源、优质服务，创立卓越运营管道和人民满意生活。(4) 创建“工人先锋号”活动要求各级组织和各工会小组齐心协力共同推进。

三是工人先锋号创建具体标准。

工人先锋号创建标准

项目	具体要求
创建管理一流	1. 有健全的创建活动领导小组和工作机构；建立切合班组实际的班组共同愿景和个人愿景，有记录；
	2. 创建活动有计划，有检查，有总结；有切实可行的创建标准和措施保证；
	3. 注重创建资料积累，台账健全规范，《班组建设综合手册》填写认真规范；其他创建资料分类归档；
	4. 创建活动有阵地，有明确的创建主题、有创建氛围及固定标语等；创建主题、创建标准醒目上墙；
	5. 宣传经常及时，能利用横幅、标语牌、宣传栏、简报等宣传创建活动；在社会新闻媒体上宣传报道本集体创建工作，每月至少要在公司级以上报刊发表稿件一篇，有记录；
	6. 以站队标准化和支部标准化为基础，系统落实执行包括生产、设备、质量、安全、信息、现场、劳动纪律等内容的各项规范制度；
	7. 建立考核制度，按月度规范考核。
服务质量一流	8. 按照员工之家手册和场区管理要求，确保生活及生产现场整洁规范；现场清洁整齐，通道畅通，现场管理符合管理要求；按区域和标示牌定置存放，橱内整洁有序，现场标识清楚，检修现场工完料尽场地清；
	9. 创建集体成员仪表整洁，在岗员工着装统一整齐，言行规范，服务热情周到，高效优质；
	10. 设备、管网、设施实行色彩化管理，达到无泄漏、无积灰、无油污、零件齐全、紧固、无锈蚀、润滑良好、见本色；管道保温整齐美观，现场照明完好无缺，电源管线布置整齐完好，计量器具配置齐全，正确使用和维护保养；
工作开展一流	11. 大力开展创先争优等活动，所抓主要指标创历史最好水平，有记录；积极开展降本增效、节能减排活动，效果显著，有记录；
	12. 深入开展合理化建议、技术革新、技术攻关、发明创造等经济技术创新创效活动，每季度至少有一项合理化建议被采纳，每年至少有一项成果或建议被采纳实施，效果良好，并荣获公司级以上奖励；
	13. 扎实开展“安康杯”竞赛活动，劳动保护监督检查网络齐全；每周至少进行一次班组安全教育，有记录；
	14. 积极开展岗位技能学习、岗位练兵和技能竞赛活动，每月至少组织一次应急演练，效果显著；
	15. 实现基层站队零事故、零伤害、零污染。

续表

项目	具体要求
团队建设一流	16. 创建集体管理科学民主、建立站务队务公开栏，实行奖金、班费、考核等内容公开并及时更新，公开栏醒目上墙；
	17. 积极开展学习型组织创建活动，班组要设立读书专柜等学习阵地；每周至少组织两次学习，做到时间、地点、人员、内容、考核“五落实”；
	18. 创建负责人能带领集体积极主动开展创建活动，并熟悉创建活动的相关规定和要求；集体成员相对稳定，积极参加创建工作，熟知创建标准；
	19. 积极参与争当站队“优秀星级员工”活动，每月要有“优秀星级员工”获得者；
	20. 每月召开一次班组民主会，通报讨论与员工有关的绩效分配，听取员工建议；经常性地开展谈心交流活动，相互帮助，关系融洽，团队凝聚力强，有较强的职工认可度。

（五）英模培育中的注意技巧

1．要帮助英模树立明确目标，以登高计划等方式提出职业生涯规划和专业发展规划，分年度指导帮助检查其完成；

2．要在日常培育过程中善于应用物质利益驱动手段进行即时奖励，包括经济的、物质的荣誉的，通过绩效、成果奖励方式持续强化和巩固英模苗子的进取状态，牢固树立劳动创造财富劳动创造价值观念，有工作有尊严感、创新有获得感、奉献有成就感。

3．要系统地明确各种活动开展，包括创新活动、竞赛活动，有效组织各种载体，强化英模人物的阶段性动力，刺激其拼搏奋斗的朝气。

4．要注意培育过程中的仪式感。通过评星活动、先进表彰、优秀成果表彰等，有正式的表扬通报、表彰仪式、挂牌命名和宣传来促进英模人物对自我的认知认同，用荣誉奖励表彰机制隆重实施促进英模价值的形成和引领作用。

5．要注意英模人物角色培育。主要是完成其多角色转换培养，比如承担相应领导角色、专业技术负责人、临时组织负责人、组织积极参加各种协会、参与演讲、参加志愿者活动，从而全面体现英模的社会角色担当和人性爱善体现，培育生活激情与丰富人格价值，用道德价值驱动展现英模人物的美丽光环。

6．要注意英模人物的文化养成。英模是人性与社会价值进步引领力量。既要通过专业事业目标促进其完成人生具体劳动奋斗，享受到其创造的劳动价值与尊严、事业与自我挑战，创造优异的物质成果，更要通过对其觉悟的启发与保持，通过文化培育，使其在实施过程中的文化养成让更多的劳动者看到产业技能人才工作的尊严感、创新的获得感、奉献的成就感、生活的幸福感。

7．要注意对英模人物的人文关怀。英模也是人，其在创造业绩的过程中作出了巨大贡献，更是比常人付出了百倍的辛苦和努力，乃至让家庭也随同做出了巨大牺牲，其工作与生活、情感等心理承受的压力是相当巨大的。培育好英模首要的是让英模完成并实现对美好生活的追求，这是激发英模培育的最重要指导思想。要做细做实对英模的真切关怀，特别是从性格、心性上分析存在优势与困难，从生活上、心理上采取细致措施进行持续关注与关心，心理疏导、谈心、安排休假与旅游、爱人及子女反探亲相聚、慰问家人等暖心活动，让英模轻装上阵，专注进取，营造良好愉悦身心环境。

8．关注对英模人物的价值传播。通过英模人物故事事迹的宣传、人物演讲报道、对外国际交流形象展示等诸多方式，特别是要提倡创作以有关英模人物为蓝本的文化艺术作品（包括视频、故事、小学、剧本等），促进社会对其价值认可，进一步激发其潜在能量。

9．注意建有容错机制。容错机制是鼓励英模和创新人才成长的重要环节。英模在创新及在急难险重任务中担负着冲锋者角色，承担着一定的风险责任，如何让其在担当中放松心情努力创新完成，特别是在工作生活中出现难免差错时还能减轻心理负担、减少荣誉和物质利益损失，是加快英模培育要考虑的重要因素。作为组织或团队必须有完整的风险评估和集体承担机制，大胆鼓励他们去试、去闯、去探索，鼓励他们敢于尝试，试错不追责、试错多包容多鼓励，为他们成才创造宽松良好的氛围环境。

四、英模培育的组织领导

（一）各级领导特别是主要负责人要高度重视英模培育工作

一是充分认识英模是公司核心人才和核心竞争力，是高质量发展和世界先进水平的主要引领力量和杰出代表，是文化软实力、企业核心价值的人格化。二是充分重视认知英模成长成才的基本原理和客观规律，熟悉把握时代核心价值与精神，熟悉掌握人才培养规律与技巧，熟悉英模发展现状与趋势，瞄准未来与前沿，提出可行路径与方案。三是善于从历史、世界与未来的高度思考英模的培育与人文再造，打造公司集体人格与力量，为推动人才强企事业构建长远发展价值引领。

（二）加强组织领导

成立各级英模队伍培养选树工作领导小组，由各单位党委主要负责人任组长，相关领导参加，各职能部门参与，要结合实际，明确职责和任务，安排专人负责，制订本单位的英模培养选树计划，加大培养选树力度，定期研究典型选树工作，总结经验，探索规律，鼓励各类人才脱颖而出，努力形成劳模辈出、群星璀璨的良好局面。要把培养选树西气东输英模队伍同学习宣传贯彻党的十九大精神结合起来，同“不忘初心、牢记使命”和“两学一做”主题教育结合起来，与公司组织评选的优秀共产党员、先进个人、“十大杰出青年”、技术能手、优秀党务工作者、特色站队典型代表等先进典型评选结合起来，紧密联系单位工作实际和干部员工思想实际，统筹安排、形成合力，切实做到两结合、两促进。

（三）建立构建英模培育方案

通过调研走访、座谈交流、查阅资料、考核评比等方式，全面摸排本单位先进人物。重点挖掘获得过公司劳动模范、优秀共产党员、先进个人、杰出青年、技术能手以及其他获得过省部级以上荣誉的老典型和认真挖掘他们立足岗位在新时期做出的新贡献、取得的新成绩、发生的新故事。在摸排基础上，综合考虑业绩指标、安全环保、生产经营、工程建设、党的建设等情况，认真评估分析后，遴选出本单位英模人物培育苗子。按照前面描述的路径和方法，针对每名英模苗子量身定制培育具体路径和方法，分阶段、分步骤制订系统的符合英模价值和标准的包括目标、指标、成效绩效、措施的完整培养方案。

（四）持续重点培育

严格按照方案分层次、有重点地开展英模苗子培养工作。一是支部考察，重点人选所在党支部要主动了解掌握熟悉培养人选的日常表现、工作成绩、思想动态和群众反映，形成培养选树人选的第一手材料，定期向本单位党委汇报。二是党委培养，各单位党委（党总支、党支部）要积极为培养人选的成长建立保障机制，制订培养计划、确定培养联系人，及时给他们定目标、提要求、压担子，放到关键位置、重要岗位，诸如利用站场安全生产、标准化建设、管道风险排查、智能管道建设等时间跨度长、工作难度大、创新要求高的生产经营管理工作，利用互联互通、中俄东线等时间紧、任务重、压力大的工程建设项目进行培养锻炼。也可以采取领导挂点、部门帮扶等方式，与先进典型结成对子，进行重点培养。厚植典型人选成长成才土壤，帮助典型人选健康快速成长。三是加强内部宣传，各单位要及时开展内部宣传工作，通过表彰会、报告会、专题网页、标语横幅、宣传栏、人物故事视频、工作微信群等形式，大力宣传、广造声势，取得广大干部员工的认可和认同。四是严考核评估，注意掌握英模思想动态，及时纠偏与疏导，充分利用先进人物或负面案例进行持续强化引导。

（五）加强对英模群体的培育

严格按照工人先锋号或百面红旗标准，有针对性地建立先进集体或群体创建方案，充分利用英模苗子培育方法和示范作用推动英模群体培育。

（六）注重探索英模培育途径新方法新措施

英模是时代的灵魂与价值，英模的出现紧跟时代步伐，随着技术工业革命与变化，需要我们与时俱进，持续创新英模培育方法与途径，切实提升英模培育理论研究，为更多更好地培育英模夯实科学理论基础，最终实现通过英模培育聚气场凝合力促发展，确保干部人才队伍动力强劲、压力精准，以一马当先带动万马奔腾，充分发挥英模的引领示范作用。

（撰写于 2019 年）

7. 新时期构建企业和谐劳动关系路径探索

经济发展“新常态”的新时期，企业工会如何把工作项目融入企业中心任务？如何把握维护职工权益与促进企业发展二者之间的平衡，构建和谐劳动关系？这是当前企业工会组织探索的课题。近年来，西气东输管道公司深入贯彻“以人为本”的指导方针，把“安康杯”竞赛作为构建和谐劳动关系的纽带，作为促进公司安全发展的关键抓手，拓展方式，持续组织，有力地助推了企业安全发展，保障了员工的合法权益。在实践中，公司紧密结合企业特点，探索出“六化”机制，形成了具有西气东输特色的“安康杯”竞赛组织经验。本文通过对西气东输“安康杯”竞赛组织方式与特点分析，试图探讨新形势下建立“安康杯”竞赛长效机制的基本路径。

一、明确角色定位

作为天然气储运企业，西气东输管道公司始终把“安康”指标作为企业发展的中心任务，深刻认识“安康杯”竞赛不仅是工会组织开展的群众性“安全”与“健康”竞赛，也是企业贯彻“以人为本”发展理念的重要载体和推进安全发展的重要举措。对“安康杯”竞赛，公司有三个基本定位。

（一）“安康杯”竞赛是工会组织融入企业中心工作的有力抓手

西气东输管道公司输送介质为高危高压、易燃易爆的天然气，安全输气是公司第一职责，管道安全平稳高效运行始终是公司的中心任务。组织“安康杯”竞赛，是公司工会组织动员员工围绕管道安全运行开展的群众性竞赛活动，有助于提升员工安全生产意识和能力，有助于推进公司安全文化建设，降低各类事故发生率和各类职业病发病率。多年来，公司工会始终将“安康杯”竞赛作为融入公司中心任务最直接最有效的一项抓手，常抓不懈，得到了公司历届领导班子的高度认可和鼎力支持。

（二）“安康杯”竞赛是保障企业与员工“双赢”发展的有效载体

“促进企业发展，维护职工权益”是企业工会的工作宗旨。“安康杯”竞赛不仅有利于促进西气东输的安全生产管理，而且有助于维护员工的安全健康权益，突显了工会组织维护职工权益的职能。借助“安康杯”竞赛，公司工会加强了对公司员工劳动保护工作的监督、强化了安全生产技能的宣传教育，实现了员工“安康”的眼前利益、个体利益和企业的长远利益、全局利益有机统一。正因如此，公司“安康杯”竞赛成为构建企业内部和谐劳动关系、保障企业与员工“双赢”发展的有效载体，得到了公司上下一致认可。

（三）“安康杯”竞赛是彰显企业社会责任、树立良好企业形象的重要支撑

随着现代企业运营环境对企业社会责任的约束日益严格，追求利润早已不再是企业单一的经营目标，实现可持续发展越来越成为企业经营者的共识。公司始终坚持“以人为本”理念，把职工作为企业最宝贵的财富，把维护职工生命安全、身心健康放在各项工作的首位，把维护好员工群众和管道沿线利益相关方的安全作为一切工作的出发点和落脚点，构建安全、健康的生产生活环境，把基层站队打造成为员工幸福家园，把管道建成平安管道、绿色管道、文明管道。通过多种举措彰显社会责任，树立“忠诚担当、风清气正、守法合规、稳健和谐”的良好社会形象。

二、构筑“六化”机制

为推进“安康杯”竞赛，公司工会主导建立了“横向到边、纵向到底、两全覆盖”的工作格局，每年围绕一个主题，持续推动，定期考核，实现了竞赛组织的常态化，有力地促进了公司安全生产工作，取得了良好成效。在实践中，公司逐步探索形成了具有自身特色的“六化”机制，即竞赛组织常态化、贯标推进主题化、全员参与载体化、文化建设特色化、风险管控联动化、管理提升持续化。

（一）竞赛组织常态化

公司工会充分认识到“安康杯”竞赛对促进安全生产和员工健康的重要作用，把组织竞赛作为构建和谐劳动关系的常态化工作。为确保成效，公司工会主导和参与建立起两套组织系统。

一是主导成立竞赛活动领导小组。公司成立了竞赛活动领导小组，由公司总经理、党委书记任组长，主管安全生产的副总经理和公司工会领导任副组长，公司各单位逐级成立本单位竞赛活动组织机构。竞赛领导小组负责竞赛方案的审定、计划部署、过程监督、评定表彰和奖励。以竞赛领导小组为主体，形成了“横向到边”的工作格局，即以公司党委领导、工会协调组织、各部门协同落实、全员共同参与，实现了对公司全部业务、全体员工的“两全覆盖”，基层站队参赛率达100%，使广大员工进一步增强了“红线”意识、“底线”思维和安全发展理念，使全员对“安康杯”的知晓率、参与率达到100%。公司竞赛领导小组每年初审定

"安康杯"竞赛方案、部署计划，年中组织赛中检查，年末进行评比、表彰和奖励。

二是参与公司 QHSE（质量健康安全环境）管理委员会。公司工会领导参与公司 QHSE 管理委员会工作，负责对各单位和全体员工安全防护监督等工作，督导构建起员工安全监督网络。在 QHSE 委员会的领导下，公司把安全生产、安全卫生等工作与"安康杯"竞赛紧密结合，用"安康杯"竞赛统领公司站场运行、管道保护、应急抢险、工程建设、交通管理、消防管理、危化品管理等工作，细化具体指标与分值，纳入年度责任考核体系，并通过层层签订《安全环保责任书》，实现责任落实主体的"纵向到底"。公司工会负责人定期参加公司 QHSE 管理委员会专题会议，及时参加"安康杯"竞赛的中间检查，持续开展安全经验分享活动，不断夯实安全生产基础。

（二）贯标推进主题化

近几年，公司工会针对公司安全风险在管道线路多发的实际情况，重点围绕管道保护开展专题竞赛。去年以来，连续两年结合上海市总工会劳动保护 3 年行动计划部署，大力开展安全宣教、能力提升、隐患排查、监督检查和法律学习等"五项行动"，动员员工积极投身管道线路风险隐患识别与消减工作，切实保障管网安全平稳高效运行。

一是将管道安全作为竞赛活动的重点，有针对性地设置竞赛主题。自 2010 年起，就结合管道保护和管道上方的光缆监护工作，制订出适合公司实际的竞赛主题，深入开展。近几年，先后组织"防断缆、保畅通""双快一保"（"快速服务、快速通过、确保管道零伤害"）、"平安管道"和"消隐患、强监管"等主题竞赛，有效降低了管道断缆率，多次受到中国石油集团公司的嘉奖。去年以来，公司各单位结合新《安全生产法》和新《环境保护法》的落实，先后排查出 97 处违章占压、83 处高后果区高风险管段、8 处特殊管段，按计划完成了治理工作。

二是对照"安康杯"竞赛标准，全面落实考核指标。在加强组织领导的基础上，公司工会对照"安康杯"竞赛指标，结合企业特点认真落实安全管理、群众监督、事故控制等各项工作。在安全管理体系上，建立健全安全管理体系，落实全员安全环保责任制，在开展安全改造工程、新建和改扩建工程中，严格执行"三同时"，确保安全设施与建设项目主体工程同时设计、同时施工、同时投入生产和使用。在维护员工权益上，通过签订集体合同，保障劳动安全卫生、女职工特殊保护、工作时间、休息休假、职工教育培训等员工权益。在职业病监测与防治工作上，积极开展职业健康管理人员培训，按中国石油统一标准配备员工的劳保用品，公司实现了员工应急救护"工具包"对基层站队、一线车辆的全覆盖。在作业环境上，坚持 HSE 体系管理和标准化管理，加强对站场环保设施使用、维护的监督，开展站场污染源环境监测，不断改善站队员工工作与生活环境。在员工培训上，坚持专项培训、以会代训等形式，组织 HSE 管理重点培训，新入职员工接受三级安全教育，关键岗位实现了 100%持证上岗。在群众监督工作上，建立了劳保监督检查制度和网络，固化了“案例经验分享”制度，2015 年全年共计开展“安全经验分享”2700 余次，杜绝了重大消防事故、重大交通事故。

（三）全员参与载体化

为调动员工参与“安康杯”竞赛的积极性，公司工会积极参与企业标准站队创建、创新创效评审、职业健康管理、典型选树等丰富多样的活动载体。

标准化站队创建活动：将市总工会倡导的“安全生产 1000”站队创建活动与中国石油组织的 HSE 标准化站队创建活动相结合，教育广大员工始终坚持“安全第一”，努力实现“零违章、零隐患、零事故”。倡导全员落实安全环保岗位责任制，实现每一台设备、每一寸管道、每一道程序的责任落实到人，细化、量化每名员工责任目标，向“全员、全方位、全过程”的管理层次迈进。

创新创效评审：公司工会联合公司团委面向全体员工开展群众性创新创效活动，自 2005 年起，每年组织项目评选和成果发布，已经累计开展了 12 届评选表彰活动，积累了促进企业安全生产、节能降耗等各类金点子 400 多个，成为公司企业文化建设的一项品牌项目，成为凝聚员工、发现人才、培育人才的重要阵地。在公司工会的主导下，公司专门印发管理办法，将员工的创新创效成绩与个人的职称评审挂钩，进一步提升了创新创效活动的吸引力。

员工职业健康危害防治活动：公司工会牵头，组织专业部门分专业、逐级开展基层站场职业健康危害因素识别与评估活动，对员工工作场所职业病危害因素检测评价，抽查并监督劳动防护用品，组织现场救护培训，结合体检结果适时组织健康大讲堂，邀请医院资深专家为员工解疑释惑，健全职业卫生档案和员工职业健康监护档案，定期发放防暑降温饮料及药品，实现了职业健康体检率、职业病危害申报率、应急救护培训覆盖率、文体设施（器材）的覆盖率“四个 100%”。

典型选树活动：公司工会牵头组织公司劳动模范、标杆站队、先进集体等典型选树活动，参与开展公司优秀共产党员、杰出青年等先进人物的评选表彰。为突出“安康杯”的重要性，在评树典型过程中，公司工会始终把“安康杯”竞赛的成绩作为重要标准，落实了“安康一票否决制”。同时，在选树过程中，注重发挥基层员工的主动性和参与性，利用微信公众号和网络，组织员工投票，把投票结果作为重要参考标准，既扩大了典型人物的宣传，也增强了基层员工的责任感。

（四）文化建设特色化

公司工会坚持以文化理念为引领，以“十个一”和“五个一”为载体，开展立体宣传，全面提升安全文化建设水平。

公司工会坚持以中国石油 HSE 理念（环保优先、安全第一、质量至上、以人为本）和目标（零缺陷、零伤害、零污染）为引领，提炼出以“安全责任重于泰山”安全观为统领的“一念五观”安全文化理念系统，结合新的《安全生产法》和《环境保护法》的学习，开展理念宣教活动。有针对性地组织了“十个一”和“五个一”活动，努力使安全成为员工的行为习惯、价值取向和生活方式。通过组织员工阅读一本《新〈安全生产法〉石油石化员工学习读本》，自查一起身边的事故隐患，撰写一篇安全学习体会文章，提出一条安全生产合理化建议，做一次安全经验分享，看一场安全警示视频，忆一次安全事故教训，当一天安全检查员，授受一场安全现场教培训，开展一次安全生产承诺签名等活动，全力营造“人人讲安全、事事重安全、处处保安全”的良好氛围。突出“五结合”落实“五个一”，即结合安全理念落地开展理念宣教活动，结合安全检查开展事故隐患和职业危害自查整治活动，结合员工创新创效活动提出安全技术合理化建议，结合安全经验分享开展安全大讨论活动，结合构建和谐企地关系开展安全生产应急演练。

为营造良好的宣传氛围，公司通过公司门户网站、网络电视、企业内刊和微信公众号“中国石油西气东输”等媒体平台构建立体宣传网络，及时刊发“安康杯”竞赛动态消息、竞赛进展与经营管理成就，营造了良好氛围。组织安全主题演讲赛、辩论赛、知识竞赛、FLASH 作品大赛等活动，增强全体员工安全意识，促进员工由“要我安全”向“我要安全”“我会安全”和“我能安全”转变。

（五）风险管控联动化

为增强“安康杯”竞赛的影响和成效，公司工会倡导内外联动，动员基层单位与各地安全生产监督管理部门、相关企业、沿线农田户主及利益相关方建立长效沟通协调机制，定期召开省级管道保护工作会议，协调解决重大问题。仅 2015 年，组织公司级综合实战演练 1 次、二级单位演练 38 次、站队演练 2088 次，完成应急预案向 810 个相关部门的备案工作。通过广泛组织志愿巡线、管道保护宣传等活动，将管道安全风险责任与沿线政府、企业与群众的利益衔接，促成了“管道保护、人人有责”“管道平安、企地共担”等观念深入人心。通过警企联合巡线、同业企业联合巡线，有力地保障了“安康杯”竞赛成效。2015 年，公司累计向社会群众发放各类宣传品 30 余万份，走访 20 余万农田户主，发展 2 万余名挖掘机手为“友好使者”，收集有效信息 3200 余条，管道本质安全明显加强。

（六）管理提升持续化

为持续提升管理，公司工会将摸索出的好经验、好做法进行推广，使经验成果迅速普及。公司工会连续 9 年组织站队长论坛，搭建基层管理经验交流平台，促进了基层站长先进经验分享。2015 年还开展“走出去”活动，先后三批组织站队长赴西南管道、北京管道和西部管道公司等兄弟单位进行业务交流，进一步开阔了站队长视野，提升了管理能力。在总结成功经验的基础上，公司工会及时将郑州管理处“8 条防控底线”、银川管理处“四个一,四个必须”、苏浙沪管理处“竞争上岗机制”等管道保护的成功经验在公司推广。

三、收获基本启示

通过对“六化”的常抓长管，公司工会有效地动员了员工持续提升“安康”意识，维护了员工“安康”权益，推动了企业安全生产，构建了和谐劳动关系，增强了广大员工的凝聚力和战斗力。公司连续 3 年获评全国“安康杯”竞赛优胜单位。从西气东输的实践中，可以得出“四个坚持”的基本启示。

一是坚持顶层设计，强化系统管理。要使“安康杯”竞赛成为推进公司安全、稳定、发展的强大动力，需要建立领导组织机构，制定目标责任制、激励约束机制，把“安康杯”竞赛活动纳入公司目标考核和重点工作议事日程，并将此项活动列入每年的重点工作之中，舍得投入人力、物力、财力，以“安康”工作统领站场运行、管道保护、工程建设、市场营销、车辆管理、消防管理等各方面工作，切实体现安全对各项业务的全覆盖。

二是坚持全员参与，提升全员意识。没有全员参与的竞赛，就容易出现安全死角。坚持全员参与，就要努力营造良好氛围，广泛宣传“安康杯”竞赛活动的意义和目的，并进行跟踪报道，进行全方位、立体式宣传。同时，还要举办知识竞赛、深入一线站队开展主题宣讲、推进安全经验分享等活动，使广大职工更深刻认识到安全是企业的“命根子”，是保证企业健康、有序、快速、稳定发展的重要基石。

三是坚持培育典型，注重示范引导。榜样的力量具有强大的示范带动作用。要注重培育和选树基层站队和员工个人的杰出代表，通过表彰他们在“安康杯”竞赛的突出贡献，实现先进带动后进，努力营造“学比赶超”的积极氛围。在典型培育上，要固化机制，突出主题，定期组织，打造品牌，才能产生更好效果。

四是坚持细节管理，强化人文关怀。关注员工身体“安康”的同时，不能忽略员工的心理“安康”。强化人文关怀，就是要注重从小处着眼，把“面对面、心贴心、实打实”的活动落到细节上，比如努力建设好员工职工之家活动室，投入资金为基层员工添置健身器材，努力让员工感受到工会的温暖和关爱。

（撰写于 2018 年）

8. 以安全环保为核心的“三基”工作情况研究

按照集团公司建设“世界一流综合性国际能源公司”的发展目标要求，西气东输管道公司确立了到建设世界先进水平管道公司战略目标，明确“六个必须”，工作中坚持把安全环保摆在“高于一切、先于一切、影响一切”的突出地位，在政策制订、实施中坚持向基层一线倾斜，严格责任落实，严肃制度执行，严查风险节点。围绕安全环保要求，各基层单位努力发挥主观能动性，围绕管理、技术、操作等三支队伍建设，着力提升风险辨识、风险管控和应急处置三种能力，扎实开展“三基”工作。

一、创新基层党支部建设，坚持以人为本，不断夯实基层站队建设

西气东输管道里程长、站队多、人员精简，认真落实“四同步”“四对接”工作要求，对新设立、组建的下属单位中及时建立党组织或将新建立单位纳入党组织管理，确保党组织覆盖率达到100%。建立健全所属各级党组织按期换届提醒督促机制，每年对当年需换届党组织进行认真梳理，下发文件进行全覆盖督促提醒，确保任期届满的党组织按期换届；换届过程中，加强督促指导，保障各项程序规范、有效。

牢固树立“党的一切工作到支部”的鲜明导向，研究制订公司《党支部达标晋级管理办法》，明确公司党委组织部、各级党委、党支部职责，在创建“六个一”党支部的基础上，建立“量化考评、分类定级、动态管理、晋位升级”的党支部达标晋级管理机制；坚持抓两头带中间，发挥“示范党支部”引领带动作用，整顿提升“未达标党支部”，带动中间支部提升，使每个支部都有变化、有进步。公司各单位每年对开展党支部达标晋级管理工作进行研究部署，按照公司考评定级标准对所辖党支部进行高质量的全覆盖考评，对考评结果进行总结分析，形成总结报告；对“未达标党支部”采取领导帮扶、结对共建等多种措施，督促帮助制订整改方案，落实责任人，切实保证支部做好整改提升工作。

制订《公司党组织工作经费管理办法》，明确党组织工作经费纳入企业管理费用，按照上年度职工工资总额1%的比例安排，据实在企业所得税前扣除，确保党组织经费有渠道、有保障、有管理。严格党组织工作经费管理，细化费用的分配原则，在结合各单位党组织数量、党员数量基础上，综合考虑承接公司专项工作和重点课题研究情况，统筹分配党组织工作经费，确保党组织工作经费用到实处、用出实效。

合肥管理处党总支率先改革党支部设置，将管理处党总支委员和机关党员干部划分至各站队党支部，以普通党员的身份参加组织生活，深入基层掌握一线岗位面临的困难、存在的问题，发挥自身岗位优势解决实际问题，实现“把支部建在连上”。调整后的党支部作用得到更好的发挥，一是打通最后“一公里”，层层压实党建责任制，较好地解决了作业区党员分散、距离较远的问题，党建工作有效落实，支部活力有效激发。二是实现知行合一，解决“学”“做”两张皮问题。调整后的党支部党员数在10人左右，在组织生活会上谈思想认识、谈突出问题、谈根源症结、谈整改措施的效果更加突出，能够将“两学一做”常态化、制度化得到落实，通过理论学习提高思想认识，坚持问题导向提出系列创新举措，党支部的战斗堡垒作用得到显著发挥。三是进一步提高工作效率和管理水平。机关党员在基层站队过组织生活，通过现场观察、集中讨论、个别谈话等方式，能够更加深入了解所在站队，更加畅通所在站队反映问题渠道，及时掌握员工思想动态并进行答疑解惑，拉近了与基层员工的距离，增进了感情，提高基层员工对公司政策制度的认识，有效提升员工的积极性、主动性和创造性。

该经验已在公司进行广泛推广，一是实行“驻站跟班”制度，公司机关处级干部与站队员工同吃同住同劳动，正处级3天、副处级5天。驻站期间开展“五个一”活动，并与至少两名巡线员结对子，了解掌握巡线员思想动态，解决力所能及的困难。二是所属单位党支部“重组”，原机关党支部党员全部分散到基层站队党支部，全面推动将支部建在站队上，第一时间掌握、解决基层站队困难和问题，切实提升基层站队战斗力。

二、坚持“上标准岗，干标准活”，组织实施“一票两卡”，不断夯实基础工作

安全生产是管道企业的第一要务，基层站队是公司安全生产的基石，是公司政令落地的“最后一环”，是实现公司安全发展、稳健发展的重要基础。开展基层站队标准化建设是强基础的需要、提素质的载体、促管理的根本。西气东输管道公司大力实施基层站队标准化建设工作，以“把复杂的事情简单化，把简单的事情标准化，把标准的事情信息化”为准则，以“做你所写，写你所做”“只有规定动作、没有自选动作”为要求，实现公司基层站队标准化建设全达标。为进一步精简基层站队表单填报，提高作业安全，公司组织实施了“一票两卡”，实

行“唱票”制度和“二十一步”工作法基本原则，以确保作业过程中风险的最小化和工作效率的最大化，确保每步作业安全受控。

基础站队标准化管理手册由一《总则》和《视觉形象》等五分册组成。在标准化建设中，武汉西分输站以强化风险管控为核心，促进站场标准化管理，总结出一套标准化建设经验。一是目视形象重在规范，安全标识更为醒目。对照手册逐一梳理，查漏补缺，对户内、户外的视觉形象进行梳理，细化至每一块标牌、每一张标签，使作业区域的目视化标识齐全醒目，达到“整洁、规范、明亮”的效果。二是基础管理重在合规，资料记录齐全完善。对基础管理手册 19 个方面的生产管理程序的学习，站长定期检查员工学习笔记，掌握员工学习情况，与标准化手册对标，达到全员对各项管理程序全面掌握。以资料梳理为主线，使基础管理达到依法合规。优化完善各项工作记录台账，资料体现在增强实用性，减少重复性，力争全面性。三是设备设施重在精细，维护保养及时到位。针对输气量大、工艺复杂、设备种类多设备多等特点，定期组织学习设备维护保养的规定、要求、标准，让每名员工熟知做什么、怎样做。针对定期维检项目，按专业分工，由技术员牵头，按季、月、周、日进行提示，细化现场管理，责任明确到人，执行到位。针对第三方施工和沟渠清淤重点风险部位，对所有沟渠水塘、高风险段、施工频发段逐一进行铁丝网硬隔离布控，有效提高管道光缆安全系数。四是岗位作业重在精准，严格执行“一票两卡”。根据站场输气生产实际需要，按照“做你所写，写你所做”的标准，编写了操作票 28 张，维检修作业卡 112 张，应急处置卡 34 张。为了确保票卡有效执行，场站坚持每天进行“唱票”和“二十一”步工作法，不断强化员工熟悉掌握“一票两卡”内容。五是员工之家重在凝聚，营造和谐奋进环境。在员工之家建设中，注重站队文化培养和传承，以“树立窗口形象、强化责任担当”为宗旨，将精神传承、争先创优、安全理念不断融入队伍培养、管理创新和工作作风中，激发员工爱岗敬业、奋发向上的工作热情，提高员工的积极性、和责任心。

三、坚持创新岗位练兵，多措并举提升基层员工“三种能力”，不断夯实基本功训练

基层员工直接和现场设备打交道，每项作业、每个操作，都和安全生产紧密相关，努力提升员工风险辨识、风险管控和应急处置三种能力是公司守住管道安全“生命线”的有力抓手。西气东输管道公司以岗位练兵强化应知应会，以干代练、以检代巡、以修代训检验员工实操能力，以实训基地训练促进员工“拳不离手、曲不离口”，永葆技能长青。

一是强化岗位练兵，抓好应知应会训练。在抓岗位练兵上，公司建立岗位练兵信息化系统，自动出题，自动评分，自动记录员工答题情况，实现基层站队、一线员工全覆盖。沁水压气站在此基础上，按照生产、管道、工程、安全等专业，组织站队员工轮流讲课，在授课中交流专业经验，增强学习效果，提升员工素质。二是推进“以检代巡”“以修代巡”，加强场站“低、老、坏”问题整治。浙江管理处坚持基层导向，以管道“陪巡”、生产“陪检”、应急“陪练”、专项“培训”为手段，沉到基层，切实锻炼提高员工的“三种能力”。银川管理处中卫站结合集中巡检开展每日隐患“大家谈”“大家查”活动，对照标准化手册整改200余不符合项；每周开展安全经验分享活动，全面实现“零事故、零伤害、零污染”；充分发挥党员在基层建设能力提升过程中的带头作用，组织党员与一名职工群众“帮学结对”“师带徒”培训，使“结对”双方在学习上形成优势互补、资源共享。三是以实训助推技术能力提升。公司设立了管钳工等七个实训基地，努力打造一支专业覆盖广、技术能力强的专业技术队伍。公司自动化和仪表实训基地发挥专业技术优势，围绕公司区域化管理需求，自主开展兰银线左旗站、太阳山站等20站区域化管理无人值守控制功能提升工作，规范和统一站场自动控制逻辑，故障时自动、快速、准确、有效切换工艺流程，确保安全平稳供气，有力发挥实训基地在提升人员素质上的突出作用。

西气东输管道公司在员工中倡导“岗位建功”，连续9年举办站队长论坛，打造了基层建设品牌阵地。深入开展群众性创新创效活动，评审各类成果累计达410项，产生直接或间接经济效益上亿元。实现“青年安全生产示范岗”“青年岗位能手”等活动与“安康杯”竞赛的有机融合，进一步发挥团员青年的生力军突击队作用。

四、坚持政治文化引领，大力实施基层站队特色文化建设，不断夯实石油精神落地生根

公司党委高度重视建设学习型基层站队。在加强党员干部政治理论学习方面，以党支部为基本单元，严格落实“三会一课”制度，各级党组织书记、优秀共产党员、优秀党务工作者累计讲党课。积极探索“互联网＋党建”教育管理模式，通过信息化手段搭建覆盖各基层党组织、面向全体党员的教育窗口，打造“空中大学堂、支部小讲堂、指尖微课堂”，确保基层党员生产和休假期间，日常教育“不间断”，组织生活“不掉线”，党员思想“不掉队”。在业务技能培训学习方面，各站队结合实际建立了学习培训区，建设职工电子书屋，依托“石油党建”平台提供各

类电子报纸、杂志、图书等。在公司网页上开辟专栏选登员工优秀诗文进行刊载交流。

公司党委组织实施基层特色站队文化建设，研究印发了《中国石油西气东输管道公司基层站队特色文化建设实施指导意见》，构建新时代西气东输特色文化体系。公司 18 个基层站队参与创建，逐步锤炼出“海岛文化”“太行精神”“国脉框组文化”等一系列富有特色、充满活力、特点鲜明的基层站队文化，“责任、担当、奉献”的价值追求广泛宣贯、落地生根，成为员工“奉献西气东输、书写精彩人生”的强大精神动力。

公司坚持落实职代会制度和厂务公开制度等各项民主管理制度，保障了广大员工参与公司科学管理、民主管理权力。加强民主管理，落实公司“三级”厂务公开民主管理制度，从基层站队抓起，通过站（队）务会、班前会、公示栏等形式对本单位各项生产经营、员工管理、评先创优、各项费用使用等情况予以公开公示，保障职工合法劳动权益。密切联系群众，领导干部加强民主作风建设，持续推动机关处级干部“驻站跟班”，所属单位处级干部实行“四联点”制度。

公司组织开展健康向上、特色鲜明、形式多样的文化体育活动，活跃和丰富员工精神文化生活，满足员工求知、求美、求乐的精神文化需求。支持各单位组织开展文体协会建设，先后成立了公司摄影协会、书画协会、读书协会、羽协、篮协、长跑协、足协等，由协会牵头组织开展主题活动。

公司基层站队多次获得省部级荣誉称号，上海金山站荣获得的上海市“百强支部”荣誉称号，中卫维修队获得集团公司铁人先锋号，郑州压气站获得集团公司基层建设“千队示范工程”示范单位、集团公司基层建设百个标杆单位等。公司每年组织劳动模范、先进典型站队开展石油精神宣讲，利用公司站队长论坛，组织站队长进行先进经验分享，全面提升基层站队建设。

五、提升基层建设方向

基层建设工作是大庆精神铁人精神的重要组成部分，是石油工业的传家宝，是我们的独有优势和力量源泉。重视基层建设工作，是我们的优良传统，尤其是面对新时期新挑战，持续加强基层建设工作显得尤为重要和十分紧迫。

一是坚持党建工作融入中心。将公司提质增效稳健发展的难点热点作为党建工作的重点，将确保管道安全平稳高效运行作为党建工作的出发点和落脚点，组织实施党员“登高计划”，确保党支部、党员在保障公司安全生产、维护队伍稳定方面，更好地发挥党委把方向、管大局、促落实的领导作用，党支部在生产运行、管道保护等急难险重任务中的战斗堡垒作用，党员在解决生产管理、重点任务中的攻坚克难、先锋模范作用。

二是坚持问题导向。公司党委围绕当前党建工作存在的问题，强化整改过程监管，实现闭环管理，持续改进提升。严格落实“三会一课”、组织生活会、民主评议党员等党内基本制度，推行民主生活会整改事项清单制、承诺制，强化制度的约束力和执行力，不断提高党内政治生活质量。结合公司点多线长、党员高度分散的实际，组织实施“标准化党支部”和“党员积分制管理”研究，推动党建工作由“虚”向“实”，由“软”变“硬”。

三是坚持齐抓共管。基层建设工作是一项系统工程，涉及面广，工作中坚持齐抓共管。一要建立党政工团齐抓共管的基层建设工作运行机制，充分发挥各方面对基层建设工作的推动作用，密切配合，协调联动，凝聚各方力量，共同抓好基层建设工作。二要做好基层建设工作部署安排和组织落实，将强三基作为党政“一把手工程”，放在更加突出的位置，明确目标，做好部署，制订措施，一级抓一级，一级考核一级，层层抓落实。三要加强典型经验交流，用好公司基层建设交流平台，有针对性地培育典型、总结经验，充分运用各种网络、微信微博等新媒体和宣传手段，大力宣传管理处基层建设工作开展情况，推动基层建设工作向纵深发展。

（撰写于 2019 年）

9. 试论西气东输工程建设的体制与管理创新

西气东输项目于2000年2月启动，主要是将新疆塔里木的天然气输送到长江三角洲，将西部的资源优势转化为经济优势。此项工程浩大，上中下游总体投资高达1400亿元，是贯彻落实党中央、国务院实施西部大开发战略的重要举措，是我国天然气勘探开发取得重大成果和经济发展的必然要求，具有重大的现实意义和深远的历史影响。而随着中国入世，必须在新的形势下适应市场经济要求，结合中国国情与外商进行合作，按照国际惯例建立一套有效的运作体系和管理机制。回顾两年来的工作，公司在项目管理方面摸索出了一些成功的经验，主要是体现在五制机制的建立和五个关系的协调处理。

（一）坚持项目法人责任制。此项工程浩大，形势严峻，任务格外艰巨，关系纷繁复杂，堪称历史之最。公司要代表股份公司负责完成项目的前期工作、招投标组织及工程建设管理、天然气市场开发和管道投产后的运营等工作，那么如何在建设中真正体现公司对国家负责、在西气东输这一建设市场中居于主体地位；如何积极引进国际先进的项目管理方法，建立一套符合国际惯例的项目管理体制，创造出一种适合中国国情的工程项目建设运营有效机制，实现工程建设项目管理的高标准。项目法人责任制就是适应这一要求的最佳形式。在法人主体地位上，公司按照市场运行的基本制度和法则，将工程建设市场中以项目法人为主体的设计、施工、监理等各个参与单位，以劳动力要素为主的资金、技术、物质、设备、土地等各生产要素，通过合同的形式进行有机地组合，从而形成了产权明晰、职责清楚、制度规范、纵横交错、协调运转的网络。在责任上，明确总经理是整个项目第一责任人，对工程建设的质量、工期、投资、安全环保、建成能力等全面负责，特别是对工程质量负终身责任；各部门一把手、各施工单位一把手、总监、监理分部一把手、施工现场项目经理，是所在工作内容的第一责任人，对分管范围内的所有工作负终身责任。在形式上，就是通过项目管理责任制来实现，具体说来，一方面是要在公司内部建立决策、管理、执行管理体制，逐层确立相应的岗位职责，搞好内部宏观和微观的结合，最终把各个项目管理的责任落实；另一方面是应用项目管理责任制这一有效组织形式把项目实施中施工、设计、监理等这些环节有机地组合起来。项目管理责任制的重点是协调解决完全依靠合同执行、建设监理不能协调解决而出现的技术、经济、环境、社会等问题。

（二）坚持招投标制。招投标制是实现工程建设高质量、高水平、高效益的前提和手段。它有利于将在建设市场中质量最好、队伍最优、价格最廉、水平最高的各种建设要素进行优化组合。公司按照国家的招投标法，依法制订了公司具体实施办法；在股份公司的专家库中随机抽取各类专业、经验丰富、水平较高的专家组成了招标专家委员会，分别组建了工程、采办、设计招标办公室等完善的组织机构，明确职责，分清任务，严格程序，规范运作。将这一优越的机制全面贯穿于对外招商、工程设计、工程施工、建设监理、物资采办等全过程，最大限度地降低了工程造价，确保了工程建设质量和工期。从前期运作来看，仅工程线路招标和物资采办招标就比市场同期价格共节约投资 4 亿多元，取得了明显的经济效益。

（三）坚持工程建设监理制。建设监理是项目管理的手段，按照国际通行做法，公司充分应用建设监理这一项目管理有效运行手段，服务于工程建设。公司明确规定了建设监理的职责。建设监理是受业主委托行使对工程项目的管理、监督，要求建设监理必须牢牢树立为业主服务的思想，对业主负责。要求建设监理建立健全各项规章制度，责任到位、措施到位。建设监理要按照监理大纲和监理细则，有针对性地制订监理方案，落实人员、检测工具、检验措施，精心组织，管理监督工程建设，做到每一道工序、每一项隐蔽工程、每一颗螺丝都不放过，确保工程建设的质量和水平。业主也全力支持建设监理的工作。赋予建设监理充分的质量否决权、停工返工权、不合格材料退货权、结算付款审查权，做好协调服务、检查指导。加强对建设监理的监督约束。工程建设中，业主高度重视对建设监理的管理，严格按照监理合同内容定期或不定期对建设监理进行检查，查组织领导情况、查人员到位情况、查制度落实情况、查措施实施情况，随时掌握施工进程，及时发现存在问题，严肃指出不足，严格督促整改。对职责不落实、人员不到位、措施不力、整改不够的建设监理，坚决予于黄牌警告；对仍然不符合要求的，坚决予于红牌罚下；对造成经济损失的，依照合同规定严肃处理。

（四）坚持合同制。合同是项目管理的依据，为了真正使工程建设实现高质量、高效益、快进度这一基本要求，公司广泛利用合同确定业主和乙方的关系，依法订立合同，明确甲乙双方的责任，规范双方的行为，约束双方的义务。在操作程序上，从发放标书、编制合同文本、合同谈判、执行、合同管理直到存档都按照合同法规定严格实行。在内容上，从编制标书开始，就明确规定了有关合同的内容，一定的经济指标、技术要求，将设计、施工、采办等各个方面、各个环节都纳入合同管理，严格依法谈判签订合同。在执行中，各参与单位都严格按照合同规定控制质量、进度、投资、安全环保等项目要素，不折不扣地按期完成，对达不到规定要求的，以合同为依据严肃处罚。

（五）坚持监察审计制。西气东输工程作为一项中外合资的国际大型工程项目，有效地创造出适合工程建设的监督约束机制，严防腐败现象的发生，是维护国家形象的重要方面。工程建设一开始，公司大胆创新，按照民主决策和事前监督的要求，实行内部监督和异体监督相结合的机制。在股份公司的指导下，成立了监督联合办公室，代表股份公司、代表国家对公司政纪、工程技术、经济等方面进行全方位监督，解决了过去“同级监督难”的缺陷。在工作中，监督审计部门实行全方位、全过程监督，将监督关口前移。公司明确要求监督审计部门参与公司的重大决策，参与工程技术标准的制订，参加物资采办的招投标，参与合同价款结算的审签。监察部门建立健全各项制度，审计部门主动按照工作计划、工程进展，加大阶段性财务费用开支的审计，加大施工现场的调研检查，加大对存在问题整改措施的落实督促。公司按照上级要求还认真开展社会审计，主动接受社会媒体的舆论监督。新的监督体制更加突出地增加了公司的透明度，有效地从源头上预防了腐败的发生，为把工程建设成为廉洁工程、放心工程奠定了坚实的基础。

（六）处理好业主、承包商、监理的关系。参与工程建设的各方，既是工程建设的参加者，也是项目管理网络中的各个环节，只不过是其地位、职责不同而承担着不同的任务。业主是工程项目的发包方和合同的甲方，是整个项目建设管理的总组织者。业主与承包商、监理是以合同为纽带的甲乙方关系。承包商严格按照甲方的部署、规范的要求、合同的内容，精心组织施工，按期完成各项施工、生产任务，主动接受业主的检查指导；业主主动为承包商搞好外部协调和服务，为承包商的正常施工创造良好的外部环境。业主与监理是委托与被委托的关系，监理受业主委托，是业主现场监督的全权代表，按照科学、公正、廉洁、高效的要求，代表业主全过程全方位对施工单位行使工程建设的质量、进度、投资、安全环保的控制监督权，严格按照合同规定的职权范围认真组织管理、监督工程建设，及时协调解决出现的问题，向业主反馈工程建设进展情况，对业主负责；业主大力支持监理的工作，业主的工作部署安排一律通过监理向施工单位下达，业主赋予监理充分的权利，做好协调服务检查指导，帮助监理树立权威。监理与施工单位是管理与被管理、监督与被监督的关系，承包商的所有施工组织、施工方案、工期安排、进度控制、工程变更、工程结算等都通过建设监理审批后向业主上报；监理按照合同、规范的要求，全面履行对承包商的监督、管理。第三方质量监督是代表国家行使对工程建设的监督检查，对国家负责，业主、承包商、监理都主动接受第三方质量监督的检查监督。通过这一系列规范的管理、监督，从而激发了项目管理环节中每个细胞的活力，充分调动了参与各方的积极性，各负其责，各司其职，建立起了顺畅的工作关系、创造出了良好的合作局面。

（七）处理好设计、采办、征地和施工几个重点环节的关系。西气东输工程是个有机的整体、复杂的系统工程，公司十分注重设计、采办、征地和施工四个关键控制性环节的衔接、平衡。本着设计是征地、施工、采办的依据，高标准、高水平地强化设计管理，根据施工需要和工程各节点目标，超前考虑，认真编制设计计划，合理安排设计力量，精心组织，加快步伐，按期完成，以满足采办、施工的需要。采办是施工顺利展开的保障，加强预测，提前制订采购、运输计划和方案，加强与设计、工程组织工作的衔接、配合，加强现场物流供应的组织，确保施工需要。征地是施工建设的前提条件，加强与设计、工程管理部门的沟通，及时了解施工现场情况，有重点、有计划地开展征地工作，确保施工用地需要。施工是项目管理的核心，按照工程统一部署安排，组织制订具体、详细的工作计划，强化以工程管理为核心的调度、协调、指挥管理，加强工作协调和信息沟通。

（八）处理好与政府部门、少数民族的关系。西气东输工程建设对国民经济的发展、社会的进步、人民生活水平的提高举足轻重。同时面临着一系列前所未有的挑战，没有各级政府、广大人民的大力支持，不可能实现工程建设的既定目标。公司认真研究工程的复杂性、艰巨性，主动向国家、地方各级政府部门、相关部委、行业协会通报工程建设的总体部署、最新进展，请示汇报存在的难点，协商解决出现的问题，落实各项政策，取得了各级政府部门的大力支持。并切合实际地采取有效措施，加强与少数民族的团结，尊重少数民族的风俗习惯，了解民族文化，建立了深厚的民族友谊，也积极支持民族地区经济建设，以实际行动维护民族地区社会稳定。

（九）处理好整个项目上中下游的关系。此项目主要分为资源、管道、市场三个方面，是一个有机的整体，必须按照产业价值链一体化的理念、以全局的观念处理好三者的关系，同步规划、同步建设、同步投产，才能实现项目效益的最大化，成为一个三盈的符合市场经济规律要求的最佳项目。据此，公司及时向上、下游加强情况沟通，相互通报进展情况，及时掌握最新动态，主动交流工作经验，使上游勘探开发、产能建设、下游各个用气项目的进展做到心中有数，并主动帮助解决有关困难，最大限度地提供必要的支持，从而全面地融洽了上、下游的关系，促进了项目整体推进。

（十）处理好信息管理与工程管理的关系。先进的工程管理建立在现代化的信息管理基础上，对庞大的系统工程来说至关重要。公司从开始就专门成立文控管理职能部门，在信息管理上下功夫。采用先进的工程管理 P3 等软件、应用计算机将设计、施工、采办、财务等部门连接起来，建立有关模型和各类数据库、进行数据传输，使工程建设的各个方面、各个环节的相关信息都能及时准确地进行收集、整理，反映建设进展动态，为领导决策提供完整准确的信息，真正发挥了信息服务于工程建设的独特魅力。

（撰写于 2002 年）

10. 新时代天然气管道企业基层站队特色文化与管理创新研究与实践

摘 要

在西气东输工程建设、运营管理中，西气东输人继承大庆精神铁人精神，在一线建设过程中形成了艰苦奋斗的创业精神、顾全大局的协作精神、与时俱进的创新精神、实事求是的科学精神、任劳任怨的奉献精神。20 年来，我国天然气管道遍布全国，由原来的一条线变成现在的一张网，西气东输人大力弘扬“石油精神”，在工程建设、生产运行、经营管理、党的建设各项工作中发扬优良作风，不断凝练，形成了以“创业、创新、团队、奉献”为主要内容的西气东输精神。为深刻诠释西气东输东输精神，确保公司尽早建成并持续保持世界先进水平管道公司，构建广大员工广泛参与、认同感强、自觉形成并一以贯之的企业文化，公司党委自 2017 年启动了“基层站队特色文化建设”专项工作，经过 3 年的努力，取得了较好成效，进一步丰富石油精神内涵，提升了公司基层站队建设水平，夯实公司安全生产管理能力，促进了公司管理提升，彰显了公司品牌形象，推动了公司高质量发展。

一、前言

文化是一个国家、一个民族的灵魂，文化兴国运兴，文化强民族强。人类社会的每一次跃进，人类文明的每一次升华，无不伴随着文化的历史性进步。习近平总书记对新时期文化工作曾指出：要处理好继承和创造性发展的关系，重点做好创造性转化和创新性发展。创造性转化，就是要按照时代特点和要求，对那些至今仍有借鉴价值的内涵和陈旧的表现形式加以改造，赋予其新的时代内涵和现代表达形式，激活其生命力。创新性发展，就是要按照时代的新进步、新进展，对优秀传统文化的内涵加以补充、拓展、完善，增强其影响力和感召力。

企业作为构成现代社会的重要组成部分，在人类文化这棵参天大树上，企业文化已经越来越成为影响人们思想、作风、价值观和行为准则的重要因素。由于企业文化实质上是一种企业管理这些理念，是最持久、最顽强、最具激励作用的企业核心力量，而人们主要依托企业谋发展，因而对人的影响也更为深远，进而影响社会发展。

现代企业管理逐渐强调人性化与柔性管理，注重依靠人的重要性，发挥人的精神力量的作用。在企业中，则表现为一种企业文化管理。尽管普遍认为企业文化管理理论源于日本企业的实践，但通过对欧美日企业管理对比研究，并结合企业文化的定义，企业文化管理伴随着企业的出现就已经出现，但作为管理理论首先起源于日本，而作为企业管理的引领要素则是从 20 世纪 50 年代左右兴起。进入 21 世纪以来，企业文化建设已经作为发展战略中的重要内容，受到企业的高度重视。毫无疑问，一个没有文化的企业，就是一个没有灵魂的企业，绝对不可能成为卓越企业。

西气东输公司致力于本质安全、卓越运营，将建成世界先进水平管道公司作为目标，是建立在公司具有的良好文化基础上、20 年创业、创新发展成就上和对未来发展的无限机遇的追求和把握上的。20 年来，是西气东输波澜壮阔的工程建设和生产运营史，也是西气东输企业文化积淀、传承、创新的发展史，将“创业、创新、团队、奉献”企业精神深深印刻在公司广大干部员工心中。2018 年以来，公司进一步加大企业文化建设工作，确立了“1151”企业文化建设体系，即以安全文化为核心、政治文化建设为统领，以创新、人本、法治、和谐和站队特色文化建设为支撑，以品牌文化建设为目标，协同推进公司企业文化建设工作。

基层站队作为公司最基本的组织结构组成部分，是公司各类规章制度、决策部署落地的最后一环，特别是每一个站队作为管道系统流程上的一环，每一个都极其重要。推动公司企业文化践行，就要在基层站队全面落地。公司始终高度重视基层站队“三基”工作，推动“五型”站队建设，在人才队伍建设、精细化管理等取得了显著成效，先后有轮南站、靖边站、上海白鹤站等 3 个站队获评集团公司企业精神教育基地（其中轮南站于 2011 年划转西部管道公司）。近年来，公司基层站队在快速地壮大、成长，但因原有企业精神教育基地或者地理位置不便，或者业务代表性不够，造成通过基层站队这个小切口展示公司建设成就、站队创新管理等方面工作上，相对其他同类公司存在差距；同时，基层站队在工作汇报、总结上，凸显地域性、问题导向性、发展方向性等方面缺乏规划，在站队发展上形成无形限制，在调动基层员工积极性、凝聚员工向心力方面形成制约，成为企业文化落地实践最后一公里的盲段，形成影响公司本质安全目标实现的深水区。

二、基层站队特色文化建设的背景和意义

企业文化是企业管理中不可忽略的重要因素，在西气东输管道公司，它具有

导向、约束、凝聚、激励、辐射和品牌功能，是企业在经营管理过程中逐渐形成的，随着持续发展不断丰满，能为企业壮大提供强大的力量。

（一）项目实施背景

基层站队特色文化建设是深挖石油精神的时代需要。时代在变，环境在变，战略在变，企业文化也要应时应势而变。如何将企业特色文化基因固化，在传承的基础上，结合新形势构建引领企业未来发展的核心理念，形成一套个性的文化体系，提升企业核心竞争力，成为近年来公司积极探索和研究的一项重要课题。在中国共产党 95 岁生日前夕，习近平同志做出重要批示，指出："石油精神"是攻坚克难、夺取胜利的宝贵财富，什么时候都不能丢。要结合"两学一做"学习教育，大力弘扬以"苦干实干""三老四严"为核心的"石油精神"，深挖其蕴含的时代内涵，凝聚新时期干事创业的精神力量。为深入贯彻落实习近平总书记重要指示批示要求，大力弘扬石油精神，公司党委研究决定以基层站队特色文化建设为抓手，着力挖掘新时代石油精神内涵，深化企业文化全面落地，做实做精"创业、创新、团队、奉献"西气东输精神。

（二）项目实施的意义

1. 基层站队特色文化建设是企业文化落地的实践需要。公司已经建立了较为完善的企业文化理念，形成了精神理念层、制度规范层、行为识别层和形象代表层的系统架构，但是在文化的落地上还存在差距，对企业文化的认识存在片面性，将企业文化局限于宣传、打标语、搞活动等形式，对于企业文化的引领作用的感知、认同缺乏实践层面的操作，更是忽略了企业文化深层次的要素认知落实。因此，继续提升公司企业文化落地实践，在公司总体理念架构下，将制度规范、行为识别、形象代表融入员工日常行为中，形成可感知、受认同的企业文化建设成果。

2. 基层站队特色文化建设是促进企业文化建设的管理需要。站队文化是企业文化的有机组成部分，是站队员工共同认定的思维方式和办事风格，是站队员工付诸实践的共同价值体系。企业文化渗透着站队文化的血脉，引导、推动、影响这站队文化建设。站队文化决定着企业文化内容的丰富性和可操作性，是企业文化在站队层面上的体现。站队文化建设要紧紧围绕企业文化的基本精神、宗旨和使命来开展，使企业文化以反映站队自身特点、适应站队运行规律的形式得以具体落实。

3. 基层站队特色文化建设是提升站队管理的现实需要。站队文化是站队管理的灵魂，站队文化建设是站队建设的主要内容。优秀而又独特的站队文化是公司制度、公司战略发展的重要构成内容，对于增强站队员工的凝聚力，增强员工的团队精神，培养员工新的企业理念、新的价值观、新的职业道德观，有着十分重要的作用。只有加强站队文化建设工作，创建良好的、有特色的站队文化，提高站队整体素质和站队自主管理水平，才能充分发挥站队在公司中的应有作用，提高公司的竞争力。

三、基层站队特色文化建设的主要措施及做法

站队文化的基本表现形式主要包括两个方面，一是站队理念塑造，主要指用文字描述出站队与站队成员期望达到的一种价值状态、思想诉求和统一指向，站队员工都为此而努力的过程；二是站队行为建设，主要指站队员工根据站队理念进行站队形象建设和个人行为来表达站队理念，塑造站队形象。其中包括从生产和生活的环境方面对站队形象进行建设，从视觉上树立站队整体的自我形象。基于这样的原则，公司党委研究确定了基层站队特色文化建设总体实施方案。

（一）明确基层站队特色文化建设指导思想

坚持习近平新时代中国特色社会主义思想为指导，以社会主义核心价值观为引领，弘扬“苦干实干”“三老四严”为核心的“石油精神”，以基层站队为重点，紧紧围绕管道安全平稳高效运行核心目标，突出西气东输站队特色，建设人文突出富有活力的站队特色文化，进一步丰富公司企业文化内涵，最终实现公司从文化建设到文化管理的升级，夯实公司保持全国文明单位基础。

（二）明确基层站队特色文化建设基本原则

1. 继承中华传统文化，将中华优秀传统文化及价值观念融入站队特色文化建设实践过程中。

2. 坚持彰显石油精神。基层站队特色文化建设要以弘扬石油精神为引领，在公司企业文化总体价值观指导下延展丰富，具有显著的石油特色和精神内涵。

3. 坚持问题基层务实导向。基层站队特色文化建设要以所在管理处所在站队所面临的安全生产形势问题进行探究，以解决挑战管理执行中需要完成的安全生产管道团队建设等任务为重点，以能够提振员工队伍精神状态推进员工价值实现和再创造为效果。

4. 坚持地域特色。基层站队特色文化建设要大胆结合各站队所在地区、周围人文环境、安全生产运行的客观实际进行建设和提炼，做到融入石油、融入企业、融入社区、融入工作、融入员工。

5. 坚持群众性。基层站队特色文化建设要集中全体站队员工进行共同建设，围绕所在站队面临的形势任务和奋斗目标，从学习石油精神、解析公司企业价值体系到提炼站队个性特色理念，大家共同分析、共同探讨，实现从理念到价值观的共同认知，从而达到凝心聚力、共同追求的目的。

6. 坚持时代性实践性。基层站队特色文化建设要根据行业特色，结合所在站队员工鲜明的时代特征和成长价值文化，大胆探索并注入与时俱进的时代内涵，通过具体建设活动，最终提炼出简洁实用、鲜明活力的子文化理念，具有可操作性和实践性，做到理念与生产贴近、与生活贴实、员工贴心。

7. 坚持典型案例支撑。基层站队特色文化建设要突出鲜活的案例支撑，在实施过程中注重主题明确、意义生动案例的引领作用，通过实实在在的人和事充分体现子文化在推动基层站队建设中巨大精神力量。

（三）明确基层站队特色文化建设基本载体

基层站队特色文化建设成效必须通过可触摸、有感觉的具体成果进行展示。公司特色文化建设确立了“五个一”规范载体，确保特色理念、实施主要内容、保证措施、体现形式及支撑案例、执行推进计划、达到成效目标等可参照的统一规范。

（1）制作一本宣传站队文化的宣传册（页），包括站队特色理念、基本概况、行为标准、团队作风、追求目标等，展示良好形象。

（2）建设一个展示特色文化的展示室（墙），包括公司文化理念、站队理念、员工生活、站队荣誉等，营造深厚文化氛围。

（3）拍摄一部反映站队特质的专题视频，通过简短的视频方式声容并茂塑造展示站队员工富有活力的拼搏进取人文价值风貌。

（4）培育一名宣讲特色文化的讲解员，要做到深入了解公司企业文化理念，熟悉掌握其所在站队特色文化建设目标追求，能全面介绍所在站队员工在创建特色文化中典型案例及特色内涵，突出时代性、实践性、实效性，增强全站队员工自豪感和使命感。

（5）选树一名代表特色文化的模范员工，人是价值的最终体现者、实践者，先进站队特色文化体现在模范员工身上，每个站队要选树至少 1 名以上模范员工，具有典型经验和生动事迹，用身边的人、身边的事讲述浓厚的站队先进特色文化实践，大力宣扬，大胆传播。

（四）基层站队特色文化建设主要过程

2017 年，公司启动基层站队特色文化建设工作，各管理处积极响应，提出本单位特色文化建设试点站队，共计 18 个。5 月，企业文化处积极联络协调沟通，组织公司机关业务相关部门、所属单位试点站队赴行业单位学习调研。7 月，组织取得进展的单位在公司党群座谈会上做经验交流，迅速掀起特色文化建设高潮。11 月，在公司第十届站队长论坛上，部分站队长围绕特色文化建设做了发言交流和书面交流。利用一年的时间，初步形成了良好的特色文化建设氛围，试点站队构建了完善的特色文化理念。

2018年，公司围绕重点打造沁水压气站“太行精神”特色文化，通过现场指导、员工座谈等方式深化“太行精神”内涵，组织构建完整的沁水站展示路线，组织制订打造一流站队样板工程实施方案，以构建五个“一流”、一个“示范”建设目标，发挥示范带动作用。同时，公司立项开展中卫压气站窗口单位建设，结合中卫站改扩建工程项目完成特色文化展示项目初步设计；公司领导赴大铲岛压气站听取特色文化建设专题汇报，现场推动建设工作。全年，在公司层面逐渐形成了建设以“海岛坚守、国芯创新、太行脊梁、红色品格、国脉奉献”为主要内容的新时代富有西气东输特色的“福气朝气，勇立潮头”先进文化。

2019年，公司加大基层站队特色文化建设力度，坚持守正创新，深挖石油精神时代内涵，突出发挥基层站队特色文化建设示范引领作用，围绕主线，系统、全面推进基层站队特色文化建设。一是突出特色示范引领。围绕已有“海岛坚守、国芯创新、太行脊梁、红色品格、国脉奉献”为主要内容的特色文化脉络，重点推动沁水站特色文化示范站建设，形成了文化理念清晰、典型人物鲜明、推动工作有力的良好局面。二是系统规划全面推进。公司主管领导亲自带队，赴基层站队调研指导特色文化建设，了解基层特色文化建设总体情况，随后于5月组织召开公司基层站队特色文化建设推进会，明确特色文化建设要重点突出、内容扎实、展现形式多样，为公司基层站队特色文化建设把关定向。三是一抓到底全面推进。公司主管领导带队，企业文化处负责人和主管人员赴各个管理处指导开展特色文化建设，利用公司站队长培训班讲解特色文化建设要点，有效地提升了基层站队对加强特色文化建设重要性的认识。四是多点开花蓬勃发展。通过网站开设立体式企业文化专栏，以图文、视频、故事相结合的形式有效传播站队特色文化建设成果；沁水站在已有成绩的基础上，启动了“特色文化建设2.0”，以“五个一”为具体展现形式，中卫站、大铲岛站、黄陂站、南昌站、同安站、淮安站等特色文化建设初具成效，特别是同安站在特色文化建设的基础上，该文化展厅被陈嘉庚纪念馆授予“嘉庚精神实践基地”。总体上，通过特色文化建设，系统全面地总结了公司工程建设、生产运行、管道管理、安全管理、经营管理和党的建设在基层落实情况，深刻诠释了公司“创业创新团队奉献”的企业精神有效落地生根。

2020年，公司研究制订了《西气东输基层站队特色文化建设成效测评指导标准（试行）》，在特色文化建设的基础上完善了评价测评标准，形成特色文化建设标准化文件之一。持续深化沁水站特色文化建设，结合基层站队特色文化展示，形成标准化讲解文本和视频，作为公司基层站队管理经验总结、生产运行管理等的示范讲解文本，相关内容上网展示。高陵压气站、郑州压气站、南京计量测试中心、南京应急抢修队等相继建成，初步实现公司特色文化展示全覆盖的格局，得到了集团公司领导、地方政府、行业专家的高度认可，大力提升了西气东输金字招牌的美誉度。

（五）基层站队特色文化建设基本做法

一是注重以人为本，坚持站队员工发挥特色文化理念提炼主导作用。在特色文化理念提炼中，各试点站队集思广益、群策群力，提出具有站队特色的文化理念，如高陵压气站作为公司首座全国产化压气站，实现压缩机组国产化工业性应用，提出忠诚履责、尽心尽责、敢于担当、敢于作为的“国芯文化”；武汉维修队员工中退伍军人占多少，作风硬朗，提出铁的队伍、铁的担当、铁的纪律、铁的本领的“铁军文化”；沁水压气站地处太行山区，线路管理难度大，提出不畏艰难、团结协作、依靠群众、创新奉献的“太行精神”；大铲岛压气站是公司唯一一座海岛站场，自然环境相对恶劣，提出乘风破浪、不惧风雨、连接深港、造福特区的“海岛精神”。还有其他站队也都结合自身在建设、运行、管理、地域等方面的特点，形成了具有特殊意义的典型站队理念同时，也实现了“特色”耳目一新，理念普遍认可，内容真实感人，受众强烈共鸣（表 1）。

表 1　公司特色文化站队

序号	站名	特色文化	文化内涵
1	中卫压气站	枢纽文化	国脉枢纽、大气中卫
2	高陵压气站	国芯文化	守护国芯、国脉畅通
3	沁水压气站	太行精神	不畏艰难、团结协作、依靠群众、创新奉献
4	郑州作业区	领头羊文化	敢闯、敢试、敢争先
5	淮安维修队	小推车精神	匠心筑梦、技能传家
6	上海白鹤站	五色白鹤	红色基因育白鹤、青色队伍壮白鹤、绿色国脉智白鹤、蓝色梦想翔白鹤、金色盾牌护白鹤
7	黄陂作业区	国心文化	报国、凝聚、工匠、勇敢、奉献
8	南昌作业区	映山红精神	忠诚、担当、创新、团结、奉献
9	同安分输站	八家文化	爱站如家、团结一家、匠心传家、安全当家、勤俭持家、服务到家、修身齐家
10	大铲岛压气站	海岛精神	初心为本、海岛为家、坚守为乐、奉献为荣
11	南京抢修队	人为峰精神	忠诚了得、技艺了得、手段了得、境界了得
12	南京计量测试中心	精量文化	国际精尖、标准精准、技术精量、服务精益

二是注重特色文化理念诠释的深度与广度，实现与公司母文化有机融合。基层站队特色文化建设坚持守正创新，员工认可的特色文化理念能够紧密结合自身工作和实践提出内涵，但在深度和广度的把握上还存在一定的局限性，公司领导公司坚持创新，注重将站队标准化和特色文化建设相融合，坚持特色文化建设服务站队标准化建设，站队标准化建设突出展现基层站队特色文化。按照特色文化建设五原则要求，开展以“五个一”为载体的成果展示创建，将无形的价值观念转化为有形的载体场所与价值人格化的鲜活生动事迹故事，增强特色站队员工的自豪感和使命感，切实助力公司发展。在“五个一”文化载体创建中，着力强化公司企业文化理念与基层站队特色文化理念的有机融合，如中卫压气站提出“国脉枢纽、大气中卫”，在理念诠释中围绕西气东输企业品格“朝气、和气、正气、大气”，讲清“大、气、中、卫”四字蕴含的含义；山西沁水压气站提出“太行精神”，在理念诠释中围绕西气东输企业精神中的“团队、奉献”，讲清“不畏艰难、团结协作、依靠群众、创新奉献”独特内涵；同安分输站在“八家文化”中用“安全当家”诠释公司安全观、用“匠心传家”诠释公司高质量发展目标、用“修身齐家”诠释公司廉洁文化等，其他理念不一而举，都是与公司整体企业文化理念框架相统一、相呼应，实现公司文化与特色文化的有机融合。

三是注重特色文化凸显站队管理亮点，初步构建文化管理格局。基层站队特色文化建设根本目的在服务站队管理，提升基层站队安全水平，实现生产运行平稳高效。在特色文化提炼中，呈现出一批展示站队在组织目标、计划管理、领导活动、控制过程、激励表彰等方面的管理实践，形成了现场管理、质量管理、安全管理等方面的典型经验，彰显公司在推动“三基”工作中形成的优秀管理方法。如中卫压气站以“以风险管理为核心、以实现安全平稳运行为目标、以确保管道本质安全为基础、以加强工程项目管理为关键、以加强经营管理工作为重点、以加强基层党的建设为保障、以全面深化三基工作未抓手”为主要管理原则的“七为”理念，黄陂压气站以“责任、态度、能力、行动、卓越”为主要管理措施的站场5A管理法。

四是注重运用特色文化凝聚时代力量，培养选育一批英模人物和集体。在特色文化建设初始就将先进典型作为工作方向之一，努力打造特色文化人格化代表，经过3年的发展，相关基层站队在特色文化引领下，广泛凝聚员工共识，努力打造先进站队，一大批英模人物和先进集体脱颖而出。郑州管理处以“领头羊文化”为引领，各项工作走在公司前列，获得国资委“中央企业先进集体”称号；中卫压气站和大铲岛压气站获得上海市青年文明号和集团公司青年文明号；沁水压气站获得全国总工会“创新、创效、创优”职工小家。中卫压气站、黄陂压气站、大铲岛压气站、南京应急抢修中心等站多名员工获得公司杰出青年，沁水压气站、郑州作业区等站多人获得公司劳动模范。通过特色文化建设，公司厚植了公司英模队伍，在各个领域都发挥了示范引领作用，并着重通过站队长论坛、事迹报告会等重大活动进行广泛宣传，不断提升特色文化感召力、影响力。

五是注重宣传提升特色文化的感染力，提高特色文化站队知名度。公司召开党群座谈会、特色文化建设推进会、站队长论坛等，交流创建心得体会，分享创建经验，为特色文化建设突出的站队提供交流平台，坚定走企业文化自信之路，并将研究成果通过《石油政工研究》等刊物进行总结分享。将“媒体走进西气东输”、中国石油开放日、改革开放 40 周年采访、新中国成立 70 周年采访等重要外宣活动安排到特色文化建设成效突出的场站，通过以小见大的形式展示西气东输管道公司工程建设、生产运行、党的建设等取得的成效。通过公司微信公众号展播特色文化建设成果，通过每年一度的“弘扬石油精神”专题报告会展示基层站队在特色文化引领下取得的成果。

四、基层站队特色文化建设取得的成效

（一）实现基层站队迈向愿景管理模式的探索

在任何组织中，共同愿景是高于组织战略、组织精神的组织意愿，能够激发所有成员为组织的共同愿景而奉献，能够创造巨大的凝聚力。开展特色文化建设的基层站队，依靠自下而上、上下结合的方式形成了员工共同认可的特色文化理念，将站队愿景和个人愿景有机统一，凝聚形成共同愿景，形成站队管理、人员、任务目标等的协同一致，达到众人一体、众志成城。特色文化建设特别带动了一些原本不在试点建设的站队开始思考、构建共同愿景，将日常工作、年度目标、管理部署、公司决策统一起来，形成了员工价值、站队价值、管理处目标和公司目标一致的文化理念，如“忠勇文化”“青藤文化”“锹把文化”“沙柳文化”等，用这些言简意赅、含义深刻的站队愿景，在公司发展目标和个人愿景、站队愿景之间架起一座沟通的桥梁，形成无形的激励动力。

（二）推动公司企业文化体系在基层站队落地

企业文化建设的最终目的是要有助于实现公司的“战略落地”。公司为了实现战略目标，演绎出一套“核心价值理念”，经过近 20 年的发展，初步形成了“1151”企业文化体系，同时通过一系列程序文件，形成强有力的、以实现企业战略目标为导向的、体现企业核心理念的激励与约束机制，使企业文化演化为强有力的“管理行为”或“管理活动”。在基层站队管理中，公司在强化标准化建设的基础上，促使员工主动融入贯彻落实公司战略目标，公司企业文化确立的五项专

项文化——创新文化、人本文化、合规文化、和谐文化和站队特色文化——能够得到有效落地，特色文化站队以文化理念为引领，如“有红旗就扛、有第一就要争”积极参与公司创新创效活动，如“再高的标准也要干、再大的压力也要扛”的安全文化，以“加强经营管理工作为重点”强化质量效益风险管控的合规文化，以站队玻璃房建设为抓手的厂务公开促进和谐文化建设，以职工小家创建、英模培育为主要抓手的人本文化，切实推进了公司企业文化落地实践，实现公司企业文化体系在基层的落地。

（三）进一步夯实公司“三基”工作。

加强三基工作是大力弘扬“石油精神”应有之义。三基工作是指加强以党支部建设为核心的基层建设、以岗位责任制为中心的基础工作、以岗位练兵为主要内容的基本功训练。公司成立以来，主动适应内外部环境变化，紧密结合公司自身实际，弘扬石油工业优良传统，学习借鉴国内外先进管理理念、管理方法，持续丰富完善三基工作内涵，逐步形成了新时代具有西气东输特色的三基工作体系。公司业务划转至国家管网后，仍然需要持续加强三基工作。在特色文化建设中，特色文化站队紧密结合公司企业文化体系确定的政治文化为引领，将党支部建设与特色文化一并研究，丰富完善党建阵地，不断提升公司基层党的建设，扎实推进全面从严治党。紧密结合公司企业文化体系确定的安全文化为基础，以特色文化为抓手推动基层站队标准化建设，持续优化迭代，总结先进管理方法，纳入“一票两卡”管理，基本实现安全生产的平稳受控。紧密结合公司企业文化体系确定的人本文化目标，努力提升员工素质，坚持创新岗位练兵，多措并举提升基层员工“三种能力”，以“两再”“我的岗位我主讲”不断夯实基本功训练。

（四）初步构建了公司英模培育平台

习近平总书记指出，劳模精神、劳动精神、工匠精神是以爱国主义为核心的民族精神和以改革创新为核心的时代精神的生动体现，是鼓舞全党全国各族人民风雨无阻、勇敢前进的强大精神动力。大力弘扬劳模精神、劳动精神、工匠精神是公司企业文化落地必然要求，公司推动开展英模选树培养机制研究，在特色文化站队推动开展劳模创新工作室、技师创新工作室、职工创新工作室建设，积极组织员工开展工法研究，为英模队伍选树、培育、成长成才搭建平台。

五、结束语

当前，管道行业正处于发展上升期，建立符合时代要求、推动企业治理结构和治理能力现代化的企业文化意义重大。西气东输公司作为国内最主要的天然气管道企业，融入国家管网新的企业文化体系，构建理念先进、实践落地的企业文化对于保持公司长期经营业绩持续领先具有重要的现实意义。基层站队特色文化建设是实践公司企业文化落地落细的重要探索，不断丰富和完善基层站队特色文化建设是一项战略性的长期任务，需要久久为功，其作为一种无形的力量，以独特的个性深深熔铸在公司的经营和发展的全过程，具备持续的生命力、创造力、凝聚力和执行力，是企业弘扬、挖掘石油精神、培育新时代管网人精神的基本功，通过磨砺好特色文化这把“利剑”，强公司发展之基、塑公司诚信之形、铸公司兴旺之魂，形成文化引领长效机制，保持公司永续高质量发展，全面推进集团公司“两大一新”战略目标实现，助力实现集团公司建成中国特色世界一流能源基础设施运营商。

（撰写于 2020 年）

11. 结合中国国情创建一流工程的建设实践

西气东输工程，是中国特大型基础设施建设项目，它是我国天然气发展战略的重要组成部分，是西部大开发的标志性工程。在西气东输、西电东送、青藏铁路、南水北调四大基础工程中，是唯一对外合作的项目；是我国加入世界贸易组织以后，事关改革开放的形象工程。该工程起于新疆塔里木气田轮南，途经新疆、甘肃、宁夏、陕西、山西、河南、安徽、江苏、上海以及浙江 10 个省区市 66 个县，线路全长约 4000 千米。管径 ϕ1016mm、设计输压 10MPa、设计年输量 120 亿立方米。管道途经戈壁、沙漠、山区、平原、水网、地质灾害多，地形地貌复杂。设计压力高达 10MPa，对材料、钢管质量要求高，对施工焊接工艺要求高，工程建设难度大。管道下游用户多，供气峰谷差大，管道运输距离远，安全供气压力大，操作运行难度大。西气东输管道公司作为项目的业主，按照国际先进技术、管理标准，进行了大胆的尝试创新，在项目管理、技术创新、人本管理、文化管理等方面取得了突出的成效，创建了一套适合中国国情的管理模式，为今后中国的大型项目建设起到了很好的示范作用。

一、适应市场经济要求，结合中国国情，按照国际惯例建立一套有效的运作管理机制

(1) 始终坚持项目法人责任制。此项工程浩大，形势严峻，任务格外艰巨，关系纷繁复杂，堪称历史之最。公司要负责完成项目的前期工作、招投标组织及工程建设管理、天然气市场开发和管道投产后的运营等工作，如何在建设中真正体现公司对国家负责、对股东负责，在西气东输这一建设市场中居于主体地位，建立一套符合国际惯例的项目管理体制，创造出一种适合中国国情的工程项目建设运营有效机制，积极引进国际先进的项目管理方法，实现工程建设项目管理的高标准，是西气东输管道工程建设走国际化道路的内在体现。项目法人责任制是符合国际项目管理要求的最佳形式。在法人主体地位上，公司按照市场运行的基本制度和法则，将工程建设市场中以项目法人为主体的设计、施工、监理等和个参与单位，以劳动力要素为主的资金、技术、物质、设备、土地等各生产要素，通过合同的形式进行有机地组合，从而形成了产权明晰、职责清楚、制度规范、纵横交错、协调运转的网络。在责任上，明确总经理是整个项目第一责任人，对工程建设的质量、工期、投资、安全环保、建成能力等全面负责，特别是对工程质量负终身责任；各部门一把手、各施工单位一把手、总监、监理分部一把手、施工现场项目经理，是所在工作内容的第一责任人，对分管范围内的所有工作负终身责任。在形式上，就是通过项目管理责任制来实现，具体来说，经过分解和延伸，一方面是要在公司内部建立决策、管理、执行三层管理体制，逐层确立相应的岗位职责，搞好内部宏观和微观的结合，最终把各个项目管理的责任落实；另一方面是在对施工、设计、监理等单位在按照合同管理的基础上，应用项目管理责任制的这一有效组织形式把项目中的各个环节有机地组合起来。责任的落实者既是项目法人在该项目的代表和责任者，也是该项目各参加单位的协调组织者。项目管理责任制的重点是协调解决完全依靠合同执行、建设监理不能协调解决而出现的技术、经济、环境等问题。

(2) 始终坚持招投标制。招投标制是实现工程建设高质量、高水平、高效益的前提。它有利于将在建设市场中质量最好、队伍最优、价格最廉、水平最高的各种建设要素进行优化组合。公司按照国家的招投标法，依法制订了公司具体实施办法；在中国石油股份公司的专家库中随机抽专业齐全、经验丰富、水平较高的专家组成了招标专家委员会，分别组建了工程、采办、设计招标办公室等完善的组织机构，明确职责，分清任务，严格程序，规范运作。从而将这一优越的机制全面贯穿于对外招商、工程设计、工程施工、建设监理、物资采办等全过程，最大限度地降低工程造价，确保工程建设质量。从前期运作来看，仅工程线路招标和物资采办比概算共节约投资数亿多元，取得了明显效益。

(3) 始终坚持工程建设监理制。建设监理是项目管理的手段，按照国际通行的做法，公司充分应用建设监理这一项目管理有效运行手段，服务于工程建设。公司明确规定了建设监理的职责。建设监理是受业主委托行使对工程项目的管理、监督，要求建设监理必须牢牢树立为业主服务的思想，对业主负责。建设监理要建立健全各项规章制度，责任到位、措施到位。按照监理大纲和监理细则，有针对性地制订监理方案，落实人员、检测工具、检验措施，精心组织，管理监督工程建设，做到每一道工序、每一项隐蔽工程、每一颗螺丝都不放过，确保工程建设的质量和水平。业主也全力支持建设监理的工作。赋予建设监理充分的质量否决权、停工返工权、不合格材料退货权、结算付款审查权，做好协调服务、检查指导。加强对建设监理的监督约束。工程建设中，业主要高度重视对建设监理的管理，严格按照监理合同内容定期或不定期对建设监理进行检查，查组织领导情况、查人员到位情况、查制度落实情况、查措施实施情况，随时掌握施工进程，及时发现存在问题，严肃指出不足，严格督促整改。对职责不落实、人员不到位、措施不力、整改不够的建设监理，坚决予以黄牌警告；对仍然不符合要求的，坚决予以红牌罚下；对造成经济损失的，依照合同规定严肃处理。

(4) 始终坚持合同制。合同是项目管理的依据，为了真正使工程建设实现合格的质量、合理的进度、合适的造价这一基本要求，公司广泛利用合同确定业主和乙方的关系，依法订立合同，明确甲乙双方的责任，规范双方的行为，约束双方的义务。在操作程序上，从发放标书、编制合同文本、合同谈判、执行、合同管理直到存档都按照合同法规定严格实行。在内容上，从发放标书开始，就明确规定了有关合同的内容，一定的经济指标、技术要求，从设计、施工、采办等各个方面、各个环节都纳入合同管理，严格依法谈判签订合同。在执行中，各参与单位都严格按照合同规定控制质量、进度、投资、安全环保等项目要素，不折不扣地按期完成，对达不到规定要求的，以合同为依据严肃处罚。

(5) 始终坚持监察审计制。西气东输工程作为一项中外合资的国际大型工程项目，有效地创造出适合工程建设的监督约束机制，严防腐败现象的发生，是维护国家形象的重要方面。工程建设一开始，公司大胆创新，按照民主决策和事前监督的要求，实行内部监督和异体监督相结合的机制。在上级公司的指导下，由上级公司纪检、监察、审计三部门指派人员组成了联合监督办公室，代表国家利益对公司政纪、工程技术、经济等方面进行全方位监督，解决了过去“同级监督难”的问题。在工作中，监督审计部门实行全方位全过程监督，将监督关口前移。公司明确、要求监督审计部门参与公司的重大决策，参与工程技术标准的制订，参加物资采办的招投标，参与合同价款结算的审签。监察部门建立健全各项制度，审计部门主动按照工作计划、工程进展，加大阶段性财务费用开支的审计，加大施工现场的调研检查，加大对存在问题整改措施的落实督促。公司按照上级要求还认真开展社会审计，主动接受社会媒体的监督。新的监督体制可以更加突出地增加公司的透明度，有效地从源头上预防和治理腐败，为把工程建设成为廉洁工程、放心工程奠定了坚实的基础。

(6) 处理好业主、施工单位、建设监理的关系。参与工程建设的各方，是工程建设的参加者，也是管理网络中的各个环节，只不过是其地位、职责不同而承担着不同的任务。业主是工程项目的发包方和合同的甲方，是整个项目建设管理的总组织者。业主与施工单位、建设监理是以合同为纽带的甲乙方关系。施工单位严格按照甲方的部署、规范的要求、合同的内容，精心组织施工，按期完成各项施工任务，主动接受业主的检查指导；业主主动为施工单位搞好外部协调和服务，为施工单位的正常施工创造良好的外部环境。业主与建设监理是委托与被委托的关系，建设监理受业主委托，是业主现场监督的全权代表，按照科学、公正、廉洁、高效的要求，代表业主全过程全方位对施工单位行使工程建设的质量、进度、投资、安全环保的控制监督权，严格按照合同规定的职权范围认真组织管理、监督工程建设，及时协调解决出现的问题，向业主反馈工程建设进展情况，对业主负责；业主大力支持建设监理的工作，业主的工作部署安排一律通过建设监理向施工单位下达，业主赋予建设监理充分的权利，做好协调服务检查指导，帮助建设监理树立权威。建设监理与施工单位是管理与被管理、监督与被监督的关系，施工单位的所有施工组织、施工方案、工期安排、进度控制、工程变更、工程结算等都通过建设监理审批后向业主上报；建设监理按照合同、规范的要求，全面履行对施工单位的监督、管理。第三方质量监督是代表国家行使对工程建设的监督检查，对国家负责，业主、施工单位、建设监理都主动接受第三方质量监督的检查监督。通过这一系列规范的管理，从而激发了项目管理环节中每个细胞的活力，充分调动了所有各方的积极性，各负其责，各司其职，建立起了顺畅的工作关系、创造出了良好的合作局面。

(7) 处理好设计、采办、征地和施工几个重点环节的关系。西气东输项目是一个有机的整体，实现工程建设目标是一个复杂的系统工程，公司按照职能要求，重点在设计、采办、征地和施工四个控制性环节的衔接、平衡上下功夫。本着设计是征地、施工、采办的依据原则，根据施工需要和工程各节点目标，在保证质量的情况下，加快设计工作步伐。以设计工作的完成保证采办、施工的开展。以采办作保障，加强预测，提前制订采购、运输计划和方案，加强与设计、工程组织工作的衔接、配合，加强现场物流供应的组织，保证施工需要。以征地作为条件，加强与设计、工程管理部门的沟通，了解施工现场情况，有重点、有计划地开展征地工作，确保施工用地需要，为工程的顺利进展创造必要条件。以施工为核心，按照工程统一部署安排，组织制订具体、详细的工作计划，强化以工程管理为核心的协调、指挥作用，加强工作协调和信息沟通。

(8) 处理好与政府部门、少数民族的关系。西气东输工程作为西部大开发的重要举措，对国民经济的发展、社会的进步、人民生活水平的提高举足轻重。同时面临着一系列前所未有的挑战，没有各级政府、广大人民的大力支持，不可能实现工程建设的既定目标。公司认真研究工程的复杂性、艰巨性，主动向国家、地方各级政府部门、相关部委、行业协会通报工程建设的总体部署、最新进展，请示汇报存在的难点，协商解决出现的问题，落实各项优惠政策，取得了各级政府部门的大力支持。并切合实际地采取有效措施，加强与少数民族的团结，尊重少数民族的风俗习惯，认真了解民族文化，全面建立了深厚的民族友谊，也积极支持民族地区经济建设，以实际行动维护民族地区社会稳定。

(9) 处理好整个项目上中下游的关系。此项目主要分为资源、管道、市场三个方面，是一个有机的整体，必须按照产业价值链一体化的理念、以全局的观念处理好三者的关系，同步规划、同步建设、同步投产，才能实现项目效益的最大化，成为一个三盈的符合市场经济规律要求的最佳项目。据此，公司及时向上、下游加强情况沟通，相互通报进展情况，及时掌握最新动态，主动交流工作经验，使上游勘探开发、产能建设、下游各个用气项目的落实做到心中有数，并主动帮助解决有关困难，最大限度地提供必要的支持，从而全面地融洽了上下游的关系，促进了项目整体推进。

(10) 处理好信息管理与工程管理的关系。先进的工程管理建立在现代化的信息管理基础上，对庞大的系统工程来说至关重要。公司从开始就专门成立文控管理职能部门，在信息管理上下功夫。采用先进的工程管理 P3 等软件、应用计算机将设计、施工、采办、财务等部门连接起来，建立有关模型和各类数据库、进行数据传输，使工程建设的各个方面、各个环节都能及时准确地进行收集、整理，反映建设进展动态，为领导决策提供完整准确的信息。

二、坚持科技是第一生产力，充分发挥技术创新的突出作用

西气东输工程是世界瞩目的巨大工程，其工程建设的难度是史无前例的。为了实现工程建设的高标准、高质量、高水平、高效益，达到世界一流水平，公司从一开始就十分注重技术创新在工程建设中的贡献。

一是按照国际先进标准制订工程建设的技术规范和标准。由于工程采用了大口径、内涂层、高压力、高钢级技术要求，很多技术规范在国内还是空白，因此从管道材质、工程设计到施工机具、施工方法等都面临着一系列新的技术问题。要确保高质量、高标准地建设西气东输工程，具有相应完善配套的施工技术标准是重要的前提和保障。经过对国内外情况的广泛调研、了解，针对西气东输工程的特点，组织进行了《西气东输管道工程线路工程施工及验收规范》等 19 项技术标准的制订工作，并及时组织相关专业标准委员会进行审查，经修改后并予发布实施，在工程设计、设备订货以及施工中得到了运用。

二是开展《长江通过方案研究》等 19 项技术专题的研究。西气东输管道工程具有材质新、设计水平高、施工难度大等特点，与国内已建成的输气管道相比面临着许多新的技术难题。为此，公司先后开展了《长江通过方案研究》《西气东输管道工程遥感技术的应用研究》《西气东输线路工程焊接工艺研究》以及《西气东输干线管道干燥技术方案研究》等 19 项技术攻关和专题的研究工作。

三是搞好工程材料的国产化的研究，积极支持国内钢厂、制管厂的试制工作。为落实国产化要求，以对国家、对民族工业高度负责的精神，多次组织和协调有关钢厂、管厂、检验机构，对西气东输工程国产化工作进行研讨。积极为生产厂商提供技术标准，协调试制、试验工作，帮助解决所需用的原材料，推动小批量试生产，X70 钢、大口径弯管等国产化工作取得巨大成果，实现了国内高强度钢材的大批量供应、大口径钢管的国产化，为工程建设节约了大量外汇。

四是施工机具的研究实现国产化。工程用相关制管设备、重型吊管机、自动焊机、半自动焊机、冷弯管机等经过科技人员的努力，基本实现了国产化，满足了施工建设的需要。

五是制订富有成效的技术创新激励机制。公司根据工程建设的特点，创建了一套适应工程建设的技术创新工作流程和体系，积极在员工中开展技术创新活动，对工程建设提出合理建议和作出贡献的科技人员分等级地分类别进行奖励，有效地激发了大家的技术创新热情。

三、以人为本，按照国际标准实现工程建设的 HSE(healthy safety environment 健康安全环保）管理

一是建立“以人为本，回报社会”的 HSE 管理理念。公司与国际接轨，按照国际标准运作，引入先进 HSE 管理理念，从工程启动开始就高度重视 HSE 管理工作，强调人是“第一宝贵的资源”的理念，要求一切工作，都要围绕“人的生存，人的发展，人的价值”这样一个朴素的哲学观点进行开展。为此，公司提出了工程建设“以人为本，回报社会”的管理理念，实现工程建设与 HSE 的管理的和谐统一，将西气东输管道工程建设成为一条“四高一流”（高标准、高质量、高水平、高效益，国际一流）的绿色管道。并围绕着这一理念做了大量扎实细致的工作，收到了明显成效。第一，率先就一个项目建立了完整的 HSE 管理体系，这在中国石油管道建设史上是第一次；第二，实行对承包商的 HSE 资格预审，未通过资格预审的单位不能参加投标；第三，在选择承包商的招标中，增加了对 HSE 管理方面的工作内容和要求，并给予了占评标总分 10% 的权重，这在中国管道建设史上也是史无前例的；第四，在广泛开展了管线沿线环境与社会的调查的基础上，根据管线沿途自然条件和社会条件，按照国际标准制订并颁布了西气东输管道工程的《健康、安全、环境与社会标准》，编制了近 300 万字的《西气东输管道工程环境与社会管理方案》，确保了工程建设在具有国际水准的 HSE 标准状态下运行。

二是严格按照标准建设 HSE 体系。在工程还处在项目勘查和设计过程当中，就十分注意在线路勘查和设计承包商招标书中，明确要求勘查和设计承包商关注

管道沿线的社会与环境状况，详细收集有关信息，并在管道设计过程中予以充分考虑。同时按照国家有关主管部门的要求，编制了西气东输管道建设“环境影响评价，安全影响评价，地质灾害影响评价，地震影响评价，以及水土保持影响评价”等五项评价报告，实施“三同时”（同时设计、同步施工、同时投运）设计，保证工程建设对沿线的各项影响控制在确定的指标内。

及时发布了西气东输管道工程“健康、安全及环境保护管理体系”绿皮书，提出了西气东输管道工程建设的 HSE 管理方针和努力目标，明确了工程参战各方在 HSE 管理工作方面的权利、义务、工作内容、工作程序和工作方式，先后发布了西气东输管道工程《职工健康管理办法》《交通管理办法》《安全生产管理办法》《消防管理办法》《事故处理管理办法》《环境保护管理人法》《全线水土保持方案》《西气东输管道工程减轻对环境的影响和环境恢复手册》（即环境监理规划）《监理管理办法》，等等，有效地指导了西气东输管道工程试验段施工期间的 HSE 管理工作。

三是认真搞好 HSE 管理的实践。

（1）招投标中的 HSE 管理。根据 HSE 管理的要求，公司十分重视对工程监理、承包商和物资供应商的选择。在对以上各方进行选择的招投标过程中，除综合考虑投标方资源配置和业绩，在 HSE 的资源配置和承诺方面给予了特别的关注，明确规定 HSE 部分占 10% 评价权重。对于中标的服务商，公司除与其签订常规的服务合同外，还增签了《HSE 服务合同》，以此来要求和规范服务商的 HSE 管理行为。

（2）落实 HSE 资源。组织职责落实：西气东输管道工程的 HSE 管理工作，从宏观上讲，分为公司监督、监理管理和承包商控制三个级次。所谓公司监督，即是指西气东输管道公司对 HSE 管理工作提出目标和要求，并对这些目标的实现进行监管；所谓监理管理，即是指由工程监理按照国家和西气东输管道公司有关标准，对工程建设包括 HSE 事务在内的各项工作进行直接监督管理。按照工程建设国际通用的管理模式，公司通过“公平、公正、公开”的原则，选择了美国的环球监理公司和国内近 10 家管道建设监理业绩较好的监理公司，组建了以“中外监理合作，总部监督指导，分部组织实施，区段具体控制，旁站现场把关”的贯穿工程全线的“大监理”工程管理模式，基本实现了“小业主，大监理”的现代化管理模式，由监理公司代表业主全权行使包括 HSE 事务在内的管道工程建设全方位的管理工作。所谓承包商控制，即是指具体的管道施工作业队伍在管道建设过程中，按照西气东输管道公司的要求、规范标准，合同的规定，监理的指令，以及其自己对 HSE 事务的认识与承诺进行的工作。通过以上三个级次的工作，使 HSE 管理目标层层分解，落到实处。

人员落实：按照以上三级控制机构的 HSE 管理模式，公司逐步落实了各管理机构的 HSE 管理人员，及有关的经济或法律性约束文件。

第一，公司设置了专门的 QHSE（Q 指 quality 质量）管理部门，配置了专门的 QHSE 管理人员负责与政府监督的协调工作，和对监理、承包商 HSE 管理工作的监督与管理。代表西气东输管道公司与监理、承包商就其 HSE 工作的开展签订 HSE 承包合同，落实 HSE 承包工作责任制，为双方的 HSE 管理工作确立了法律基础。

第二，各监理公司按与西气东输管道公司签订的工程监理合同，配置了专业的 HSE 监理人员，实施 HSE 的管理及施工现场 HSE 旁站监理工作。

第三，各施工、检测承包商也按其投标书中的承诺和工程承包合同的要求，设置了专门的部门，配置了相应的 HSE 人员，具体负责执行实施 HSE 管理的有关工作。

经费落实：

按照国家有关部门对西气东输管道工程“五项评价”的批复要求，西气东输管道公司特别强调了工程在健康、安全、环境保护方面经费的落实情况，HSE 总投资已经占到工程总投资约 3% 的份额。这些经费，将全部用于管道建设的水工保护，地表恢复，沿线环境与社会调查，以及相关科学研究等方面。

（3）施工前和施工中的 HSE 审核。公司十分注重 HSE 工作的实施，狠抓了服务商进场前和进场后的 HSE 审核工作。先后组织开展了两次规模较大的正规的 HSE 审核，并形成了审核报告。对于审核发现 HSE 资源不到位，管理不合格的施工承包商，严禁开工，限期整改；在进场后的审核中，对于审核发现资源足，管理松散，风险识别不够的施工承包商，根据情况，限期整改，对严重不足者，勒令停工，或者红牌罚下。通过一系列的 HSE 审核活动，进一步加强了工程服务商的 HSE 管理意识，使 HSE 管理已经成为工程参战各方的共识。

（4）加入国际 SOS 组织，升级西气东输管道工程应急预案。为进一步给西气东输管道工程的 HSE 工作提供强有力的保障，分享国际上先进的资源储备和管理信息，确保西气东输管道工程的建设过程安全、高效，参照国际上先进的安全管理和运行模式，公司正在积极申请参加国际 SOS 组织，以期在工程的安全管理工作上不断得到国际上最先进的安全组织机构的技术指导，充分利用信息及资源优势。

（5）加强管道沿线自然保护区和文物的保护工作。自然保护区和文物是不可再生的宝贵资源，加强对其保护工作是社会文明进步的重要内容。管道经过约 4000 千米，沿途经过的国家级、省级自然保护区和文物保护区共有上百处。公司从一开始就树立为子孙后代负责的思想，经与国家、各省市有关文物、环保部门协商，有针对性地制订了各项保护措施，能够绕行的绕行，不能够绕行的就切实采取有效措施减少破坏，当施工完毕后即时进行恢复。如在新疆野骆驼自然保护区，考虑到全世界仅存野骆驼不足1000只，在中国境内仅存600余只，是国家珍稀保护动物，公司决定将管线向北平移200千米，穿越位置从保护区缓冲区移到实验区。仅此一项就增加投资两个亿！在陕西安西荒漠自然保护区和宁夏沙锅头自然保护区，覆盖的是旱生荒漠植物。这些植物的存在，对固定流动沙丘、改善生态环境起到了不可估量的作用。公司不但要求施工单位严格控制施工作业带，力求将对环境的影响降到最低限度，还与地方环境部门、保护区的管理单位和相关的科研院所密切配合，广泛试验，筛选出适合在这些地区生长的最有效的植物移植技术，为施工现场的植被恢复创造条件。对于甘肃黑河流域的生态功能区，施工选在土地的休整期和河流的枯水期进行施工，做到在施工过程中注意保护表层原土，维护地表，并在施工后对管线的沿线地表进行修复。在河南猕猴自然保护区，公司要求承包商避开猕猴的繁殖期，夜间不施工，不开照明灯，尽量选用低噪声的施工设备，最低限度地减少施工作业对野生动物的影响。对不能避开的甘肃古长城采用从其最底层以下穿越方式，基本不对其产生任何影响等。

（6）HSE新技术的研究和应用

结合工程开展的难点，公司有针对性地建立并开展了HSE有关专项课题的研究工作。主要包括：

长输管道工程沿线区域环境与生态安全保障、恢复及构建研究：针对西气东输管道工程空间跨度大，沿线地形、地貌复杂的特点，公司开展了“长输管道工程沿线区域环境与生态安全保障、恢复及构建”的研究。通过此项专题研究及研究成果，加强工程沿线生态环境的管理和指导管道建设后地表生态环境的修复工作。

管线运行应急方案的研究：由于工程建成后管道运行压力大，大型穿跨越多，特别是管道末端的东部地区，经济发达，人口稠密，因此管道的安全运营直接关系到管道沿线人群与环境的安全。为此，公司未雨绸缪，特别聘请了管道设计、建设和运行方面的专家，多方咨询管道建设和运行安全方面的问题，提出各种解决方案，加强比较和鉴别，为工程建成后的安全运营奠定基础。

四、实施创新的人力资源管理模式

一是把好员工进入关。西气东输项目是一项国际性的大工程，高技术、高水平需要高素质的人员。进入公司的员工全部通过石油网络面向社会进行公开招聘，从招聘岗位标准、数量、发布招聘信息、考评面试、录用、试用等，都建立了一套严格细致的审批制度和招聘体系，确保真正将优秀的人才招聘到公司。

二是严格实施竞聘上岗制。公司制订了竞聘上岗制度、公司选拔处级干部实行任前公示的暂行办法、公司机构编制管理暂行办法等规章制度，通过建立健全干部管理制度，严格干部聘任标准与程序，在处级干部引入聘任竞争机制，进一步优化班子的专业结构和知识结构，选聘既懂专业、又懂经营的干部充实领导班子，有效地激发了大家的工作热情和积极性。同时对各级干部实行年度考核，对不称职的干部实行就地免职，建立了能上能下、能进能出的用人机制。建立后备干部管理制度，按照标准确定后备人选，制订培养计划，落实培养措施，为加快后备人才选拔创造了条件。

三是实行灵活的劳动用人机制。公司本着“精干队伍、精简机构”的要求，通过正式录用确定了一批骨干员工作为公司的正式员工，建立了稳定的核心队伍，确保了公司各项工作的正常开展。同时适时根据程建设的特点，对各部门急需人员，采取了按需临时聘用的办法，确保了公司机关各部门及地区管理处的人员需求。为确保员工积极投身于岗位工作，对所有员工一视同仁，实行同工同酬制度，并用参与此项伟大工程建设的自豪感和荣誉感鼓舞大家，取得了明显成效。

四是建立完善的学习培训制度。工程建设采用了一系列新的技术、实施新的管理模式，需要不断地对员工进行培训，以适应工程建设、企业管理的要求。公司按照国际建立学习型企业的模式，建立了公司、部门、员工三级学习管理计划，通过会议、举办学习班、出外考察、出国培训、请教授授课、员工互动交流等多种形式，制订严格的培训目标、培训体系、培训考核办法，分期分批抽调员工参加各种专业的交叉培训，用先进的管理思想、先进的科学技术，培养员工熟练的职业技能，有效地促进工程建设。

五、加强公司文化建设，努力实践公司文化管理

公司文化创新战略是公司始终坚持不懈的长期战略。跨国先进企业已经由过去的情感管理、民主管理、自主管理、人本管理发展到文化管理，为了适应公司与国际先进跨国公司进行合作的要求，公司各部门要高度重视公司文化建设，并与思想政治工作、精神文明建设相结合，实行分工负责与全员参与相结合，坚持继承创新，中西合璧，互相借鉴学习，通过系统思考、立体推进、重点突破，培育出了公司独特的企业文化，塑造了公司整体形象，为公司挤身世界先进公司行列奠定了基础。

一是确定了公司文化建设的目的。为适应按照新的管理体制组建的中外合资企业和管道建设运营的需要，公司决定利用全人类社会创造的文明成果，特别是当今世界先进的管理思想和管理方法。通过大力倡导以人为本的优秀企业文化建设，不断提高管理水平，促进西气东输管道工程建设运营和天然气市场开发销售等业务的发展，为人民生活水平的提高、国家经济建设、社会的文明和进步做出贡献。

二是确定了公司文化建设的价值理念体系。公司最高宗旨是公司致力于为社会、顾客提供安全清洁的天然气产品，保护环境，不断提高人民的生活质量。广泛运用先进的技术和工艺发展管道建设和运营业务，持续提高建设运营和管理水平，加大科技含量和服务内容，积极拓展市场，不断提升公司的价值。始终坚持以人为本的理念，努力造就高素质员工队伍，帮助员工实现自我价值和发展，为推动社会全面进步做出贡献。

公司的价值观是人本、创新、和谐。人本：人力资源是公司的第一资源；创新：创新是公司追求发展、追求卓越、超越自我的不竭动力；和谐：构筑内外和谐，是公司融入自然和世界文明的永恒主题。

公司的企业精神是诚信、卓越、奉献。诚信：诚实信用，承诺至上，赢得市场、赢得信任、赢得凝聚力；卓越：致力发展，追求卓越；奉献：服务社会、真诚回报，敢于承担社会、顾客、合作者、股东的责任。

公司的发展目标是实现利润最大化、公司价值最大化、对投资者回报最大化。

员工的行为理念是至诚守信、敬业敏学、追求更好。

三是组建了公司文化建设委员会等组织机构。公司设立企业文化建设委员会，全面负责公司企业文化建设的管理。委员会由主任、副主任及委员组成。主任由总经理担任、副主任由副总经理担任、委员由各部门负责人担任。委员会是公司企业文化建设重大事项的决策机构，对公司各部门及相关单位的企业文化建设进行全面管理和监督。

企业文化建设委员会日常办事机构是企业文化建设委员会办公室，设在总经理办公室。各部门设置企业文化建设实施小组，是员工参与决策、提出宝贵建议、民主管理的活动组织。并明确规定了主任、副主任、成员的工作职责和范围。

四是制订了公司文化建设的实施计划及措施。

（1）公司文化建设理念的宣传：公司文化建设委员会以身作则，首先统一思想，带头进行宣传动员，利用委员会会议、各部门会议进行企业文化建设理念的宣讲培训，通过召开研讨会、经验交流会等形式进行推广，使公司企业文化建设的基本理念为广大员工所了解、认同和接受，并转变为员工行为准则和自觉行动。

（2）媒体宣传计划：按照公司文化建设的总体目标和要求，确定了公司的形象标志，拟定了公司的宣传纲要及执行计划，通过电视、报刊、广告、网络、展览、企业简介等不同形式进行多元化的对外宣传、全方位的沟通，将企业文化建设成果全面推向社会大众，充分展示诚信开放、开拓创新、蓬勃发展的企业形象。

（3）公益计划：制订对环保、希望工程、抗洪救灾等公益事业的赞助计划，动员全体员工参与，培养大家的爱心、奉献意识，展示企业和谐友好、真诚奉献的社会形象。

(4) 员工素质提升计划：制订员工培训教育计划，全面开展人力资源开发，建立学习型企业管理体系，员工共同参与企业建设，帮助员工实现自我价值，展示企业精干高效、素质一流的队伍形象。

(5) 员工温暖计划：以公司文化建设为主题，根据年度不同时节，以形式多样的文化体育娱乐活动为载体，辅以员工福利手段，通过大家的共同参与、联手活动，强化沟通理解，造就崇尚德义、团结奋进的和谐的跨文化管理氛围。

(6) 与社会各界的沟通管理：加强与地方政府、跨国企业、社会各界的沟通，宣传公司文化，学习先进的科学技术、管理经验，促进公司文化建设上水平，形成公司文化建设的内外互动机制。

(7) 危机管理：定期加强对公司文化建设阶段性工作的评估，检查分析公司文化建设理念、工作计划执行的情况，及时总结经验成果，纠正存在的偏差。特别是对事关影响公司声誉的事件，建立一套应急处理预案，及时采取有效的公关策略，挽回对公司形象造成的影响，并严肃追究有关当事者。

西气东输工程建设目前正处于紧张的建设期间，计划于2003年实现靖边向上海方向供气，2005年初实现由新疆塔里木向上海方向正式供气。随着工程建设完成后转入正常生产运营，管理体制与模式将进一步创新和完善，我们充分相信，随着中国加入世界贸易组织后进一步对外开放，举世瞩目的西气东输工程将按照确定的目标，为国际大型工程建设和管理起到典范作用，为国家经济发展、社会进步、世界文明作出贡献。

(撰写于2002年)

12. 用“三种精神”融入安康杯竞赛活动，充分发挥职工群众投身中心工作主力军作用

安全生产是企业发展的永恒主题。“安康杯”是取“安全”和“健康”之意而设立的安全生产荣誉奖，是由中华全国总工会与国家安全生产监督管理总局等多个部门发起的，将竞争机制、奖励机制、激励机制应用于安全生产、文明施工、劳动保护及职业健康的群众性安全竞赛，是充分发挥工会组织产业工人发挥劳动精神、劳模精神和工匠精神在社会主义劳动竞赛中特别是在安全生产工作中的具体应用、实践和延伸，是工会组织充分利用以上三种精神调整优化企业生产关系发挥职工群众积极性、创造性，围绕中心工作促进企业生产力高质量发展的关键举措，突显工会作用，实现工会价值。

一、开展“安康杯”竞赛活动具有十分重要的意义

开展“安康杯”竞赛是深入贯彻落实习近平总书记关于安全生产和职业病防治相关重要论述的重要举措

西气东输始终坚持以习近平新时代中国特色社会主义思想为指导，坚持以人民为中心，牢固树立安全发展理念，弘扬生命至上、安全第一的思想，加强全员安全健康意识教育，按照中华全国总工会和上海市“安康杯”竞赛活动总体要求，聚焦企业高质量发展，落实“坚守安全环保底线”的总要求，始终把“安康杯”劳动竞赛作为构建和谐劳动关系的重要载体，作为助推企业安全平稳高效运行的重要举措，打造具有特色的“安康”文化，夯实公司高质量发展基础。开展“安康杯”竞赛是进一步落实企业主体责任和全员安全生产责任制，不断增强职工安全健康意识和安全技能的重要载体

西气东输围绕安全生产专项整治三年行动，通过广泛组织开展群众性安全生产和职业健康活动，进一步落实企业主体责任和全员安全生产责任制，进一步加强站队安全建设，通过“安全生产 1000 班组”创建，组织开展站队安全技能培训、安全生产合理化建议等活动，不断推进站队安全管理标准化、规范化和科学化。结合“安康杯”创建工作，广泛发动公司全体员工开展“设备再认识、流程再学习”“企业风险扫描仪”“隐患排查显微镜”“查找身边隐患”等形式多样的微

活动，通过安全生产隐患举报奖励等，排查安全违法违规行为，推动企业对重点场所、关键环节安全风险隐患进行全面深入排查整治，从源头上防范生产安全事故发生，持续改善作业场所的安全健康状况，不断增强职工安全健康意识和安全技能，各参赛单位未发生工程质量、安全生产事故，大气、废水、氮氧化物排放达标率，固废处置利用率，员工职业健康体检率、监护建档率，职业病危害场所检测率均达100%。

二、开展“安康杯”竞赛活动必须采取有力措施

多年来，西气东输始终坚持“安全第一，预防为主，综合治理”的方针，强化“大安全”意识，坚持把保障员工在生产过程中的生命安全与身体健康放在首要位置，全面落实上海市总工会及上海市经信系统工会群众性安全生产活动要求，充分将劳动精神、劳模精神、工匠精神融入“四融入四竞赛”安康杯竞赛活动，全面落实各级安全生产责任，积极参加全国“安全生产月”活动，在劳动价值创造中实现人生价值的理念不断深入人心。

（一）注重用劳动精神融入大党建，赛党建引领作用发挥

融入大党建工作格局有利于提升广大员工思想引领力。参赛单位贯彻落实习近平总书记安全生产重要论述及“四个革命、一个合作”重大能源战略思想，贯彻落实中国工会第十七次全国代表大会精神，持续提升企业党委领导班子的思想政治理论水平和党性修养，提升公司党委领导班子运用理论驾驭全局、指导实践和推动工作的能力。开展全员安康形势任务教育，将“安康杯”竞赛内容融入主题教育、落实到岗位、践行到人员，为实施“安康杯”竞赛提供思想理论基础。

通过赛思想发动有利于提升“安康杯”竞赛凝聚力。“安康杯”竞赛影响深远，是提高企业员工安全意识的“强化剂”。各参赛单位工会组织从行业安全生产的实际出发，针对员工安全意识相对淡薄、安全工作重视不足等实际，不断丰富活动内涵，创新方法途径，以“安康杯”竞赛为载体，广泛深入地开展系列安全生产活动，利用多种媒体和途径大力宣传安全生产方针、政策及治理等内容，使员工对安全的重视程度大幅提升，安全意识迅速唤醒、不断巩固，为企业安全生产奠定了坚实的基础。

坚持党建引领有利于持续提升“安康杯”竞赛组织力。“安康杯”竞赛指标明确，是企业提升安全水平的“助推器”。各参赛单位工会组织按照统筹规划、归口管理、分级实施的原则，加强竞赛领导，每年核定下达竞赛考核标准和百分制指标，推动安全工作逐层细化，使之落实到岗位、责任到个人，确保竞赛人人有责、人人担责、人人负责，形成了企业上下同心齐抓共促的局面。公司坚持守正创新、

上下协同，结合国家管网“四大体系”建设，逐步探索构建了具有新时期西气东输特色的“四融入四竞赛”竞赛机制，即融入大党建，赛党建引领作用发挥；融入大业务，赛建管运维经营效益；融入安全生产，赛“安康文化”建设；融入体制机制，赛创新创效成效。并结合全国“安康杯”竞赛方案考核细则，经公司“安康杯”竞赛领导小组审定，形成了具有西气东输特色的考核评价指标细则。经过多年不断总结，公司形成了“横向到边、纵向到底、两全覆盖”的三级网络工作格局，围绕主题，持续推动，定期考核，有力地促进了公司安全生产工作，取得了良好成效。

（二）用劳模精神融入大业务，赛建管运维经营效益

赛“艰苦奋斗”可以铸就国优精品工程。西气东输大力弘扬劳模精神，将“互联互通”工程建设与“安康杯”竞赛活动有机融入，激发全体参建人员参与“安康杯”竞赛、投身工程建设的劳动热情。公司充分将甲乙方、设计施工监理供货厂商等承包商单位全部纳入竞赛范围进行组织，以平台化为理念重构工程管理业务流程，通过全生命周期数据库（PCM）实现施工过程数据统一存储，通过数据共享中心做到标准统一、服务高效，通过工程建设智能管控中心初步实现了施工数据可视化展示和工程建设业务平台化管理，采用“项目部＋监理+E+P+C/EPC”管理模式，工程建设整体受控，圆满完成公司互联互通重点工程、储气库工程、其他重点工程、站场改扩建工程、收尾及验收工程以及在役管道局部改线等各类工程建设任务，公司“安康杯”竞赛成效在美丽中国建设的伟大征程中得到了检验。

赛“爱岗敬业”可以保障企业安全风险受控。“安康杯”竞赛是企业强化安全生产工作的重要载体和活动形式，践行劳模精神发动广大员工共同参与，可促进参赛单位落实劳动保护和安全措施，持续加强隐患专项排查和治理，组织开展压力容器使用年限排查、关键截断阀外漏治理、UPS更换等工作，设备完好率保持在98%以上。自深入开展“安康杯”竞赛活动以来，公司各项安全管控指标均处于优良水平，日常推进力度和生产执行情况全面受控，确保了下游用户的全面安全稳定供气。

赛“甘于奉献”可以助力提升经营效益。“安康杯”竞赛是工会组织实现权益源头维护、助推企业科学经营高效发展的重要途径。西气东输向全体干部员工广泛宣传“人人都是经营者”“人人都是服务员”“一切围绕客户转”的理念，准确把握“服务型公司”定位，主动走进市场、走近客户，切实发挥基层站队服务客户第一线的作用，逐步构建了客户服务文化，将服务国家战略、服务人民需要、服务行业发展的企业宗旨真正落在了实处。

（三）用红线底线融入安全生产，赛“安康文化”建设。

安全生产是持续开展“安康杯”竞赛的基石，“安康文化”作为企业文化的重要组成部分，具有积极的示范效应和强烈的感染力，是筑牢“安康杯”竞赛长效机制的根和魂，是员工安全意识、安全技能和责任心等素质提升的基因密码。西气东输以习近平总书记关于安全生产工作重要论述为指导，坚持“树立安全发展理念，弘扬生命至上，安全第一的思想，健全公共安全体系，完善安全生产责任制，坚决遏制重特大安全事故，提升防灾减灾救灾能力”，贯彻国家管网集团“生命至上、安全第一、环保优先、质量为本、预防为主、全员履责、持续改进”的QHSE方针，围绕确保管道安全平稳高效运行核心任务，始终坚持环保优先、安全第一、质量至上、以人为本的理念，树立安全“高于一切、重于一切、先于一切”的意识，不断夯实、完善QHSE管理体系，着力提升“三种能力”建设，建立形成明确、具体、清晰、可量化的安全环保责任制和追责标准，实现领导有责、岗位负责、监管尽责。一是坚持夯实安全环保基础不动摇，加强员工安全环保履职能力建设，全面提升员工安全环保意识。二是以提升风险辨识、风险管控、应急处置“三种能力”为目标，切实提升员工安全生产技能技术水平。三是持续推动标准化建设，强化制度执行，提升员工精准操作、精心维护、精细管理、精益服务能力，确保管道设备设施安全受控、操作规范统一，管理水平不断提升。四是强化安全环保警示教育，营造安全生产环境氛围，形成“没有安全环保就没有一切”的全员共识。五是完善安全生产主题活动，持续推动“安康杯”竞赛，实现业务全覆盖、员工全参与，确保全员安全文化理念养成。六是开展安全评级评估考核，保证体系规范有效运行，确保管道安全平稳高效运营。七是提升安全生产科学化管理水平，坚持问题导向、创新驱动，提高管道本质安全水平。八是坚持清洁生产，采取有效措施推进安全生产、清洁生产、节能减排。九是加大对劳动竞赛中涌现出的先进典型宣传力度，营造“比学赶帮超”的良好氛围。

（四）用工匠精神融入体制机制，赛创新创效成效。

通过赛技术创新，推进公司创新发展。弘扬工匠精神开展技术创新是确保“安康杯”竞赛取得实效的根本手段和有效途径，只有将企业创新实践有机融入“安康杯”竞赛活动，才能有效推动安全生产工作。西气东输始终坚持把创新作为“强企之要”，以“创新创效和合理化建议项目”评比为抓手，深挖在技术上、管理上具有一定创新性，能够解决生产运行、工程建设、市场开发、经营管理中遇到的共性问题，并具有较好推广价值和前景的好项目好建议，不断培育“善创新者强，勇创新者胜”的全员创新意识，助力构建公司“小平台、大协作”的科技创新体系，进一步提高公司智能管道、智慧管网建设水平，打造智慧互联大管网。

通过赛应急能力建设，提高应急技能和管理水平。各参赛企业坚持“安全第一、预防为主、综合治理”的 QHSE 方针，通过“安康杯”竞赛提升全员“风险辨识、风险管控、应急处置”三种能力，并在实践中通过企业应急能力建设不断检验“安康杯”竞赛成效，进而形成了以赛促学、以赛促练、以赛保供的良性循环机制。

通过赛全员创新，丰富创新文化内涵。国有企业是公有制经济的命脉，是国民经济发展的基础，以“安康杯”竞赛为载体提高企业全员创新技能尤其是安全技术创新能力是企业生存发展、迎战全球经济一体化的当务之急，更是发挥全员工匠精神助推企业高质量发展的现实需要。西气东输以风险管理为中心，以智能管道建设为抓手，以建设世界先进水平管道公司为目标，推动科技和数字化转型发展，提升公司管理创新能力，实现企业发展战略目标。通过持续提升科技创新文化引领能力，持续提升管理创新文化增效能力，着力推进全员创新文化激发活力，大力倡导创新文化。深入开展劳模、技师、职工创新工作室建设，推荐优秀工作室参评上海市、国家管网集团和全国总工会创建，发挥创新平台引领作用，形成有机制、有项目、有平台的良性循环模式。建立创新项目评审、人才评价、知识产权保护、成果奖励等政策制度，支持有利于降低企业成本、提质增效，有利于资源节约利用和保护生态环境的项目立项实施，培育和造就一批具有国际水平的创新团队，引领公司创新文化发展。经过多年的创新实践公司形成了庞大的项目库，每年择优推荐参加上海市产业青年创新大赛，先后斩获金银铜牌和优秀奖。

没有安全，就没有发展。“安康杯”竞赛是群众性活动，竞赛活动必须始终坚持党的全面领导，坚持党建带工建，坚持以人民为中心的思想，突出人这个关键因素，必须始终坚持劳动精神、劳模精神和工匠精神的融入，只有坚持安全发展理念，才能筑牢安康杯竞赛的根和魂，从而将三种精神真切融入企业生产关系的调整优化中，才能充分发挥工会组织的价值创造和组织功能；只有紧紧依靠广大职工群众集体智慧和力量，做到“四融入四竞赛”，才能充分发挥“安康杯”竞赛活动中职工群众主力军作用，实现企业转型升级和高质量发展，促进企业生产力发展。在供给侧结构性改革和国家能源革命加速推进的大背景下，安全对于企业发展的基础保障作用愈加凸显，深入践行“安全绿色、卓越运营、开放透明、诚信服务、合作共赢”的本质安全理念，必将对创新开展“四融入四竞赛”安康杯竞赛活动，丰富这一“国字号”品牌内涵发挥积极作用，从而助力企业高质量发展。

（撰写于 2021 年）

附录 墨润光阴

性之质，情之渡，墨润光阴，美心之旅，融入激情燃烧的岁月与生活，用美托起时代新生的阳光。

1. 儿子的眼睛

人们都说，眼睛是心灵的窗户，是一本永远读不完的书，眼睛能折射出人最丰富的内心世界，眼神蕴藏着最复杂微妙的情感。孩子的眼睛是最天真、最纯朴无邪的。

那是 3 年前仲夏的日子，由于工作关系，我就要离开儿子参加西气东输工程建设了。在临行前，儿子出生还不到 5 个月，还是在咿呀学语，不会爬行，只是睁着两只圆圆的大眼睛好奇地感受着这丰富多彩的神奇世界，并用微笑、咿呀和哭声表达他内心纯朴的喜乐。当我向儿子告别时，稚嫩的小手用力地拉住我的手，不解地看着我与爱妻略含凝重的眼睛，只是微笑了一下，咿呀了两声，算是向我道别，甚至连挥手、吻我这样的动作也是在爱妻抱着辅助下才顺利完成的。汽车启动后，爱妻噙满泪水的眼睛不由自主地感染了他，儿子哇的一声哭了起来，旁人说是舍不得离开的意思，我只有默默侧过脸，心里酸酸的。

随着西气东输工程建设的紧张推进，儿子也快 1 岁了，长进不少，听岳母说，已经会识别简单的色彩，也能够在床上爬行了，我在杭州搞市场开发，刚好妻为了给儿子断奶，想到杭州看我。一个星期后，我决定同爱妻一同回家看看儿子。那是一个冬天，我们乘飞机抵西安，从机场坐车直奔火车站，又再乘 5 个小时火车抵达韩城。爱妻一路上给我讲了许多儿子的“本事”，我们争论着儿子见到后首先要谁抱，特别是将有什么惊喜的眼光。当我们从早上出发到晚上急切地赶到岳母家时，岳母正抱着儿子站在院子门口。儿子稚嫩的脸由于天气的寒冷，已经略显干燥。胖乎乎的小手沾满了泥灰，脸上还模糊地印着泪痕。他用漠然的眼光反复“审视”着我和爱妻，不论岳母怎么让他叫爸爸、妈妈，他都不出声。对于我们给他的玩具和食品，一个劲儿地往外推，只是双手紧紧地搂住岳母的脖子，将脸深深地埋在岳母的胸前。一丝沉重凝聚在我和爱妻心头，一种歉意和内疚溢出胸口。爱妻只好强忍住泪水将儿子抱过来，心酸地问：卓卓，怎么不认识妈妈啦。大约过了好长的一段时间，儿子才缓过神来，逐渐从回避的眼神中开始正视我，开始与我慢慢亲近。

又一个春秋过去了，儿子长到了 2 岁，已经学会走路并能用简单的词交流了，因为工程建设非常紧张，我不能照顾孩子，爱妻也因工作关系无法照顾儿子。中间虽然先后雇保姆看护，但儿子始终有一种陌生感，并且时常更换人，对儿子的成长也产生了影响。先是在西安上托儿所，由于儿子不到2岁，孩子太小，幼儿园阿姨可能得不是很精心，每天早上一起床，儿子就哭喊着不去幼儿园。当走到幼儿园，他就牢牢地拉住大人的手，拼命地哭，对幼儿园有一种莫名的恐惧感。由于时间关系，我仅仅送他去过一次幼儿园。从家出发到幼儿园，总共有2公里远。儿子早上一起床就哭，用渴求的眼光希望不去幼儿园。儿子先是无可奈何地默然，不论我怎么给他讲故事，给他好吃的，他都始终不说话。待我们到幼儿园大门口时，我说，卓卓，好好听阿姨的话，爸爸下午来接你，好不好。儿子满眼泪水，无奈地任凭我将他抛下自行车，向幼儿园走去。当我将他交到阿姨手里时，他的泪水"哗哗"地流着，但却"懂事"地走向小朋友。当我询问阿姨儿子的表现时，阿姨告诉我他总是不说话，中午吃饭也不知道要，也不和其他小朋友玩。性格非常孤僻。当我下午接他时，其他孩子都高高兴兴地被父母接走，儿子却只是静静地站在教室门口，偷偷地张望，渴盼着离开。当看见我时，便拼命地跑过来。哇地哭了，没有了言语，只是紧紧地抱住我，唯恐不能早点离开这个地方。想着儿子不到2岁就被送到幼儿园，连吃饭都需要人照顾，保姆的更换，岳母在老家和西安间来回奔波，特别是儿子半夜做梦，都还喊着"不去幼儿园"、"要奶奶抱"的情形，作为父母，只有内疚，只有心酸。

为了改变一下这种情形，岳母决定将孩子带回韩城上幼儿园。岳母家离幼儿园骑自行车有半小时路程。交通状况不太好。特别是冬天，早上非常寒冷，下午放学时天已经快黑了。在这种情况下，岳母起早贪黑，与此同时，刚刚2岁的儿子从此也起早贪黑忍受着生活的奔波与煎熬。每天早上6点多钟被大人叫醒，儿子不想上学，但仍被无奈地穿上衣服，严严实实地穿上外衣，不管刮风下雪，送到幼儿园，开始一天的生活。冬日的寒风吹在大人脸上就像刀割一样。儿子在自行车后座上，也许过早地体味到了生活的艰辛，多了一份稚嫩的成熟。不到3岁，每次爱妻回家看望他要离开时，儿子总是将对母亲的依恋深深掩埋在心里，勇敢地不哭，也不笑。在岳母的启发下，懂事地挥挥手，直到看着爱妻乘坐的汽车消失在他的视野之外。听岳母说，待爱妻走后，儿子有好一段时间不说也不笑，谁也不理，只是让岳母为他播放最喜欢看的动画片《小鹿斑比》，默默忍受欢聚后难以言状的孤独，仿佛像小鹿斑比在寻找失去的母亲一样，并且儿子每次看到小鹿斑比找不到妈妈时也不由自主地流出了眼泪。夜里，儿子总在睡梦中呼喊"妈妈，不要走""妈妈不要上班""我不要钱买玩具"。岳母只好用双手亲抚着他，抱在怀里，在耳边喃喃细语，"卓卓，别怕，妈妈周末会回来看你的，妈妈上班挣钱给你买好多好看的玩具。”爱妻因工作特点，不可能每周回家，每次爱妻回家看他时，儿子第一句总是问：“妈妈，你怎么现在才回来，我都盼你好长时间了，你不要再走了，妈妈！”这些纯朴的语言，每每让爱妻无言以对，与儿子分别时坚强的举动，更加增添了心灵的重负。

随着儿子的成长，儿子3岁后，越来越懂事了，不但会唱儿歌，背唐诗，做游戏，而且也逐渐学会了思考，对父母的依恋越发突出。爱妻每次打电话回家时，儿子总是一夜睡不好觉，第二天早上总是让岳母早早叫醒，不想上幼儿园，要去火车站接妈妈，当岳母告诉他，火车要中午才到时，儿子总是埋怨火车怎么这么慢，为啥不开快点，当爱妻一下火车，跑在最前面的肯定是儿子，要让爱妻抱，亲吻，不停地讲述幼儿园的故事，仿佛岳母成了一个多余的人，根本无暇理睬。每次岳母要带他去西安与爱妻团聚时，岳母一般早上要将儿子送到幼儿园，中午出发时才接上。听幼儿园阿姨说，儿子这天中午不管阿姨怎么说，他都要早早地吃完饭，趴在幼儿园的窗口边盼着岳母接他去西安，他还自豪地告诉小朋友，他将去西安见妈妈了。他连幼儿园要求的午睡也不睡。当岳母到幼儿园接他时，儿子总是埋怨说，奶奶，你怎么现在才来，我好怕你不带我去西安。每天下午，幼儿园小朋友都被父母接走，并听着小朋友欢快地叫着爸爸妈妈，而儿子只能不停地叫奶奶，这在儿子幼小的心灵中是一种什么感受，我深深地理解了儿子在陌生人面前总是很害怕的感受。每当我们全家人在一起短暂地团聚时，儿子亲切地叫着爸爸妈妈，开心地笑、唱、跳，并不由自主地告诉我们，“我今天玩得可开心啦”“爸爸妈妈每天和我们待在一起，好不好”，我们还能说什么呢。

如今，儿子已经3岁8个月了，自我离开他到西气东输已经3年多了。这3年里，与儿子累计待在一起的时间不到100天，儿子过早地体味到了父母常年不在身边的感觉，过早地懂得了生活的滋味。每当我看到儿子长高了，天真活泼的样子，叫我一声爸爸，我心里油然升起一种惬意的满足，但更多的是愧疚。

今夜，儿子此时已在西安与爱妻安然入梦，想着母子俩相互偎依甜蜜的样子，而明日儿子又要离开西安回韩城上学，我心中有诸多感慨，种种复杂的心情萦绕心头，泪水潸然，只有默默祝福，愿母子永远平安。

2. 情

燕子去了，有再来的时候；桃花谢了，有再开的时候；阴雨来了，有再天晴的时候。但是，亲亲，聪明的，你告诉我，心碎了，为什么不能再有纯洁如初呢？——是有人偷了他们罢：那是谁？是他们自己逃走了罢，又藏哪儿了呢？

去的尽管去着，来的尽管来了；去去来来，分明着多少情愫呢？早上，我慵懒地伸出胳膊，叫一声“妈妈，我今天穿什么呢？”放学回家的时候，我喊一句“爸爸，我回来啦！”斗转星移，纯洁的母爱轻轻悄悄烙印在了我扑扑稚嫩的笑脸，我也茫茫然跟着爸妈分享着时光流淌的汩汩甜甜。何曾多时，我开始沉默寡言，困顿的外面世界，燕子悄然枝头嬉闹吵架了，桃花娇艳无比而又落红衰败了，月亮怎么开始阴晴圆缺了。天黑了，纷纷攘攘、混混沌沌，搅得我彻彻夜夜难以入眠，我默默然、茫茫然，凝住双眼，屏住气息，努力挣扎着，想紧紧拽住单纯的尾巴，拼命驱赶那偷窃的恶魔。等我睁开双眼和太阳再见，我忐忑着，掩面叹息着，新的一天又开始了。

亲亲，聪明的，可曾何时，我突然醉心雨过天晴的美丽。拥她漫步春光里，湖畔已经桃之夭夭、垂柳依依，江南淫雨霏霏，蒸腾的霞雾笼罩着三月的西湖，微风轻轻拂面，亲吻着羞涩可掬的脸庞，一切是那么的纯真，那么自然，我们心醉了，融化了。我们相约春光沁润飞奔，翩翩起舞，飘飘然，如初如痴。朋友的言语是多么的亲和，亲人的祝福是那么的温馨，路人的眼光是那么的和善，自然仿佛为我们造就了伊甸园。我们相拥望山，盟儿似山，山流动了云，云舒卷了山；我们偎依看海，誓儿如海，海映蓝了天，天染蓝了海。

春姑娘又轻悄悄地来了。南归的燕子带着燕儿呢哝在飘绿的垂柳枝头，叫不上名字的雀儿叽叽喳喳嬉戏进泛青的树丛里。早上浓烈咖啡的淡淡苦香还驻足在唇窝，午后西湖龙井涩涩的芬芳已缕缕随风渐渐飘逝，傍晚村野屋顶的袅袅炊烟划破了远山雨后的彩虹。每当夜深人静，细细数来，些许好些逝去如烟的日子里，“春眠不觉晓”逃去哪里了？白日为了生计苦苦奔波的匆匆身影短暂地埋藏了自己，节日自以为忙忙与友人相聚的偷闲麻木着自己，回家后叮叮当当厨房的油烟萦绕了自己，儿女成长的喜怒哀乐充盈着自己，间或喋喋不休的争吵伤害着自己，偶尔闪过想找回自己的念头如游丝般被瞬间徘徊过，又飘散了。自己到底藏到哪里了?

春雨黄昏，静坐庭前，苦苦凝视窗外。院内篱笆墙上漫藤的蔷薇竞相争奇斗艳，红白粉绿的大荔花缀满枝头，正红可掬的月季灿烂着生命的红晕，早春的牡丹妖娆婀娜，栀子和四季桂的清香阵阵飘过，园子里亲手种植的西红柿、青菜、玉米、辣椒、南瓜、丝瓜、冬瓜、土豆、韭菜、小葱、包括不知名的野花小草……一股脑儿绿油油、稚嫩嫩，点头摇曳，无不盎然争绿，满园生机！夜深了，池边一声哇叫终于划破了夜的静谧，仿佛凝固了的空气被顿然搅醒。高大的柚子树尖皎洁的半月倾泻下清冷而淡淡的月光，间或飘过的阴云投射下蔼蔼惆怅，雨后满地的落红伴着春泥消逝着生命的娇艳，池塘里荷叶上凝聚的大珠小珠晶莹剔透着，摇摇晃晃，聚散离合。回想起六千多聚少离多奔波的日子，来去匆匆，相思的温馨，相聚的苦涩，犹如身后满墙的书架，虽然不断散发着浓墨的书香，但已分列陈放，取由自便罢了。不由忆起陆游和唐婉的《钗头凤》：

红酥手，黄滕酒，满城春色宫墙柳。
东风恶，欢情薄，一怀愁绪，几年离索。
错，错，错。
春如旧，人空瘦，泪痕红浥鲛绡透。
桃花落，闲池阁，山盟虽在，锦书难托。
莫，莫，莫。
世情薄，人情恶，雨送黄昏花易落。
晓风干，泪痕残，欲笺心事，独倚斜阑。
难，难，难。
人成各，今非昨，病魂常似秋千索。
角声寒，夜阑珊，怕人寻问，咽泪装欢。
瞒，瞒，瞒。

亲亲，聪明的，请你告诉我，我们赤裸裸好奇地来到这个世界，还要经历多少错，多少莫，多少难，多少瞒呢？自己到底在哪里呢？

窗外，去年栽种的葡萄蔓已经倔强地、弯弯曲曲地爬上了高大的柚子树，新生涩涩的葡萄已经坠出了稚嫩的颗粒，树间闪烁的月光照亮了葡萄串上凝聚的晶莹露珠，露珠正跳动着脉搏滴答，滴答……

3. 莲

雨后春晨，朝阳如洗，落红叠翠，香溢满园。南门绿苔阶上，颇不宁静。

昨日还羞答答三五莲盆荷苞，滴碎晶莹琼珠，凝聚生命冲动，顿时乍然一枝独放。落地玻璃门外，笑盈盈，摇曳身姿，舞动碧裙，点头翩跹，暗送香波，孤傲芬芳！妻惊叹，儿奔呼，我们一起入画。雨露风清，映日莲花，不由忆起宋时赵佶辞赋：

裁剪冰绡，轻叠数重，淡着燕脂匀注。
新样靓妆，艳溢香融，羞杀蕊珠宫女。

好一个羞杀！一只娇小蜜蜂嗡嗡寻蜜沁醉，两只彩蝶伴舞斗艳。数着罗裳，凝碧清香，顾盼芳园，满怀思绪悄悄然飘向远方……

曾几稚幼时光，舅家宅旁荷花满塘，嬉戏恍如初。初春，朝霞满山，小手托腮池边，小荷才露尖尖，蜻蜓已立枝头，鱼儿裙下荡舟；仲夏，攀荷弄珠，荡漾不成圆，纤手播雨，琼滴碎成珠；金秋，头戴青盖，身后三五随群小憨猪，胖手擎莲，摸摸肚，涩涩喂，猪跑生气叹莲中；残冬，莲枯塘干，赤手泥潭，深深浅浅，东倒西歪，并头莲下并根藕，寻思：藕断怎丝连？

曾几豆蔻年华，“出淤泥不染，濯清涟不妖”，静悄悄拨动年少萌动发狂心。大姐玉莲、二姐桂莲，无不与莲相期许。我赫然将名中“合”改为“荷”，阵阵窃喜烙印整个中学时光。浪漫初识相拥芙蓉，仿佛我此情注定与荷相生相伴。每每旅程驻足古寺观音佛前，盈满眼帘久久不能忘怀的无不是那宝座上圣洁的莲花。幼小舅家宅旁的荷塘，成长相随的亲情，浓融相伴的爱情，智慧佛根下的莲花，一个“莲缘”，深深诠释着生命里荷之洁、莲之雅。

何不是呢？芙蓉常年对荷花的呵护和痴迷，从花到画、从珠帘到辞赋，心性孤傲的她，每每见到满塘的荷花，往往静静驻足凝思半天，每每吟诵品赏莲词诗画，都泪潸然，情满怀。去岁中秋，相拥湘湖：风清之夜，横塘月满，水净见移星；棹舟湖波，好风如水，露荷翻处水流萤；暗香拂面，欲语荷花，怎堪问：心净如荷？

今夜，芙蓉载着白昼映日荷花的芳香淡淡酣入梦乡。我梦呓般、欣欣然与荷花仙子采莲把月小酌，喃喃絮语：

方塘十余亩，草棚一两间；桃李罗修竹，柳绿逗春风；
荷仙亭亭立，莲碧波西东；裙下幽泉涌，茎断堪丝空。

乍然“咕咚”一声惊断梦，一滩鸥鹭被争渡。我朦胧胧慵懒地揉揉惺忪睡眼，轩卧纱帐呼妻。窗外，月光皎洁如水，阵阵倾泻在莲花墨染的素洁帘布上；窗台上，白日莲盆盛开的三五荷花簇拥着，闭月羞花般婆娑着身影，一股股浅淡浅淡的馨香，融进如练的月华，缕缕萦绕飘散，一丝丝亲吻着肌肤，沁润进心灵，滋养在圣洁的生命里。

4. 黄山之览

读一本好书，赏一段好景，走一条好路，思一翻心智，犹饮一掬甘泉。

五一期间，为了略表对蓉儿过去生活艰辛奔波的无限歉意，我带她们来到了日慕已久的黄山。

一早从杭州乘车出发，汽车奔驰在杭徽高速路上，沿途山水跌宕起伏，日沐风和，鸟语花香，农耕风情，犹如一幅幅天然画卷映入眼帘，层出不穷，沁人心脾，佛如回到孩提时光，童趣盎然，蓉儿和我禁不住天地之诱惑，随“明星”一起高歌驰原，好不惬意。

中午车抵黄山脚下换乘中心，存好车，背负行囊，手握导图，一股脑踏上上山班车，开始梦画之旅。车行盘山曲曲之道，波涛汹涌的竹海高潮迭起，新生的嫩竹正噼里啪啦欢快成长；山崖边、深涧里、谷地上一丛丛、一簇簇黄山松带着千年不变的毅力和清晨的甘露执着在怪石与沃土中，叮咚清澈的山泉伴着间歇清脆的鸟鸣欢唱流淌在苍松翠竹的怀抱，偶尔溢过露天的山涧故意拉出丝绸般的彩带与笑脸，与山头红扑扑的太阳相映成趣，追逐嬉戏。数百种不知名的芳草和灌木，无意地托起红白紫相间的黄山杜鹃、玉兰与百合的芳香，将缕缕花草的清香和无限的野趣伴着初夏初晨的微风，一丝丝、一阵阵、一股股送入每个人的鼻孔、眼睛和肌肤，佛如色香味俱全的天然盛宴，纵人遐思。山涧、山谷和山峰上偶尔点缀的红的、白的、黄的青砖绿瓦红椽白墙，与自然天成的人间“草堂”，为画卷注入了人的灵气与生命。我们的思绪犹如乘坐在象积木块式的班车在这鬼斧神工的盘山山道上穿梭蛇行，任意飞翔。

车抵慈光阁站，沿着数百青石台阶在苍松掩映中拾级而上，浸润了慈光寺先人的佛教文化来到了缆车站。坐上缆车，首先感受到的是黄山之险，800 多米的悬高净空，一览无余的开阔对境，让人尽情享受到了黄山第一缕真性。巍巍高耸入云的山峰，起伏绵延，峭壁横生，数以万计的“迎客松”将根深扎悬崖峭壁上，有的甚至连泥土都没有，只将龙爪紧紧插入岩石缝隙，任凭风吹日晒，还在尽情展示着生命的坚强和历史的沧桑。古树灌木百年的旧叶与初生的新枝紧紧附着在皲裂的枝干上，一簇簇、一棵棵，层次分明地层峦叠嶂在山脊、山腰、山涧，无名的花草清晰地映绣在广阔无边的绿垠画卷上，画出了自然的轨迹和岁月的声韵。黄山已经开始向我们揭开她美丽而神秘的面纱。

沿着蜿蜒盘旋的山脊，感叹着、感悟着，叽叽喳喳不知不觉来到玉屏峰。“江山如此多娇”“天造”“岱宗逊色”“奇松怪石”“云海奇观”“宇宙大观”“佛”“峰峭摩天”“风景如画”“观止”等映入眼帘，历代伟人、大家、墨客骚人无不将人的灵魂注入山峰，让黄山得以有机会延续了千年岁月的历史与文化。我们的思绪即刻被带入了远古时代。何不是呢？眼睛从石刻一转，站在玉屏峰山顶，东望一览无余的就是令人肃然起敬的天都峰。好一个天都峰，天上之城、天堂之峰、天险之峰，神圣美丽神奇各种字眼活现脑海，光是聆听名字就会令人新奇，令人震撼。天都峰高约 1810 米，位于黄山山系中央，与莲花峰齐名，并耸入云，是黄山数座最高峰之一，主要以险奇著称。遥望天都峰，整个山峰由亿万年前地质板块运动挤压，海底上升造化而成。她主要由坚硬的白云岩构成，整个山体从峰谷象一根憨胖的春笋直插云霄，四周峭壁万丈，在暇光照耀下刀锋般的山臂闪烁着冷峻的白白寒光，云蒸暇蔚中变幻出道人利剑般的侠士风骨，一仅米宽倾角近乎 70° 的登山石阶小道犹如刀鞘绳带飘逸在山脊刀刃上，一株株饱受天地浸润千年的黄山松像一朵朵仙道灵芝展示着天都峰的刀光剑影和山之灵性。拾级而上的游客在山脚仰望山峰，在肃然中感受着天地通语，禁不住攀上天梯，颤巍巍、气吁吁用厚重的脚步开始丈量这座顶礼膜拜的圣山，回味古人的观感，妄想一探天地禅宗，领悟自然和世界的奥妙。殊不知，登山如攀岩，险峰寓奇景。有的游客因山势陡峭险峻而心惊肉跳无以至极，有的游客因体力不支而半途而废，有的游客因性情索然虽至顶而不能与天地通语，有的游客因心性迷惑仅发一声慨叹……诸如此种，丝毫未领略到黄山之美、宇宙之真谛。就好比玉屏峰上久负盛名的婆娑迎客松，有的人只是看见一棵松树而已，而有的人却看见她在微笑，有的人审视着她的秀美历史风韵，有的人将她朦胧画入脑海注入心之灵性，有的人通过她禅透到生命的坚强、人生的辉煌、天地万物及至宇宙的真性。而与天都峰对目相视高达 1864 米的莲花峰，峰势更胜，险峻成尤奇，在暇光万丈中，仿佛一朵圣洁的莲花高高盛开在峰峦叠嶂的座座黄山山脉怀抱，观音菩萨正威坐莲花宝座参透禅机，普悟众生，让人不得不顶礼膜拜。一棵树，一个童话；一墩石头，一句禅语；一级台阶，一步人生；一座奇峰，一幅画卷；一片天地混沌，一悟宇宙之律。在这里，不犹然想起数千年来无数先知先觉不断论证的一个最基本哲学命题，是意识决定存在，还是存在决定意识。些许好像有些人认为早已解决了此问题，我在此提出让大家感悟，好像是白痴，是无知，是故弄玄虚。殊不知，我们翻阅了中国哲学史、西方哲学史，我们感受着现实世界的各种变迁，回顾历史的更替，经历着现代科技的飞速发展，我们不得不对你的“有知”产生怀疑，不得不对你过去所了解的“确知”表示怀疑。可以说，从中国几千年来家追求的“仁”、道家追求的“道”、禅宗追求的“心性”、宋理学说，到近代梁启超、严复、王国维、胡适等，从西方古典哲学亚里士多德、康德的先验逻辑、尼采意志论、黑格尔经验科学、胡塞尔现象学到英美的分析学说，以及当今提出的物质、精神、知识再创造三个世界的划分，都无不围绕这个基本命题在讨论争论，正是由于不同地域、不同时空对前辈问题的怀疑、否定和创新，才推动了人类社会不断向前发展，推动了社会进步与文明的产生。为了更好地理解此问题，举个例子，过去我们动不动就对意识决定存在的思维，以贴上政治标签式做法以唯心主义加以论处贬抑。但我们现实中难道没有先意识后存在的做法吗？航天飞机的产生难道不是先意识后存在吗？生物基因产品的创造难道不是先意识后生产吗？以及用常人理解地辩证法如何更好地理解精神病人的思维方式和心智模式呢，不一而足。如果大脑只是客观世界的反应，只是认为遵循其规律，那么会有当代科学技术的创造吗？当代哲学家已经开始注意到这点，才有了世界分为物质世界（客观世界）、精神世界（客观世界的反映认识）和知识再创造（先有意识后有存在）三个世界的划分学说。这里的意识决定存在与过去批判上帝、神所谓的唯心主义是不同的。我们在此提及此问题，就是要像欣赏黄山风光一样，在天地间的混沌中用怀疑的思维精神去领悟、把握宇宙的真谛，培养具有创新的意识思维。这好比在前文描述的黄山之秀、之奇、之险一样，美丽的风景，丰富的人文，奥妙的宇宙，只有我们用心去聆听，去品味，去感悟，才会构成一幅幅如诗般的画卷，黄山才会在中国历史上构建起名扬中外的黄山画派和丰富历史内涵。历数千年，风云变幻，山还是那座山，树还是那棵树，水还是那潭水，只是时空在变、人在变，山水因不同的时代、不同的人而呈现着不同的画卷、不同的感悟，对现实存在有不同的反应。不同时空、不同文化的人因带着不同的心性，将领略到全然不同的山、不同的水和树、不同的人文、不同的存在。只有热爱生活、激情永葆的人，只有具备了正确思维思想方式的人，才能在冥冥混沌中去感悟黄山的秀、奇、怪、险之美，感悟人生，感悟世界的真谛。

现实世界又何不是这样呢？因思想的不同、思维的不同，引起的混乱又是何其之多。先不说远的，最近杭州一富家子弟因在闹市飙车撞死无辜行人而引发了全国网民大声讨。事件是一名叫谭卓的来自农村的浙江大学毕业生，周末去文二路电影院观看电影后出来从斑马线过人行道，被一名叫胡斌的富家子弟与同伴开三菱跑车飙车撞出 5 米高、37.3 米远不治身亡，富家子弟却很麻木，警方在处理时偏向胡斌，只声称车速 70 码（不超过该路段最高限速的 50%，为今后交通责任事故处理埋下伏笔），从而导致了公平正义与社会公德的讨论。再加上前段时间全国讨论罗彩霞被公安局政委女儿冒名顶替上大学不能毕业事件。这两起事件的发生不是偶然的，是必然的，这种混乱的出现也是必不可少的。这不只是公平、公正、公德问题，而最根本的是我们的文化价值体系宣贯出现了问题，思想思维出现了问题。说到底就是我们的最根本最高价值原则落实时出现了问题，这好比去黄山，我们带着不同的意识心态感受到了不同的美丑。

为什么这样说呢？先从远古说起，孔孟创建的儒家道德以追求“仁”为最高价值，明确提出了“仁者爱人”“己所不欲勿施于人”“和为贵”等思想，创立了中国传统文化的经典，显示了具有超越时空的合理内涵，当今中央提出的“和谐社会、和谐世界”概源于此。中国远古道家的“道”哲学理念则要求对客观世界把握规律，探寻宇宙之律。唐宋时期统治国家的佛教禅宗则注重“心性”修养，强调修身养性，仁慈为怀。近代五四运动追求的“民主与科学”无不指引了中国的革命与建设。所有这些最高价值都是深深根植于中国本土价值体系。而西方古典哲学中思想性理论派、实践性理论派、分析派、上帝等理论和价值观，都是根植于西方文明，其中近代明确提出的民主、平等、自由、博爱及个性解放价值理念创造了西方的文明史。而近百年多中国，特别是当代中国，我们是乎感受某些重要的价值没有凸现，是道德在沦丧？是文化价值在缺失？是制度未完善？解释此种现象，就要像欣赏黄山风光，从意识到存在上去深刻剖析症结所在。

19 世纪鸦片战争以来，国门被西方列强坚船利炮打开，中国陷入了空前的灾难中。清王朝的腐朽没落，让中国有识之士先进人物首先将眼光投向了西方，寻找救国救民、革命图强的道路，在中西强弱的对比反思中，主要经历了三个阶段与三各认识。第一个阶段是洋务运动，认识表现为“中学为体、西学为用”，仅把中国的衰弱归结为缺少西方的坚船利炮，至于中国的哲学、文化、祖宗之法，都没有问题，无须改变。第二个阶段是戊戌变法，已经认识到“中学”在制度文化有问题，需要变法维新，要试图变封建专制制度为君主立宪制度。第三个阶段是辛亥革命推翻帝制到五四运动，有识之士已经深刻地认识到要改变中国落后面貌，无论是物质层面进步，还是制度革新，最根本的要以思想观念变革为先导和基础，正如梁启超所言，只有产生了“新学术”，才有“新道德、新政治、新器物”。这里的新学术就是能推出思想观念的新哲学、新文化。在百年历史探索中最终吸取了西方哲学与文化成果，爆发了著名的“民主、科学”为主题的五四爱国运动，才引导中国新民主主义革命和取得新中国的胜利。中国改革开放 30 年的成就也是得益于“实践是检验真理的唯一标准”这场新思想新思维观念的发动。而“文化大革命”的错误更是从另一个反面告诫我们不正确思想思维引发的致命灾难。大多数人可能仅认为，“文化大革命”是一场内乱，使中国经济走向了崩溃的边缘。许多人没有去深究其产生的思想根源。我认为，最根本的是毛泽东主席在实践一种新的哲学理念，那就是检验意识决定存在的可行性。为什么？毛主席是一个善于从哲学高度思考问题的人，矛盾论、实践性、三个世界划分、物质无限细分、宇宙无穷尽等哲学理念是其典型的有力证据。但他在对比中外哲学理论，更想检验探索“意识与存在”这一哲学命题，“人定胜天”就是其突出代表。批判传统儒家思想、破四旧毁坏传统文化就是为重新创建新思维新思想创造条件，企图用一套思想去改造世界，开展实践。由于未将思想根植于中国传统文化本体上，意识与存在发生了严重断裂，价值体系遭受了严重破坏，从而最终导致了实践的不成功。

而改革开放 30 年来所走历程，则进一步印证了最重要价值思维观念的极端重要性。中国改革开放取得了举世瞩目的物质成就，但这只是经济或部分制度上的，而文化上则存在着不能不值得深刻反思的重要经验教训。改革之初农村经济成交明显，1984 年开始了城市改革，但国门打开后，对西方价值观的引进，在否定过去的同时带来了资产阶级自由化思潮，随后开始全国整党运动不但未能解决问题，导致了六四动乱事件发生。20 世纪 90 年代在确立市场经济地位的过程中，一切向钱看，只重经济不重价值或文化培养不跟上，贪污腐化借机从“官倒”发展到更加严重程度。党根据形势发展又开展了三讲教育活动，21 世纪先后开展了党员先进性教育和目前开展科学发展观教育实践活动，这些活动应当说是根据时代发展新时期新任务做出的正确决定，旨在帮助大家树立正确的价值体系和思想思维，推动国家发展。但效果如何呢？为什么社会提倡的“八荣八耻”价值观在社会现实中落实起来那么困难，诚信的缺失越来越严重，社会价值如前面飙车事件面临着严峻挑战？如黄山风景般美好的前景画卷总是未能如期展现。大家一直在思索，到底问题的根源在哪里？有无良方？思考这 30 年来文化价值轨迹，我们不难看到，是我们的最重要价值和思维思想出了问题。一个民族、一个国家的价值形成必须根植于本土传统文化，再对外来特别是西方价值予以扬弃，才能生根发芽。应当说“文化大革命”对我们的传统价值给予了否定造成了思想混沌，改革开放初期对西方价值观盲目地拿来主义又导致了全盘西化水土不服，90 年代试图找到独创的本土文化价值又没有实现，这好比在经济中试图全部引进海归派又适应不了国情。一句话，30 多年来文化价值的先后反复，民众精神价值与思想的虚无主义将民众的全部眼光引到了经济物质方面，社会缺失了以诚信为支点的价值体系，大家都陷入了社会转型期物质利益全方位争夺中，物质至上、利益至上的思想弱化了人生最高价值的树立，社会意识与现实世界发生了断裂现象。目前中国房地产市场的混乱现象就充分证明了这一点。以房地产商为代表的资本通过信息不对称和体制的不完善，找一些所谓的利益相关雇佣专家散布虚假信息，完全控制着房地产市场，缺少诚信，恣意妄为，误导民众，加速了财富的集中与积累，最后将导致富的越富、穷的越穷。这与中央提出提倡的和谐、荣耻价值体系极其不相融合。出现这种情况主要在于文化价值思想与政治制度、特别是经济转型期制度建设没有很好结合起来，意识的教化功能与现实生活存在现象发生了偏差，一方面是教育民众以诚信为美实现民生。另一方面却是财富被少数人与权钱结合通过不诚信手段集中到少数人手足，百姓住房难、上学难、看病难等社会保障体系缺失、不健全，从而在思想上易于诱发百姓产生复杂的困惑，存在决定意识，意识对存在产生了反作用，这就是社会价值的树立经过数年改革开放逡行不前反复无常的真正原因所在。当今已经有识之士开始反思觉悟，提出建立根植于国学为本体而对西方价值扬弃的价值体系，尽量做到水土相符。事实上，只要我们有正确的思想思维对民众进行教化，重构社会思维和价值，加上配套物质层面和政治制度层面全面跟进与推进，彻底改变民众的心智模式，努力实现意识与存在的统一，互为良性促动，最终避免意识与存在、价值与现实的断裂，重塑人格，才能登上光明顶，欣赏到气势磅礴的黄山日出，绘就如黄山般雨后春笋壮丽如诗画卷，中华民族的复兴才大有希望。

今日，通过黄山秀美风景入题，让我们在美丽的画卷中真切悟到人生之美，社会之律，宇宙之秀、奇、险，让我们从大自然天地中吸取精华，滋补思想思维，滋润人类智慧。

5. 时光赋

墙红瓦黛，院幽阁灰。

修竹三竿，巧石一垄，温木千年，野茶瑞青。

竹乎高节，石亦灵秀，木也坚韧，茗之芳菲。

子规啼晓，雀燕巢归。娇阳斜照，残月孤晖。

鱼戏莲荡，时序更飞。诗书漫架，琴瑟歌挥。

千卷经音，万古愁追。

时时勤吟，夙夙灯亏，绵绵追绪，滴滴心扉。

卓蓉合著，朴朴三言，兮兮哉哉，时光留辉。

草长花飞，潮落舟吹，松墨淡斋，述说时催。

忆昔经年，春涣秋菲，今夕何夕，洵美乐追，

回首天涯，云白竹辉。

倩愁笑盼，喜怒皆虽，滴凝成行，时艳惊飞……

6. 拾趣光阴合集

一、春曲

春醒

西风远，东风软，千山桃杏染。
梅已青，青草新，桑田豆苗熏。
新燕泥，子规啼，溪满浣纱鱼。
云岫悬，炊烟闲，犬吠鸡鸣前。

春园

北园扉架暗雨霖，银瓶葫芦笙笙忆，
黄蜂频扑粉蕊面，其有纤手凝香脂。
南苑新晴梅已菲，锦鱼青柚裁娥裙，
玉隐绀纱沐银光，点点吴霜思秦楼。

春雨（二首）

之一

风雨更夜啼，溪涧江岸低。
奈何蜂蝶急，黄粉润青泥。

之二

问春那答穷，漫窗雨，烛花红，风流打玲珑。
最恨五更风，黄浇地，砌满琼，春瘦锁人愁。

春江南

离离原上百草微，漠漠水田白鹭飞。
几溪桃李软风吹，一袅炊烟荷锄归。
把盏瑞茗心润扉，暮霭春菲窗低垂。
村户邻翁难言非，三五童颜笑逐追。

春雷

雨暴震春雷，蜇蛙惊梦吟。
溪柳扫绿水，蓑笠斜舟急。

犁春

初晖薄云燕斜柳，风柔暖软绦微青。
溪瘦波浅鱼小戏，梅翁村岭一犁春。

食春

浅黛春山氤氲来，苍翠村舍雀自欢。
漠漠桑田云徘徊，河豚青螺盘中宽。

饮春

一壶龙井煮瑞春，两酪　汤品诗生。
三秋桂子来伴茶，梅兰竹菊怡九微。

春闹

二月春风剪花红，争春梅泥催草绿。
淑雨不怕冰来扰，曲池惹就鸭三只。

春鸣

晓露娇阳初斜，含烟桐花树满。
落英缱绻流水，蛙鸣芳菲垄径。

采春茶

鸡鸣茅舍月，人踪山林野。
微云抿仙叶，峰天抹裙红。

春竹

清明雨过悄破土，静卧竹坞听笋声。
丛山竹翠涛阵阵，日暮梅雪倚修竹。
今年新竹伴旧竹，潇湘思君笛断竹，
墨泼渲竹侵玉骨。

写春

几丝柔绿细雨弄，一片桃晕斜燕逗。
小架绣屏初妆就，两叶蛾眉锁淑秀。
素绢举箸有无路，落花流水浓淡又。
潇潇芳草浅深就，一帘风月谁家树？

二、夏游

申城江浦胜

东南势如虹，埠开三百数，
沧海桑田江渚胜，都会谁风流。
灯千帐，宇万顷，日月参差连朝辉。
和暖色，著衾裘，飨珍脩，竞争红。
青山依旧在，江水滚滚流，
是非轮回不空投，诸付笑颜中。
日初长，潮已短，星辰明灭乾坤转。
待琼华，度夕阳，论兴复，看我龙。

过孙权故里

淡阳风冽山涧鸣，古樟千年溪绕行。
粉墙黛瓦叠叠障，月户雨窗弄弄幽。
故道径深频回首，东吴帝乡闻书声。
三分英才图霸业，一段松墨写富春。

夜游八卦田

郁郁夏桐动烟月，一袭荷露觉秋风。
眼中峰烛移深谷，幽幽山泉听蛙中。
古寺小窗任风月，舍后千樟自稀疏。
皇田阅尽沧桑事，星辰零落风流空。

过天山三首

绘天山

磅礴千里卷峰雪，霞光万丈生烟斜。
牧海拍岸浮黛叠，沃野秋田织彩接。

赛里木湖

洋洋泽湖羞澈眸，穆穆霁烟涤黛眉。
微微霄雪袭峰绫，邈邈纱翳日月殊。

飞越天山

千里云霄妆绢素，万丈霞光生紫烟，
峰峦旷野浪打浪，金杨流河涛连涛。
一扁兰舟彩云追，万缕宙风罗裳飞，
嫦娥奔月银河地，小小星球轻轻戏。

登大铲岛三首

望苍海

一袭榕梅谷雨窗，千帆风流望海疆。
万里云路擎苍龙，百年海关红豆妆。

守岛情

伶仃洋上望伶仃，海关百年观古今。
孤山日月送千帆，男儿红妆天地新。

大铲岛

落日残霞孤村，千帆花港涛声。
楼阁斜辉飞红，小桥烟笼伶仃。

游布依村

粉黄已逝峰影在，斜雨含烟万林随。
黍香牧歌梦金晖，布依村岭醉布衣。

游齐岳山

初夏齐岳倾，晨晖万丈新。
满眼千枝秀，独览万丛青。

夏趣

鸡鸣篱笆墙，鸭戏莲河塘，
采桑煮茧一村香，黄童白叟聚溪旁。
笑言：黍稻几时黄？

夏奏

一架屏琴，两笺乐谱，三声翠鸣，四方骤停。
五音齐奏，六肺同受。七窍乐催，八鸟停飞。
九天揽月，十指飞鹊。
音聚眉山，键指星空。
高复高，低复低，韵复韵，山风同奏枝叶欢。

夏日

云一程，月一程，桂雨兰舟下蓬层。
曲一更，词一更，赤榴青梅花漫藤。
风已静，人初定，痴心未改吴霜浸。
樽无薄，茗无淡，流年明月碧空尽。

醉夏

莺已奏，人空瘦，酒痕醺透香罗袖。
椰子浆，琼花露，新醅伴着红梅嗅。
有意潇湘秀，那堪不禁受。

夏聚三首

包饺子

一盆梅红清香面，两杆梨木团圆转。
三五樱红围裙乱，粒粒桃丸笑碟面。

肉夹馍

青茐原中草，秋黄波麦涛。
千磨万箩细脂粉，一泉三揉舞罗裳。
炙火酥金饼，寒光剁肉香。
本是馍包肉，却呼肉夹馍。
朱唇未启汁润手，含羞生艳两酒窝。

插花

一分心思，二分泥蓉，
三五小枝丛，刀刀费思宠。
绿也肥笼，粉也羞荣，
顾盼还神从，桃面比花红。

夏赏

（一了情——朱家角观牡丹亭记演出）

一池一桥一园竹，一舟一榭一岸柳。
一山一亭一簇梅，一琴一瑟一箫笙。
一颊一蹙一情弄，一珠一玑一心声。
一梦一幻一离愁，一怨一恨一情了。
一男一女一双飞，一哭 一笑一同悲。
一世一缘一春秋，一生一死一空灵。

三、秋思

季秋

三声雁和，五垄残红，
尽日桂雨粉堆雪，秋芳歇。
浦江九弄，惊涛拍岸，
满盘玉珠落银寰，思不绝。
月已明，云已漫，
玉人独倚月中盼，帘难揭。

秋雨

秋夜不得眠，秋雨漏滴寒。
汉月秦关前，满径百花残。

秋风

秋风秋雨秋江水，秋桐秋叶秋芳残。
秋衣秋裤秋凉寒，秋阳秋山秋雾环。

秋月

海上明月生，桂雨粉堆雪。
追兔寄深情，薄樽祝福行。
（可倒读）

秋裳

斜阳淡，溪水浅，点点薄霜厚裙早。
瑟渐浓，腰不深，纤纤轻纱重云少。

中秋

秋桐桂雨梅飞絮，碧云连波莲歌去。
明月楼高银河地，孤倚阑干心愁涕。

秋湖

织雨莲枯丛，沙鹭数流红，妃阁静卧斜桂穷。
秋已分，蛙不声，残灯明灭漏击轻。

秋收（庆如东投产）

层云涌涛急，桂雨斜舟语。
蓝金沃秋黄，户户莺燕啼。

秋莲

织雨青荷丛，鸳鸯逗船头。
岸柳扶葩红，绿水翠亭流。

秋叶（香山）

丹木生何许，帝西玉泉渊。
杳然炤日月，叶叶奇可妍。
粲粲载赤风，逍遥人世间。

秋暇（燕山）

滟滟枫波千万里，霭霭赤橙漫燕关。
山映初晖势如虹，天澈碧眸清如许。
白云悠悠绞绡薄，归雁声声斜月飞。
流霜尽染伊何在？岁卷山月秋波里。

秋雾（钱塘晨曦）

雾霭沉沉笼苍原，万山丛中灯两三。
山青几点横云破，风起帆动隐真容。

秋菊

秋天秋水秋菊黄，满园秋菊偎汀廊。
晚雨过，风乍起，
片片残黄蝶飞凉，一池飘萍被碎殇。
和秋风，几秋凉，恰似蜂蝶泪断肠。

秋兰（咏蝴蝶兰）

淑帘清月熟，绿肥攀青竹，
冰姿生玉骨，粉蝶齐飞入。
如梦，如梦，庄周梦梁祝。

秋野二首

之一

叶落黍黄满地秋，山寺孤阁半晖收。
借问村牛何时休？寒风冬雪待山中。

之二

帘卷南楼日初上，风浪黍野满地黄。
小犊荷犁秋采香，罗裳兰舟歌莲塘。

听秋

秋风秦时月，微雨泪花魂，
兰桂南浦吟，赵瑟吴歌行。

秋重阳

重山澈水环蜀中，阳霞烛光耀厅殊。
敬恩重情醉秋松，酒酣初心还津都。
杯推杯，盏敲盏，徂年旧事壶倾空。
笑接笑，欢复欢，桃晕吴霜泪连风。

秋语

春兮纷菲，兰兮淑娴。纪元兮更古，混沌兮精成。
伊甸兮兰妍，芳菲兮诞卿。呼呼兮唤生，南北兮淑求。
观四方兮灵动，潜龙虎兮欢腾，探人生兮窦开，合家乐兮娴怀。
夏兮粲华，竹兮贞高。高山兮修竹，甘霖兮笋声。
童颜兮昌邑，朗朗兮耳悦，欢欢兮心贞。
游山海兮智成，身拔节兮粲华。秋兮恬英，菊兮雅洁。
南山兮悠然，花季兮菊园。时芳兮育华，欣然兮年少。
诗书兮雅智，家国兮韶华，独处兮思远，菊黄兮登高。
冬兮厚藏，梅兮骨玉。梅放兮冬浦，杉立兮龙门。
奔放兮东西，潜龙兮学海，厚德兮载物，如梅兮志骨。
时光兮流芳，岁月兮琼华。
灿灿兮世界，昊昊兮升腾，梦想兮起航，辉煌兮远山。

四、冬恋

西气东输

盘古开天，浑沌精成，瑞气济苍海。
世纪新篇，运筹决战，华夏尽欢颜。
丝路千年，新党百载，代代志竟成。
游沙海，穿江河，跨五岳，
长城亘古缚苍龙。
抵姑苏，奔京都，赴岭南，
逐中原，看我华夏儿女绘篇殊。
八千里路云和月，
战酷暑，斗严寒，开天辟地战尤酣。
敢问青天？绿水青山。

夜西湖

灯火十里旧桐列，烟柳六桥玄月波。
半池枯荷孤山影，一塔佛光山外山。

衢州行

残黄岸柳溪十里，红裳孤舟任漂流。
一滩鸥鹤翻飞尽，两三野鸭斗暗波。
晓风初静且陶陶，乐乐兮也，尽天真。

冬问（观吴冠中之塘莲画）

观乎色，察春夏秋冬时变。
观乎形，品莺燕蛙虫共舞。
观乎线，闻塘湖江海齐鸣。
观乎神，悟莲之四时禅语。

冬夜三首

湘江行

煦色韶光无驻，浓霭低笼湘树。
湖塘浅斟莲枯，帘幕闲打霜风。
冬困慵慵，抛掷游性工夫，冷落漫步心绪。
夙夜扃扉户。远思绵绵，辗转迟迟难度。
中年岁末，伊夕醉眠何处?
深院无人，昏静归鸦停目，空锁满园花墅。

京城宵夜

梦觉野栈，冷月寒霜，夜影萧疏。
倚斜窗，残月杏叶飘黄，
几声霭灯泪烛，烟水茫茫。
闲端处，一袭素衾鸳枕，
孤帏冰墙波阻，心摇摇荡。
徂年海阔山遥，双燕难度，憔悴旧时春光。
今宵凝愁星霜，问怎生禁得，如此难翔。

相思

枯桐知天风，霜露待晓月。
室外隆隆声，巢鸦栖复惊。
起坐频倚枕，残烛映诗端。
遥思心上人，此夜眠不得。

冬风（扶桑霜风）

扫帘西风寒似箭，更着霜雨卷残片。
谁怜旧时迷人艳，哀蝉已默心不散。

冬别（别浙江）

路漫漫
春和秋 日与暮
更着风和树
时艳又惊触

情深深
欢和乐 逝与故
梳映皎月和星数
梦幽还情路

愿满满
圣和洁 期与诉
松墨钱塘心已驻
情缘祝愿处。

冬祝二首

祝新年

蜡梅吐瑞贺新春，橘红织笼万家灯。
旦已复元千户亲，开年祝福一言真。

贺新春

南园赵瑟鱼虾戏，北国雪塬凤逐凰。
海上弦月羞铁火，炎黄百戏贺新年。

冬思二首

两江忆——珠江黄浦江

南国红豆花海催，五代情缘乾坤行。
中华有为香江忆，白鹤展翅金山飞。
夜初昼，波先湃，江浦两岸万户灯，
吴国赵瑟燕然归。
康辉博，酒满杯，晶华青春化年菲。
壶再亏，颜已非，千年文杰泪相催。
张张纸，世事挥，情满两江来年追。

冬梅二首

梅思

蜡梅一枝风已羞，茶花两束草悄顾。
朗日斜空疏帘影，红墙黛瓦寄思处。

梅园

青青兰，霜满园，蜡梅衔雪柯往南。
芳缀院，香溢涵，幽梦惊破卷闺帘。
水天清，远山浅，雀嘻梅枝破春研。